住房和城乡建设领域"十四五"热点培训教材

供水管网漏损控制与检漏技术指南

沈建鑫　李智勇　编著

中国建筑工业出版社

图书在版编目（CIP）数据

供水管网漏损控制与检漏技术指南/沈建鑫，李智
勇编著. —北京：中国建筑工业出版社，2022.9（2023.4重印）
住房和城乡建设领域"十四五"热点培训教材
ISBN 978-7-112-27773-5

Ⅰ.①供…　Ⅱ.①沈…②李…　Ⅲ.①给水管道-管
网-水管防漏-指南②给水管道-管网-检漏-指南
Ⅳ.①TU991.61-62

中国版本图书馆 CIP 数据核字（2022）第 152851 号

本书结合供水行业管网漏损管控的理论和实践经验，总结管网漏损控制的技术与管理措施，从漏损控制现状和评定标准等方面分析了行业形势和相关指导准则，并分别从分区计量管理体系构建、供水管网管材选用及施工管理、供水管线探测及 GIS 系统构建、漏损检测技术、渗漏预警技术、绩效考核管理体系建设、人才队伍建设等方面，介绍了建立供水管网漏损控制长效管理机制的具体举措，并通过供水企业的实际案例，分享应用成效，期望为我国城镇供水系统漏损控制提供借鉴和帮助。

本书可作为从事供水管网漏损控制工作人员的培训教材，也可以作为城市供水管网设计、运行和管理相关专业的教学和科研参考书。

责任编辑：王美玲　吕　娜
文字编辑：勾淑婷
责任校对：王　烨

住房和城乡建设领域"十四五"热点培训教材

供水管网漏损控制与检漏技术指南

沈建鑫　李智勇　编著

*

中国建筑工业出版社出版、发行（北京海淀三里河路9号）

各地新华书店、建筑书店经销

北京科地亚盟排版公司制版

北京圣夫亚美印刷有限公司印刷

*

开本：787毫米×1092毫米　1/16　印张：13¼　字数：322千字

2022年11月第一版　　2023年4月第二次印刷

定价：**50.00** 元

ISBN 978-7-112-27773-5

（39840）

前　言

　　水是人类生活、工农业生产和社会经济发展的重要战略资源，随着世界人口的快速增加，制约人类发展的水资源短缺问题越来越引起人们重视。中国是一个严重缺水的国家，年人均淡水资源量只有 $2200m^3$，仅为世界平均水平的 1/4 和美国的 1/5，是全球人均水资源最贫乏的国家之一。然而我国城镇供水管网漏损情况仍不容乐观。在水资源日益短缺的背景下，供水管网漏损不仅浪费水资源，还大幅增加了供水企业的供水成本。此外，其也易引起路面塌陷等次生灾害，是影响供水安全和公共安全的重要因素。因此，在保证供水安全、可靠的前提下，有效地降低城市供水系统的漏损率，成为科研院所和供水企业重点研究的课题。

　　本书较全面地介绍了供水管网检漏技术、检测方法及开展管道检漏需要掌握的基础知识，并结合技术应用，对供水管网漏损控制体系的构建方法进行了介绍，同时对检漏人才队伍建设和管理等作了阐述。本书可供从事供水管网漏损控制工作的同行借鉴和参考，也可以作为城市供水管网设计、运行和管理相关专业的教学和科研参考书。

　　本书由浙江绍兴和达水务技术股份有限公司沈建鑫、李智勇共同编著，由中国城镇供水排水协会高伟博士主审。本书在撰写过程中，得到绍兴市水务产业有限公司刘友飞、吴丽峰等各位领导和同仁，以及浙江绍兴和达水务技术股份有限公司徐杰明、俞关德、王泽泉、周波、杨敏、孙鸿权、陈文峰、张郭盟等同仁们的大力支持和帮助，在此一并表示衷心感谢。

　　本书在编写过程中参考了有关作者的著作，在此表示深深的谢意。

　　由于水平和经验有限，书中疏漏和错误之处在所难免，敬请各位专家、学者和广大读者提出宝贵意见。

目　　录

1 总则 ……………………………………………………………………… 1

1.1 编制目的 …………………………………………………………… 1

1.2 适用范围 …………………………………………………………… 1

1.3 目标及内容 ………………………………………………………… 1

2 术语 ……………………………………………………………………… 2

3 技术规范、规程、标准和政策文件 ………………………………… 4

3.1 技术规范、规程、标准 ………………………………………… 4

3.2 政策文件 …………………………………………………………… 4

4 供水管网漏损控制现状及问题分析 ………………………………… 5

4.1 我国供水管网漏损程度与控制现状 …………………………… 5

4.1.1 漏损管控项目的四个阶段 ……………………………… 6

4.1.2 供水管网漏损控制的意义 ……………………………… 7

4.2 管网漏损控制存在的问题 ……………………………………… 7

4.2.1 技术问题 ………………………………………………… 7

4.2.2 管理问题 ………………………………………………… 8

4.2.3 队伍问题 ………………………………………………… 8

思考题 ……………………………………………………………… 9

5 管网漏损控制评定标准及水量平衡表填报 ………………………… 10

5.1 管网漏损控制评定标准 ………………………………………… 10

5.1.1 常用管网漏损评价指标及对比 ………………………… 10

5.1.2 常用漏损评价指标的计算方法 ………………………… 11

5.2 水量平衡表的填报 ……………………………………………… 14

5.2.1 国际水量平衡表 ………………………………………… 14

5.2.2 国内水量平衡表 ………………………………………… 15

5.2.3 技术要点 ………………………………………………… 17

5.2.4 计算实例 ………………………………………………… 18

思考题 ……………………………………………………………… 22

6 供水管网分区计量 …………………………………………………… 23

6.1 分区计量的意义 ………………………………………………… 23

6.2 分区计量建设规划 ……………………………………………… 24

6.2.1 建设规划顶层设计 ……………………………………… 24

6.2.2 分区计量建设规划原则 ………………………………… 24

6.2.3 分区计量管理实施方案 ………………………………… 26

　6.3　分区计量管理项目组织实施方法 ·· 27
　　6.3.1　分区计量边界划定方法 ·· 28
　　6.3.2　计量设备选型方法 ·· 31
　　6.3.3　计量封闭性及灵敏度测试方法 ·· 32
　6.4　分区计量漏损管控体系建设 ·· 33
　　6.4.1　设施运维管理体系建设 ·· 33
　　6.4.2　绩效考核体系建设 ·· 34
　　6.4.3　漏损管控体系建设的必要性分析 ·· 36
　6.5　分区计量管理项目应用 ·· 37
　　6.5.1　基于水量平衡分析的漏损现状评估方法 ·································· 37
　　6.5.2　基于DMA的物理漏损研判方法 ·· 40
　　6.5.3　基于DMA和噪声监测的渗漏预警技术 ·································· 42
　　6.5.4　基于DMA和智能调度的分区控压技术 ·································· 42
　6.6　分区计量管理项目案例分析 ·· 44
　　6.6.1　绍兴市分区计量管理项目 ·· 44
　　6.6.2　B市分区计量管理项目 ··· 46
　　6.6.3　T市分区计量管理项目 ··· 48
　6.7　分区计量具体应用案例分析 ·· 50
　　6.7.1　物理漏损——供水干管暗漏 ··· 50
　　6.7.2　计量损失——大口径水表停转故障 ······································ 51
　　6.7.3　管理漏损——非法用水 ·· 51
　思考题 ·· 51

7　管道选材及施工管理 ··· 52
　7.1　供水管网常见管材介绍 ·· 52
　　7.1.1　灰口铸铁管 ··· 52
　　7.1.2　球墨铸铁管 ··· 52
　　7.1.3　钢管 ··· 53
　　7.1.4　镀锌管 ··· 53
　　7.1.5　预应力和自应力钢筋混凝土管 ··· 53
　　7.1.6　塑料管 ··· 54
　　7.1.7　复合管 ··· 54
　7.2　供水管网管道施工 ·· 55
　7.3　供水管网管道防腐 ·· 57
　　7.3.1　腐蚀现象 ··· 57
　　7.3.2　金属管道腐蚀机理 ·· 58
　　7.3.3　管道防腐主要措施 ·· 59
　思考题 ·· 63

V

8 供水管线探测 ··· 64

  8.1 供水管线探测特点 ·· 64

  8.2 管线探测的类型和要求 ······································· 64

    8.2.1 管线探测的类型 ··· 64

    8.2.2 管线探测的基本要求 ··································· 65

    8.2.3 管线探测的精度要求 ··································· 65

  8.3 管线探测的技术准备 ··· 66

    8.3.1 地下管线现况调绘 ····································· 66

    8.3.2 现场踏勘 ··· 66

    8.3.3 探查仪器校验 ·· 67

    8.3.4 探查方法试验 ·· 67

    8.3.5 技术设计书编制 ··· 67

  8.4 管线探测的技术方法 ··· 67

    8.4.1 实地调查法 ··· 68

    8.4.2 地球物理探查法 ··· 68

  8.5 金属管线探测设备 ·· 72

    8.5.1 基本机理 ··· 72

    8.5.2 技术要点 ··· 73

    8.5.3 复杂条件下的供水管线探测 ······················ 75

  8.6 非金属管线探测和标记设备 ······························ 76

    8.6.1 探地雷达 ··· 77

    8.6.2 非金属管线定位器 ····································· 78

    8.6.3 标记定位器 ··· 78

    8.6.4 示踪线 ·· 79

  8.7 GIS 系统的规划与建设 ······································ 79

    8.7.1 GIS 系统建设的总体思路 ··························· 79

    8.7.2 GIS 系统建设的规划目标 ··························· 80

    8.7.3 GIS 系统建设的基本要求 ··························· 80

    8.7.4 GIS 系统建设的主要内容 ··························· 81

  8.8 GIS 系统应用实例 ·· 82

    8.8.1 GIS 业务平台的系统化建设 ······················ 82

    8.8.2 GIS 业务平台的运维和管理 ······················ 82

    8.8.3 GIS 业务平台的功能和应用 ······················ 83

  思考题 ··· 85

9 管网漏损检测之声音探测法 ······························· 86

  9.1 声音探测法基本机理 ··· 86

  9.2 声音探测法干扰因素 ··· 86

9.3 声音探测法技术要点 ·· 89

9.4 供水管道常见漏水分类说明 ·· 90

9.5 声音探测法应用模式 ·· 91

  9.5.1 阀栓听音法 ·· 91

  9.5.2 地面听音法 ·· 92

  9.5.3 钻孔听音法 ·· 93

9.6 声音探测法常见设备 ·· 94

  9.6.1 机械听音杆 ·· 95

  9.6.2 电子听音杆 ·· 98

  9.6.3 电子听漏仪 ·· 99

  9.6.4 相关仪 ··· 104

  9.6.5 水听器 ··· 108

  9.6.6 管道内置听漏仪 ·· 108

思考题 ·· 110

10 管网漏损检测之渗漏预警法 ··· 112

10.1 渗漏预警法基本机理 ·· 112

10.2 渗漏预警法与传统声音探测法 ···································· 112

10.3 渗漏预警法终端设备 ·· 113

  10.3.1 基本机理 ·· 113

  10.3.2 适用范围 ·· 113

  10.3.3 发展历程 ·· 113

  10.3.4 技术要点 ·· 115

  10.3.5 设备选型 ·· 117

10.4 渗漏预警法应用方案 ·· 117

  10.4.1 渗漏预警法应用流程 ·· 117

  10.4.2 渗漏预警法应用模式 ·· 118

10.5 渗漏预警法管理方案 ·· 119

  10.5.1 "四个一"管理核心 ·· 119

  10.5.2 应用管理模式 ·· 121

  10.5.3 人才队伍建设 ·· 122

  10.5.4 终端设备维护保养 ··· 122

10.6 渗漏预警法常见问题和解决方案 ································ 123

  10.6.1 巡检功能异常 ·· 123

  10.6.2 远传功能异常 ·· 124

10.7 渗漏预警体系项目案例分析 ······································· 124

  10.7.1 S市渗漏预警体系应用成效 ······························ 124

  10.7.2 D市渗漏预警体系应用成效 ······························ 125

10.7.3　G市渗漏预警体系应用成效 ·· 125

10.8　渗漏预警具体应用案例分析 ·· 126

　　10.8.1　S市大口径、深埋设供水管道漏水点预定位 ················ 126

　　10.8.2　S市小漏量漏水点预定位 ·· 127

　　10.8.3　S市老旧小区新增漏水点预警 ····································· 127

　　10.8.4　D市管道深埋设、重大隐患漏水点预定位 ················· 128

思考题 ·· 129

11　管网漏损检测其他新型方法 ·· 130

11.1　流量监测法 ··· 130

　　11.1.1　基本机理 ··· 130

　　11.1.2　适用范围 ··· 130

　　11.1.3　技术要点 ··· 130

　　11.1.4　应用设备 ··· 131

　　11.1.5　应用案例分析 ·· 134

11.2　压力监测法 ··· 136

　　11.2.1　基本机理 ··· 136

　　11.2.2　适用范围 ··· 136

　　11.2.3　技术要点 ··· 136

　　11.2.4　应用案例分析 ·· 136

11.3　气体示踪法 ··· 137

　　11.3.1　基本机理 ··· 137

　　11.3.2　适用范围 ··· 137

　　11.3.3　技术要点 ··· 138

　　11.3.4　应用流程及注意事项 ·· 138

　　11.3.5　应用案例分析 ·· 139

11.4　管道内窥法 ··· 140

　　11.4.1　基本机理 ··· 140

　　11.4.2　适用范围 ··· 140

　　11.4.3　技术要点 ··· 140

　　11.4.4　应用设备 ··· 140

　　11.4.5　应用流程 ··· 140

　　11.4.6　应用案例分析 ·· 141

11.5　探地雷达法 ··· 142

　　11.5.1　基本机理 ··· 142

　　11.5.2　适用范围 ··· 142

　　11.5.3　技术要点 ··· 142

　　11.5.4　应用案例分析 ·· 143

11.6 地表温度测量法 ·· 143

  11.6.1 基本机理 ·· 143

  11.6.2 适用范围 ·· 143

  11.6.3 技术要点 ·· 143

  11.6.4 应用设备 ·· 144

11.7 雷达卫星成像法 ·· 144

  11.7.1 基本机理 ·· 144

  11.7.2 适用范围 ·· 144

  11.7.3 技术要点 ·· 145

  11.7.4 应用流程 ·· 145

  11.7.5 应用成效 ·· 145

11.8 管道带压内检测技术 ··· 147

  11.8.1 基本机理 ·· 147

  11.8.2 适用范围 ·· 148

  11.8.3 应用设备 ·· 148

  11.8.4 应用案例分析 ··· 151

  思考题 ·· 152

12 管网漏损管理制度与绩效考核 ······························· 153

12.1 管网漏损管理制度 ··· 153

  12.1.1 管网运维作业流程 ······································ 153

  12.1.2 管网管理执行部门 ······································ 154

  12.1.3 项目质量控制 ··· 156

12.2 绩效考核体系 ·· 160

  12.2.1 绩效考核体系构建的总体思路 ························· 161

  12.2.2 绩效考核体系的构建原则及步骤 ····················· 161

  12.2.3 绩效考核体系的构建内容和过程 ····················· 162

  12.2.4 岗位绩效考核 ··· 163

  12.2.5 职工薪酬体系构建 ······································ 168

  思考题 ·· 169

13 管网漏损控制人才队伍建设 ··································· 170

13.1 供水企业人力资源现状分析 ··································· 170

  13.1.1 供水企业人才梯队现状 ································· 170

  13.1.2 供水企业人才选拔现状 ································· 170

  13.1.3 供水企业人才培育现状 ································· 170

13.2 供水企业人力资源优化方案 ··································· 171

  13.2.1 开展岗位价值评估 ······································ 171

  13.2.2 构建人才评价机制 ······································ 171

      13.2.3　设计人才梯队序列 ································· 171

      13.2.4　建立人才选拔机制 ································· 172

      13.2.5　落实人才素质培养 ································· 172

      13.2.6　建立高效的绩效考核制度和薪酬激励体系 ··········· 173

   思考题 ·· 173

14　绍兴供水智能化建设与节水智慧化管控实施 ················· 174

  14.1　项目概述 ·· 174

      14.1.1　单位简介 ······································· 174

      14.1.2　组织架构 ······································· 174

  14.2　项目建设的基础条件及需求分析 ························· 174

      14.2.1　基础条件 ······································· 174

      14.2.2　需求分析 ······································· 177

  14.3　项目建设方案 ·· 178

      14.3.1　老旧管网更新改造——解决管网提标改造需求 ······· 180

      14.3.2　建立健全物联感知网络——解决监测管理需求 ······· 181

      14.3.3　供水智能化体系建设——强化智能管控平台 ········· 188

      14.3.4　智慧城市信息共享——助力智慧城市建设 ··········· 198

  14.4　项目取得成效 ·· 199

参考文献 ··· 201

1 总则

1.1 编制目的

为贯彻落实政府和行业对城镇供水管网漏损控制的要求，推动漏损控制相关技术标准、规程、指南的具体应用，帮助供水单位提高管网漏损控制管理与技术水平，逐步构建可持续的管网漏损管控体系，提高管网精细化管理水平，降低管网漏损率，提升供水安全保障能力，特编制本指南。

1.2 适用范围

本书适用于城镇供水管网漏损管控工作，可供从事供水管网漏损控制工作的同行借鉴和参考，也可作为城市供水管网设计、运行和管理相关专业的教学和科研参考书。

1.3 目标及内容

本书的目标是结合供水单位实际管网漏损管控经验，梳理总结可指导供水单位在实际运行管理中高效控制管网漏损的技术与管理措施，提高供水单位的管网漏损控制效率。本书主要内容包括漏损控制现状及问题分析、漏损控制评定标准及指标、管网分区计量管理、管网管材选用及施工管理、管线探测技术、GIS 系统建设、管网漏损检测、渗漏预警技术、漏损管理制度及绩效考核、漏损控制人才队伍建设等内容。

2 术语

2.1 供水管网 water distribution system

连接水厂和用户水表（含）之间的管道及其附属设施的总称。

2.2 漏损控制 leakage control

通过采取一系列措施控制漏损水平的过程。

2.3 综合漏损率 gross water loss rate

管网漏损水量与供水总量之比，通常用百分比表示。

2.4 漏损率 water loss rate

用于评定或考核供水单位或区域的漏损水平，由综合漏损率修正而得。

2.5 漏水探测 leak detection of water supply pipe nets

运用适当的仪器设备和技术方法，通过研究漏水声波特征、管道供水压力或流量变化、管道周围介质物性条件变化以及管道破损状况等，确定地下供水管道漏水点的过程。

2.6 压力管理 pressure management

在满足用户用水需求的前提下，根据管理需要对供水管网运行压力进行调控。

2.7 系统供水量 system input volume

输入拟分析区域的水量，可以由供水单位自己生产，也可由另一供水单位输入。

2.8 注册用户用水量 authorized consumption

在供水单位登记注册的用户的计费用水量和免费用水量。

2.9 计费用水量 billed authorized consumption

在供水单位注册的计费用户的用水量。

2.10 免费用水量 unbilled authorized consumption

按规定减免收费的注册用户的用水量和用于管网维护和冲洗等的水量。

2.11 独立计量区 district metered area

将供水管网分割成单独计量的供水区域，规模一般小于区域管理的范围。

2.12 夜间最小流量 minimum night flow

独立计量区每日夜间用户用水量最小时的进水流量。

2.13 零压测试 zero-pressure test

为判断独立计量区是否封闭，关闭边界阀门后放水，监测区域内压力是否下降至零。

2.14 漏水点 leak point

经证实的供水管道泄漏处。

2.15 漏水点定位 locate

通过漏失普查，将漏水范围从一个独立计量区内或一个子片区内锁定至某个特定的街道，最终精确定位在某个漏点的过程。当位置确定好后，需要使用喷漆在地面上做一个"叉"或"方块"的标记，以便维修团队能够准确开挖。

2.16 漏水点定位误差 leak point locating error

探测确定的供水管道漏水异常点与实际漏水点的平面距离，以米表示。

2.17 阀栓听音法 stop tap sounding survey

阀栓听音法是用听音杆探查每一处阀门或消火栓是否存在漏水声的过程。

2.18 地面听音法 surface sounding

用机械听音杆或电子听音杆或电子检漏仪在地面直接拾取漏水声并确定漏点位置的过程。

2.19 机械听音杆 manual listening stick

机械听音杆是一种听诊器型的漏水探测工具。

2.20 电子听音杆 electronic listening stick

电子听音杆是具有多级电子滤波及噪声放大功能的听音杆。

2.21 电子检漏仪 ground microphone

一种结合电子滤波和噪声放大装置来监听地面漏水噪声的麦克风型电子设备。

2.22 相关仪 leak noise correlator（LNC）

一种漏点精定位设备，通过分析两个管道金属附件处拾取到的声音，精确定位漏点的位置。

2.23 噪声记录仪 acoustic loggers

噪声记录仪是一种用于记录阀门和消火栓等附件上漏水噪声的电子设备。

2.24 流量法 flow measurement method

借助流量测量设备，通过监测供水管道流量变化分析判断漏水异常区域的方法，分为区域装表法和分区计量法。

2.25 压力法 pressure measurement method

借助压力测试设备，通过检测供水管道供水压力的变化，推断漏水异常区域的方法。

2.26 管道内窥法 closed circuit television inspection（CCTV）method

采用管道机器人搭载或人工推入，以及采用其他装置拖曳闭路电视摄像系统，通过光学影像查视供水管道内部缺陷，推断漏水异常点的方法。

2.27 探地雷达法 ground penetrating radar（GPR）method

通过探地雷达（GPR）对漏水点周围形成的浸湿区域或脱空区域的探测推断漏水异常点的方法。

2.28 气体示踪法 gas injection

在供水管道内施放气体示踪介质，借助相应仪器设备通过地面检测泄漏的示踪介质浓度，推断漏水异常点的方法。

3 技术规范、规程、标准和政策文件

3.1 技术规范、规程、标准

《室外给水设计标准》GB 50013—2018

《城镇供水管网漏损控制及评定标准》CJJ 92—2016

《城镇供水管网漏水探测技术规程》CJJ 159—2011

《供水管网漏水检测听漏仪》CJ/T 525—2018

《城市地下管线探测技术规程》CJJ 61—2017

《城市地理信息系统设计规范》GB/T 18578—2008

《城市基础地理信息系统技术标准》CJJ/T 100—2017

《给水排水管道工程施工及验收规范》GB 50268—2008

《城镇供水管网运行、维护及安全技术规程》CJJ 207—2013

《城镇供水管网抢修技术规程》CJJ/T 226—2014

《城镇给水管道非开挖修复更新工程技术规程》CJJ/T 244—2016

《饮用冷水水表和热水水表》GB/T 778—2018

《超声波水表》CJ/T 434—2013

《电磁流量计》JB/T 9248—2015

《城镇供水水量计量仪表的配备和管理通则》CJ/T 454—2014

《城镇供水管网分区计量管理工作指南——供水管网漏损管控体系构建（试行）》（2017 年）

3.2 政策文件

国家发展改革委等部门《"十四五"节水型社会建设规划》（发改环资〔2021〕1516 号）

住房和城乡建设部办公厅、国家发展改革委办公厅《关于加强公共供水管网漏损控制的通知》（建办城〔2022〕2 号）

国家发展改革委办公厅、住房和城乡建设部办公厅《关于组织开展公共供水管网漏损治理试点建设的通知》（发改办环资〔2022〕141 号）

4 供水管网漏损控制现状及问题分析

城镇供水管网系统是一个城市的命脉，是保障人民生活、发展生产建设不可缺少的重要基础设施。然而，随着社会经济的发展，城市化水平的不断提高，供水管网漏损问题已经成为制约我国城市可持续发展的重要因素。我国虽然是一个水资源总量较大的国家，但在人均可利用水量上却属于贫水国家，水资源供需矛盾的恶化和制水成本的不断提高，使城市缺水问题显得尤为突出。在保障安全供水的前提下，降低管网漏损率，实现漏损控制的长效治理已经成为困扰我国供水企业的一大难题。

编者希望通过引用翔实准确的数据，向读者介绍我国供水管网漏损程度，并结合行业发展现状，剖析我国供水企业在管网漏损控制中面临的问题。

4.1 我国供水管网漏损程度与控制现状

城镇供水系统是城市基础设施的重要组成部分，城镇供水管网承担着输配水的重要任务，是保障居民日常生活和国民经济发展的"生命线"。供水管网的管理直接影响了城市发展水平，也是城市发展、规划、建设和管理的重要支撑。

根据《中国城乡建设统计年鉴》的数据统计，2020 年全国全年供水总量为 586.45 亿 m^3，其中售水总量为 491.20 亿 m^3，免费供水量为 16.72 亿 m^3，漏损水量共计 78.54 亿 m^3，城镇的平均产销差率高达 16.24%，平均综合漏损率高达 13.39%，水资源浪费现象十分严重。表 4-1 为我国除港澳台地区以外的其他 30 多个地区的供水管网漏损情况，其中东北地区（黑龙江省、吉林省、辽宁省）水量漏损情况较为严重，全国仅有 4 个省份的产销差率低于 12%。

我国不同省份（自治区、直辖市）供水管网漏损情况　　　　表 4-1

指标 ＼ 地区	北京	天津	河北	山西	内蒙古	辽宁	吉林	黑龙江
漏损水量（万 m^3）	21750	12165	17685	7247	11354	42850	20191	28040
产销差率（%）	16.64	15.52	15.39	9.64	20.36	27.07	28.71	26.16
漏损率（%）	16.12	13.47	12.93	9.05	15.81	17.66	23.53	23.70

指标 ＼ 地区	上海	江苏	浙江	安徽	福建	江西	山东	河南
漏损水量（万 m^3）	44453	66789	40836	26758	22102	21275	35468	24900
产销差率（%）	18.26	14.54	11.25	15.92	15.09	17.43	12.50	16.21
漏损率（%）	15.40	12.71	10.06	13.14	11.77	14.97	11.39	13.33

指标 ＼ 地区	湖北	湖南	广东	广西	海南	重庆	四川	贵州
漏损水量（万 m^3）	45232	33596	114262	21132	5704	20257	39818	12693
产销差率（%）	21.80	20.09	13.91	13.84	15.76	14.89	15.81	21.01
漏损率（%）	16.09	14.95	11.99	12.25	11.91	12.49	13.86	14.22

指标 \ 地区	云南	西藏	陕西	甘肃	青海	宁夏	新疆	新疆生产建设兵团
漏损水量（万 m³）	13031	1471	12041	3921	2015	3545	10940	1886
产销差率（%）	19.20	13.53	13.21	8.65	11.99	17.27	14.75	13.03
漏损率（%）	13.03	10.13	10.75	7.16	10.05	11.53	12.77	11.21

4.1.1 漏损管控项目的四个阶段

随着民众节水意识的不断加强，《"十四五"节水型社会建设规划》（发改环资〔2021〕1516 号）、《关于加强公共供水管网漏损控制的通知》（建办城〔2022〕2 号）、《关于组织开展公共供水管网漏损治理试点建设的通知》（发改办环资〔2022〕141 号）等政策性文件的出台，强化漏损管控工作已经成为国内供水企业管理的重要内容之一。根据国内外供水管网漏损管理的研究成果和实践管理经验，可以将漏损管控项目概括为四个阶段，如图 4-1 所示，依次为准备阶段、实施阶段、验收阶段、总结阶段。每个阶段具体内容详见下文。

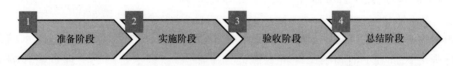

图 4-1　漏损管控项目的四个阶段

1. 准备阶段

准备阶段是了解供水企业实际情况，把握漏损现状根源，确定项目开展方向的关键阶段。漏损管控项目是一项系统工程，在项目实施前期，应对供水管网漏损现状进行调研评估，同时还应保障项目实施的资金来源和服务商渠道。

调研评估应紧密结合企业实际，避免"就问题看问题"，需从发现的问题挖掘出深层原因，进而有的放矢，针对性地开展优化工作。

评估内容应包括企业概况（供水区域面积、日供水量、用户总数、大用户占比、管线长度、水表抄见率、抄表准确率、漏损水量、漏损率、每年检出漏点数量、每年检出漏点漏失水量、人均收入情况、人力资源成本占比、营销服务人员占比、生产人员占比、专业技术人员占比、管理与行政人员占比）、表务管理情况、抄收管理情况、信息化管理现状、分区建设情况、监测点布置及通信情况、管线资料情况、运维队伍情况等内容。

2. 实施阶段

实施阶段是漏损管控项目的主体。在实施阶段前期，应针对企业漏损现状调研情况，制订合理目标，进行可行性分析，确定科学高效的管网漏损控制策略。

在管网漏损控制策略确定后，应组织协调相关部门，明确各部门职责，制订实施阶段内不同时期的工作目标及任务，编制工作计划方案、资源供应预案、成本预算、应急预案等内容，并实施各项任务与工作。

3. 验收阶段

在项目实施过程中，应同步制订项目质量监督标准，评估分析项目实施情况，对项目过程进行把控，分析实施过程中出现的问题，不断优化工作流程，提高工作效率。在项目实施结束后，对管网漏损管控项目进行成果验收。

4. 总结阶段

在一个管网漏损管控项目结束后，应及时对项目进行总结，归纳提炼出具备可操作性、可推广性的工作报告，形成案例，为其他项目工作开展提供宝贵经验。

4.1.2　供水管网漏损控制的意义

推进供水管网漏损控制项目的实施，从企业和社会层面上，均具备重大意义，主要包括以下内容：

一是企业层面，供水管网漏损管控可以提升供水单位的经济效益，主要表现为降低制水供水成本和节约建设投资。自来水是经过混凝、沉淀、过滤、消毒等净化工艺处理后，由输配水管道输送至用户终端的水，其中某些区域可能还需泵站增压。在整个制水供水过程中，需要消耗人工成本、药剂成本、能耗成本，降低漏损率就能减少制水供水过程中的各种消耗，达到降低成本的目的。同时，通过漏损管控项目的实施，可以进一步提升供水管网管理水平，强化供水安全保障能力，提升输配水管网运行效率，从而延缓管网扩建或降低建设规模，以达到节约建设投资的目的。

二是社会层面，中国是全球人均水资源贫乏的国家之一，且时空分布不均，部分地区水资源不足，制约了当地工农业生产的发展，而管网漏损管控工作能有效缓解水资源短缺带来的巨大压力，节约水资源。同时，若输配水管网发生泄漏、开裂、爆管等事故，会造成水质污染、地面下沉等次生灾害，通过漏损管控项目的实施，可以提高供水管网管理水平，减少管网爆管等事故的发生频次，对城市的健康发展起到积极作用。

近年来，供水管网漏损问题日益受到国家的关注。然而，由于各种客观原因，我国供水企业的管网漏损管控工作面临着诸多问题。

4.2　管网漏损控制存在的问题

4.2.1　技术问题

一是管网资料缺失。供水管网资料是供水企业的家底，管网运维相关工作，如检漏、抢修、巡检等均离不开准确翔实的管网资料。但因早期的供水企业大多缺少管网普查队伍，未能及时根据竣工图纸对现场情况进行核实，加之城市发展过程中的管网改造、迁移工作等客观原因，原有的管网资料无法进行动态更新，管网资料的准确性得不到保障。

二是管网漏损检测技术手段缺乏，国内多数供水企业缺少专职的检漏技术人才队伍和专业的检漏仪器设备。检漏工作是控制管网物理漏失水量最直接有效的方式之一，但管网漏水点能否及时有效发现，很大程度上取决于检漏人员的业务能力、工作态度以及检漏设备的先进性和精确度。此外，由于供水管网规模庞大，如采取分区计量等技术手段，探索管网漏损分布规律，快速锁定漏损区域，将极大影响检漏工作效率。

三是管网压力调控粗放。随着城市的高速发展，供水管网的输配水量不断增加，许多供水企业只得将供水压力上调，以满足用户用水需求。但供水压力长时间地超出管网设计荷载运作，势必会增大管网爆管的风险，同时，还会增加管网原有漏水点的存量漏损，增加物理漏失水量。因此，应结合不同供水区域的特点，开展压力调控工作，以保障供水管网安全稳定运行，实现降漏控漏的目的。

四是供水管网的更新与优化无序。随着城镇化步伐的加快，城市建筑、地铁、道路等施工地块的数量日益增加，对地下管网的威胁也日益增大。而我国城市供水管网大多建于20世纪40~60年代，供水管网服役年限过长，供水设施陈旧，逐年老化的管网资产更新与维护成本巨大，供水企业需逐步开展管网更新、优化工作。在开展这项工作时，供水企业需结合自身管网现状和城市规划进程，科学制订管网更新与优化任务，合理确定重点和主次，根据不同现场情况，因地制宜编制管网更新与优化方案，做好风险应急与防控，统筹兼顾，提升管网建设规划水平。

4.2.2 管理问题

1. 管网管理问题

（1）管材管理不到位，易发生管道腐蚀，水质难以保证等问题。

（2）管网布置不合理，改造计划未按管网实际服役情况而定，缺乏科学性。

（3）管道施工管理不严格，易发生因外力而导致的管道开裂、爆管等现象。

（4）管网水质、水压监控点偏少，供水管网感知调度能力较弱。

（5）管网巡检缺乏供水设施（管线、阀门）及施工点主动管理。

（6）拆迁地块治理跟进不及时，导致水表填埋、管道漏水等现象。

（7）缺乏严谨的抢修管理制度，管道修复效率较低。

（8）管线图纸、管标等管理不到位，导致缺乏供水管网基本信息。

2. 表务管理问题

（1）缺乏水表选型、配表管理标准，导致计量不合理。

（2）缺乏水表周检计划，水表周检未符合国家要求的检定周期和标准，导致超期、超量水表仍在服役。

（3）拆表、销户、故障表、堆压表处置各环节未建管理流程并明确时限要求，存在拆而不销、处置不及时等问题。

3. 营销管理问题

（1）水表抄见率偏低。

（2）日常抄表质量缺少有效监督和数据分析，易产生缺抄、错抄、估抄等问题。

（3）用户违章用水，监察力度不到位。

（4）市政公共消防水鹤、公厕、喷泉等公共设施尚未安装计量水表，实际用水量难以准确界定。

4.2.3 队伍问题

要推动漏损控制系统工程的高效运转，关键在人，因此加强人才队伍建设、培养造就大批创新复合型人才是供水企业当下最紧迫的课题。

（1）管网运维队伍：工作人员缺乏系统培训，专业度不高；检漏人员业务不精，且未配置相关专业设备，导致检漏周期过长，影响发现漏点的及时率与定位的精确度；没有专职队伍与人员，对区域内阀门、消防栓缺乏定期例检保养，管网设施年久失修，存在安全隐患。

（2）表务管理队伍：工作人员业务水平有待提升；计量器具安装不规范，导致计量不合理；计量器具的管理流程缺失，器具的简单维护高度依赖厂商，导致工作质量和效率不高。

（3）营销管理队伍：工作人员责任心不强，存在缺抄、错抄、估抄等问题，直接影响供水企业的经济效益和行风舆情；缺乏抄表质量稽查和数据分析人员，未建立抄见水量内外复核机制。

因此，为实现漏损控制工作的精细化管理，供水企业需建立相关队伍，加强相应设施设备的配置，通过培训、实践培养专业人才，同时，还需制订并严格执行绩效考核制度，充分发挥职工的主观能动性。

思 考 题

1. 漏损控制工作的实施可以分为哪几个阶段？各个阶段的主要工作任务是什么？
2. 供水管网漏损控制具备哪些意义？
3. 管网漏损控制工作存在哪些技术问题？
4. 管网漏损控制工作存在哪些管理问题？
5. 管网漏损控制工作存在哪些队伍问题？

5 管网漏损控制评定标准及水量平衡表填报

供水管网漏损控制是全球供水行业共同面临的难题。对于供水企业而言，开展标准化、规范化、专业化的漏损控制工作应严格遵循行业内标准、规范的规定，明确常用管网漏损评价指标的含义、计算方法。同时，为进一步提高漏损控制技术水平和工作效率，还应引入水平衡分析的漏损控制理念和策略。供水企业可以通过对供水系统水量中包含的各类水量组成部分进行分析，估算各类水量组成部分的占比，发现水量异常现象，为后续制订合理的漏损控制策略提供科学依据。

编者希望通过本章的阐述，向读者分享管网漏损控制评定标准中常用评价指标的内涵和计算方法，并结合分析国际与国内的水量平衡分析方法，向读者介绍水量平衡体系的构建流程及技术要点，最后通过实际计算案例，帮助读者深化对水量平衡的认识。

5.1 管网漏损控制评定标准

为了加强城镇供水管网漏损控制管理，节约水资源，提高管网管理水平和供水安全保障能力，需要对城镇供水管网进行漏损分析、控制和评定，不仅需满足国家现行有关标准，还可引入国际水协（International Water Association，IWA）的漏损控制理念和策略，选取适合当地城市实际情况的管网漏损评价指标和评价方法。

5.1.1 常用管网漏损评价指标及对比

管网漏损评价指标的选取是漏损评价的关键步骤。为科学评估管网真实的漏损状况，制订合理的漏损控制方案，应选取适当的漏损评价指标，反之，若指标选取不当，就会导致对漏损情况的误判，将无法取得预期的漏损控制评价效果，影响后续漏损管控工作的开展实施。

从20世纪50年代开始，我国供水企业就开始逐渐重视供水系统的经济效益、社会效益和评价指标，部分城市的供水企业也开始采用供水系统漏损水量、管网漏损率和产销差率等指标作为评价依据。随着国家社会和经济的不断发展，国家对供水企业的供水能力和运行效率也提出了更高的要求。国内供水企业通过学习借鉴国际经验，逐渐深化了对供水管网漏损管控的认识。

结合国内外管网漏损评价指标的选取经验，可将管网漏损评价指标分为经济指标和运营指标。由于我国供水企业的管理体制、资料的存档记录方式、管理现状与国外的供水企业存在较多差异，因此不应直接套用国外的管网漏损评价指标。考虑我国供水企业的实际情况，从延续性、实用性和可操作性的角度出发，建设部于2002年批准发布了《城市供水管网漏损控制及评定标准》CJJ 92—2002，并于2016年，由住房和城乡建设部组织进行修订，发布了《城镇供水管网漏损控制及评定标准》CJJ 92—2016，为全国供水行业全面开展管网漏损控制管理工作提供指导。

表 5-1 为目前常用的管网漏损评价指标。编者希望通过综合对比各评价指标的含义，帮助供水企业在评价管网漏损状况时，拓宽评价指标的选择面，避免单一地采用漏损率这一指标，也可同时参考其他指标的评价结果。

常用管网漏损评价指标的综合对比 表 5-1

序号	指标名称	单位	指标含义	备注
1	漏损率	%	漏损水量占供水总量的比例	经济指标。直观表达漏损水量占供水总量的比例，但受供水总量的影响较大，不能反映管网的漏损严重程度
2	管网漏失率	%	真实漏失水量占供水总量的比例	经济指标。反映管网真实漏失水平
3	管网漏失指数（ILI）	无量纲	真实漏失水量与不可避免真实漏失水量的比值	运营指标。考虑了不同管网特征对真实漏失的影响，衡量供水企业对管网设施的管理水平。缺点是指标应用具有一定局限性，在我国缺乏数据基础，同时没有考虑管材和管龄的影响
4	单位管长漏损量	L/(km·d)	单位管长的日均漏损水量	运营指标。可用于漏损控制目标的制订
5	单位用户漏损量	L/(c·d)	单位用户的日均漏损水量	运营指标。可用于漏损控制目标的制订
6	单位管长漏失量	L/(km·d)	单位管长的日均真实漏失水量	运营指标。以管长表征真实漏失的状况，适合描述管网健康状况，一般适用于集中供水和接户管密度较低的配水管网系统

5.1.2 常用漏损评价指标的计算方法

在进行漏损评价指标的计算前，供水企业需按年度统计水量，进行水平衡分析，以量化各构成要素的水量，具体步骤如图 5-1 所示。

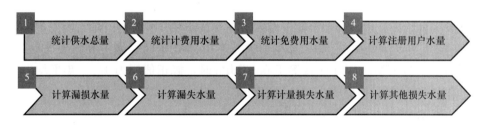

图 5-1 水量统计和计算流程

1. 漏损率和综合漏损率

$$R_{BL} = R_{WL} - R_n \tag{5-1}$$

$$R_{WL} = (Q_S - Q_a)/Q_S \times 100\% \tag{5-2}$$

$$R_n = R_1 + R_2 + R_3 + R_4 \tag{5-3}$$

式中　R_{BL}——漏损率，%；

　　　R_{WL}——综合漏损率，%；

　　　R_n——总修正值，%；

Q_s——供水总量，万 m^3；

Q_a——注册用户用水量，万 m^3。

漏损率和综合漏损率这两个漏损评价指标可以直观表达漏损水量在供水总量的占比，但受供水总量影响较大，因为在计算中缺乏管网规模、单位供水量管长、管网压力、服务支管数量、管网敷设年代、贸易结算方式、管理体制、地域特征等因素的考量，所以缺乏横向可比性。

为将供水管网规模、服务压力、贸易结算方式等因素纳入漏损评价指标。《城镇供水管网漏损控制及评定标准》CJJ 92—2016 规定，漏损率的计算应在漏损率基准值的基础上，按照各供水单位的居民抄表到户水量、单位供水量管长、年平均出厂压力以及最大冻土深度作相应调整。计算方法如下：

（1）居民抄表到户水量的修正值 R_1

$$R_1 = 0.08r \times 100\% \tag{5-4}$$

式中 R_1——居民抄表到户水量的修正值，%；

r——居民抄表到户水量占总供水量比例，%。

（2）单位供水量管长的修正值 R_2

$$R_2 = 0.99(A - 0.0693) \times 100\% \tag{5-5}$$

$$A = L/Q_s \tag{5-6}$$

式中 R_2——单位供水量管长的修正值，%；

A——单位供水量管长，$km/万\ m^3$；

L——DN75（含）以上管道长度，km。

当 R_2 值大于 3% 时，应取 3%；当 R_2 值小于 -3% 时，应取 -3%。

（3）年平均出厂压力修正值 R_3

因为在同样漏水条件下，管网整体漏水量与管网平均压力呈正相关关系。由于统计管网平均压力在操作上过于烦琐复杂，故采用年平均出厂压力进行统计，对年平均出厂压力过高的适当予以调整。

考虑我国各城镇规定的供水服务压力有较大差异，按年平均出厂压力的修正值设为三档。年平均出厂压力大于 0.35MPa 且小于或等于 0.55MPa 时，修正值应为 0.5%；年平均出厂压力大于 0.55MPa 且小于或等于 0.75MPa 时，修正值应为 1%；年平均出厂压力大于 0.75MPa 时，修正值应为 2%。

（4）最大冻土深度修正值 R_4

最大冻土深度大于 1.4m 时，修正值应为 1%。

待四个修正值确认后，应按式（5-3）计算出总修正值 R_n。

2. 管网漏失率

管网漏失率是真实漏失水量在系统供水总量中的占比。其计算方法为：

$$管网漏失率 = 真实漏失水量 / 供水总量 \tag{5-7}$$

根据漏失水量发生的地点，可以将真实漏失水量分为三个部分：输配水干管漏失水量、水库或蓄水池的漏失和溢流水量、用户支管至用户水表之间的漏失水量。

（1）输配水干管漏失水量

供水企业管理人员可根据供水管网运行维护记录，统计报表周期内（通常情况下，为

12个月）输配水干管漏失修复的次数，并对平均漏失水量进行估算，最后可根据式（5-8）计算出输配水干管每年的漏失水量：

$$输配水干管漏失水量 = 输配水干管漏失修复的次数 × 平均漏失水量 ×$$
$$平均漏失持续时间（参考值为48h） \tag{5-8}$$

若当地供水企业没有翔实的统计数据，也可根据国际水协的漏失水量参考值进行计算，见表5-2。

漏失水量参考值　　　　　　　　　　　　　　　　　表5-2

管道漏失位置	明漏漏失水量 [L/(h·m)]	暗漏漏失水量 [L/(h·m)]
干管	240	120
用户支管	32	32

注：表格数据来源：国际水协漏损控制专责小组。

（2）水库或蓄水池的漏失和溢流水量

供水企业管理人员可通过观察溢流情况，估算漏失平均持续时间及漏失水量。因为大多数溢流发生在水量需求较低的夜间，所以可通过对每个水库及蓄水池实施定期的晚间观测，采用值班人员巡检或者安装数据记录仪在预设的时间间隔自动记录水位等方式。

（3）用户支管至用户水表之间的漏失水量

通常情况下，统计计算用户支管至用户水表之间的漏失水量较为困难。可以通过真实漏失水量减去输配水干管漏失水量、水库或蓄水池的漏失和溢流水量进行近似估算。值得注意的是，这部分漏失水量不仅包括了已知并修复的用户支管漏失，也包括用户支管上的未知漏失水量和背景漏失水量。

（4）未知漏失水量和背景漏失水量

未知漏失水量，也称为潜在漏损，是指通过现有的漏损管控策略及技术手段未能及时检测到及未被修复的漏失水量。其计算方法为：

$$未知漏失水量 = 水量平衡中的真实漏失水量 - 已知的真实漏失水量 \tag{5-9}$$

漏水量较小的渗漏或节头滴水称为背景漏失水量。由于背景漏失水量较小，采用常规的漏失检测技术难以检测，但最终或因偶然，或因检漏技术提升，或因漏水点扩大后可以测得。背景漏失水量的估算可依据国际水协的参考值进行计算，见表5-3。

背景漏失水量参考值　　　　　　　　　　　　　　　　表5-3

漏水位置	漏损量（L）	单位
干管	9.6	L/(km·d·m)
用户支管——主干管至用户边界	0.6	L/(c·d·m)
用户支管——用户边界至用户水表	16.0	L/(km·d·m)

注：1. L/(km·d·m) 表示每千米主干管内每米压力每天所产生的以升计的漏损量。
　　2. L/(c·d·m) 表示每用户支管每米压力每天所产生的以升计的漏损量。

3. 管网漏失指数（Infrastructure Leakage Index，ILI）

管网漏失指数（ILI）是一个衡量供水企业对管网设施的管理水平的无量纲指标，是当前年真实漏失水量（Current Annual Real Losses，CARL）与当前年不可避免真实漏失水量（Unavoidable Annual Real Losses，UARL）的比值。其计算方法为：

$$ILI = CARL/UARL \tag{5-10}$$

管网漏失指数（ILI）是一个无量纲数，值越大，说明管网漏失情况越严重，值越接近于1，说明当前年真实漏失水量多为不可避免真实漏失水量，管网漏损控制水平较高。

其中，当前年真实漏失水量（CARL）的取值对应水量平衡表中的真实漏失。

当前年不可避免真实漏失水量计算方法如下：

$$UARL = (A \cdot L_m + B \cdot N_c + C \cdot L_p) \cdot P \tag{5-11}$$

式中　A——每千米干管内每米压力每天所产生的不可避免真实漏失水量，$L/(km \cdot d \cdot m)$，参考值取$18L/(km \cdot d \cdot m)$；

　　　　B——每用户支管每米压力每天所产生的不可避免真实漏失水量，$L/(c \cdot d \cdot m)$，参考值取$0.8 L/(c \cdot d \cdot m)$；

　　　　C——每千米用户管道内每米压力每天所产生的不可避免真实漏失水量，$L/(km \cdot d \cdot m)$，参考值取$25L/(km \cdot d \cdot m)$；

　　　　L_m——干管长度，km；

　　　　N_c——用户支管数量，个；

　　　　L_p——从物权边界至用户水表的用户管道总长，km；

　　　　P——地区平均压力，m。

4. 单位管长漏损量

$$单位管长漏损量 = 漏损水量 / (365 \times 管网总长) \tag{5-12}$$

5. 单位用户漏损量

$$单位用户漏损量 = 漏损水量 / (365 \times 用户数) \tag{5-13}$$

6. 单位管长漏失量

$$单位管长漏失量 = 真实漏失水量 / (365 \times 管网总长) \tag{5-14}$$

5.2　水量平衡表的填报

水量平衡分析是开展漏损控制的基础工作。通过量化分解供水系统的供给水量，计算相关指标，评估供水系统漏损状况，结合供水企业实际情况，推进有针对性的漏损控制工作。水量平衡分析的范围涵盖整个供水系统，即以水厂出厂计量为系统的起点，以用户用水的计量为终点。

5.2.1　国际水量平衡表

20世纪80年代以来，漏损控制和评价工作成为全球供水行业的研究热点。1991年，国际供水协会（International Water Supply Association，IWSA）发表了一份主题为《Unaccounted for Water and the Economics of Leak Detection》（未计量用水和检漏经济学）的国际报告，提出了未计量用水率和未收费用水率的概念和计算方法，并在相当程度上得到推广应用，成为国际上广泛接受和采纳的供水效率评价指标。1996年，针对供水管网漏损控制课题，国际供水协会成立了"专项工作组"。工作组通过广泛调查和深入研究供水系统漏损现状和存在的问题，制订了水平衡标准，提出了供水系统漏损控制评定指标、管网漏损的控制对策和技术手段，指导了全球供水企业漏损控制工作的开展。2003

年，国际水协与美国给水工程协会（American Water Works Association，AWWA）共同合作发布了《Water Audit Methodology——Water Audits and Loss Control Programs》（水审计方法——水审计和漏损控制），进一步规范和完善了供水管网漏损控制工作的标准化管理技术体系。目前，国际水协的水平衡标准已被多国供水行业组织采用，并已被包括中国在内的许多国家作为本国供水管网漏损控制管理和评价的重要参照标准。

国际水协制订的水平衡标准中，规范了一系列供水量分类的标准术语，并以水量平衡表（表5-4）的形式阐明了相互之间的构成关系。

国际水协水量平衡表 表 5-4

系统供给水量	合法用水量	收费的合法用水量	收费计量用水量	收益水量
			收费未计量用水量	
		未收费的合法用水量	未收费已计量用水量	无收益水量
			未收费未计量用水量	
	漏损水量	表观漏损	非法用水量	
			因用户计量误差和数据处理错误造成的损失水量	
		真实漏失	输配水干管漏失水量	
			水库或蓄水池漏失和溢流水量	
			用户支管至用户水表之间漏失水量	

该水量平衡表从左至右，逐级量化分解供水系统的各部分水量，并规范了表中各主要构成要素的术语，术语定义如下：

（1）系统供给水量：全年流入供水系统的水量。

（2）合法用水量：注册用户、供水单位和其他间接或明确授权部门（如政府部门或消防用水）的全年用水总量，包括收费的合法用水量和未收费的合法用水量。收费的合法用水量可分为收费计量用水量和收费未计量用水量；未收费的合法用水量一般包括水厂自用水量，喷泉、景观等公共设施用水量；管道冲洗、维修用水量；蓄水池、新增管道储水量；消防用水；绿化和浇洒道路用水等。

（3）漏损水量：系统供给水量和合法用水量之间的差值，包括表观漏损和真实漏失。

（4）表观漏损：包括非法用水量和因用户计量误差和数据处理错误造成的损失水量。其中数据处理错误又可分为抄表错误、数据分析错误、账面错误等。

（5）真实漏失：又可称为"物理漏损"，是指全年发生在输配水干管、水库或蓄水池，以及用户表前管段的漏失水量。

（6）无收益水量（Non Revenue Water，NRW）：系统供给水量和收费的合法用水量之间的差值，包括未收费的合法用水量和漏损水量。

对于供水企业而言，无收益水量是评估供水企业经营情况和工作效率的重要绩效指标。而通过构建水平衡分析体系能够细化无收益水量的各个构成要素，全面反映水量分配情况，定性定量地分析漏损水平，开展针对性的漏损控制工作。

5.2.2 国内水量平衡表

国内部分供水企业在构建水平衡分析体系的初期，面临着基础数据不全、准确度不高等问题，进而导致水量平衡计算有误，影响后续工作开展。考虑国内供水企业的管理体制和现状，从便于供水企业更好使用的角度出发，我国《城镇供水管网漏损控制及评定标准》CJJ 92—2016 在国际水协推荐的水量平衡表的基础上，进行了适当的修正优化，使其具有更强的实用性和可操作性，更符合我国供水企业发展情况。国内的水量平衡表见表 5-5。

国内的水量平衡表 表 5-5

	供水总量	注册用户用水量	计费用水量	计费计量用水量
自产供水量				计费未计量用水量
			免费用水量	免费计量用水量
				免费未计量用水量
		漏损水量	漏失水量	明漏水量
				暗漏水量
				背景漏失水量
				水箱、水池的渗漏和溢流水量
外购供水量			计量损失水量	居民用户总分表差损失水量
				非居民用户表具误差损失水量
			其他损失水量	未注册用户用水和用户拒查等管理因素导致的损失水量

该水量平衡表从左至右，逐级量化分解供水系统的各部分水量，并规范了表中各主要构成要素的术语，术语定义如下：

（1）供水总量：全年进入供水管网的水量。根据来源，可分为水厂自产水和外购水。具体可通过在水厂、输配水管网安装计量器具获取并计算。

（2）注册用户用水量：登记注册用户的全年消费水量，可分为计费用水量和免费用水量。计费用水量可通过营销水表数据统计分析获取。免费用水量一般是指当地政府规定减免收费的注册用户的用水量和供水单位用于管网维护等自用水量。免费计量用水量可以通过计量器具获取，未计量部分可通过用水情况估算得出。

（3）漏损水量：供水总量与注册用户用水量之差，包括漏失水量、计量损失水量和其他损失水量。

（4）漏失水量：主要包括明漏水量、暗漏水量、背景漏失水量以及水箱、水池的渗漏和溢流水量。

（5）计量损失水量：主要包括居民用户总分表差损失水量和非居民用户表具误差损失水量。对于居民用户表而言，因为居民用户表以小口径为主，所以计量损失水量主要体现为居民用户总分表差损失水量。通过结合计算居民用户总分表差率和居民用水量，可求得居民用户总分表差损失水量。对于非居民用户表而言，因为非居民用户表以大口径为主，所以计量损失水量主要体现为非居民用户表具误差损失水量。通过大口径水表的串联实验，可求得非居民用户表误差率，进而估算损失水量。

（6）其他损失水量：主要包括未注册用户用水和用户拒查等管理因素导致的损失水量。

相较于国际水协平衡表，国内的水量平衡表的修正内容主要有以下 2 项：

（1）将"真实漏失"变更为"漏失水量"，并根据国内供水单位的实际统计情况重新定义了漏失水量的构成要素，根据漏水点的不同类型对漏失水量进行分解，可分为明漏水量、暗漏水量、背景漏失水量以及水箱、水池的渗漏和溢流水量。明漏水量指水溢出地面或可见的管网漏点的漏失水量；暗漏水量指在地面以下检测到的管网漏点的漏失水量。漏失水量可通过经验公式法、便携式流量计测定法、计量差计算法、容积法等多种方法获取计算。

（2）取消了容易引起误解的"表观漏损"的表述。国际水协提出的表观漏损包括非法用水量和因用户计量误差和数据处理错误造成的损失水量。根据我国供水企业管理实际情况，将"表观漏损"细化为"计量损失水量"和"其他损失水量"，简化并明确了计量损失水量和其他损失水量的组成。

5.2.3　技术要点

1. 确定分析期和分析范围

在构建水平衡分析体系前，应先确定具备一定时间跨度的分析期限，通常情况下，可采用一个完整年作为分析期，因为一个完整年的时间跨度较长，且考虑季节性变动的因素。同时，还应确立分析范围，对于实施分区管理的单位，宜同时对整体和各分区开展水量平衡分析。

2. 资料收集和管理流程标准化

构建水平衡分析体系的关键在于数据信息的收集和质量把控。需收集的数据信息繁多，涉的业务部门也较多。因此，在数据信息的收集过程中，应明确数据流以及各种数据对应的业务部门和联系人。为提高数据信息收集效率，规范数据上报情况，应整理并不断优化数据收集标准清单，进而建立标准化的资料收集和管理流程。

3. 数据信息的质量把控

构建水平衡分析体系时，数据信息的质量直接影响水平衡分析的应用成效。水平衡分析体系中涉及的数据信息较为庞杂，在生产和管网运营方面，主要包括生产数据、流量数据、压力数据、管网数据、检漏维修数据；在营业方面，主要包括制水成本、用户计量方式、用户计量计费数据、免费合法用水量、非法用水稽查数据和管网资产相关的大量数据。因为构建水平衡分析体系时所需的数据种类繁多，其中任一环节的数据出现偏差，均会对整个评估结果产生影响，所以应建立相应制度，对数据质量进行把控，明确提供数据的责任主体、数据提供方式，提高数据可信度。

同时，在数据处理过程中还应考虑时间不同步的问题，尤其是用户抄表水量，需采取数学方法进行数据同步处理，尽可能保证水量平衡表中采用的所有水量数据的计量周期（或估量周期）和审计周期一致。通常情况下，生产水量的数据可以精确到每天，因此根据该计量数据的时间进行数据同步计算会更加容易。

在数据处理的过程中，对于一些资料不全而导致数据缺失的情况，或数据可信度不高的情况，可采取现场测试的方式，提高数据的完整度和可信度。

最后，计量器具的精度是影响流量数据的重要因素。在测定流量时，应考虑计量器具的精度和误差，若下游有总表或流量计，可进一步核实水量。

4. 水量平衡表的建立

建立水量平衡表是构建水平衡分析体系的主体。通常情况下，水量平衡表的建立采用"由左至右，自上而下"的路线，具体实施步骤如图 5-2 所示。

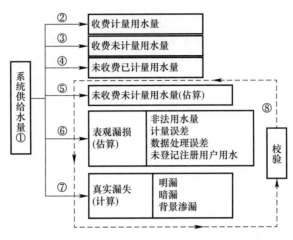

图 5-2　建立水量平衡表的具体实施步骤

由图 5-2 可知，在水量平衡表中，有些水量可以通过计量或计算获取，但有些水量难以统计，需要估算。常见的估算方法有分解水量子项估算法、公式法、按照历年水量变化趋势预测法、参照行业同类型企业的比例估算法等。

5. 水量平衡表的校验

水量平衡表建立后，为进一步提高水量平衡表的准确性，可对水量平衡表进行多次平衡校验，并分析误差产生的原因。通常情况下，水量平衡表的校验是采用"由右至左"的路线，即通过细化分析组分水量的方式，对水量进行修正校验。以真实漏失水量为例，可以采用如下两种方法进行校验：

（1）真实漏失组分分析法：根据真实漏失发生的地点，可分为输配水干管漏失水量、水库或蓄水池的漏失和溢流水量、用户支管至用户水表之间漏失水量；根据漏损类型，可分为明漏水量、暗漏水量、背景漏失水量及水箱、水池的渗漏和溢流水量。通过对各组分进行估算和量化，反推真实漏失水量。

（2）夜间最小流量法：该方法适用于分区计量系统较完善的供水企业。这种方法是通过监控夜间最小流量，得出统计意义上的真实漏失水量。

5.2.4　计算实例

下面以我国华东地区 N 市自来水公司某营业所的输配水管网系统为研究区域，展示水量平衡分析的计算流程。

1. 准备工作

项目概况：N 市自来水公司某营业所日供水能力为 30 万 m³，管网主干线约为 130km，供水区域约为 60km²。

分析期限：选取 2019 年 8 月 1 日至 2020 年 7 月 31 日作为水量平衡分析的研究期。

2. 建立水量平衡表

（1）确定系统供给水量

N 市自来水公司某营业所的系统供给水量组成仅包含自产供水量，无外购供水量。该营业所由两座自来水厂供水，日供水量分别为 20 万 m³ 和 10 万 m³。

水厂出厂流量计的准确度是影响水量平衡分析结果的重要因素，因此必须保证出厂流量计在最近一段时间内经过校准。N市两座水厂的出厂流量计均为电磁流量计，在每年12月份均会进行校准，经测量均符合电磁流量计的计量精度要求，记录的系统供给水量根据计量仪表误差进行调整，结果见表5-6。

确定的系统供给水量（因流量计误差而调整）　　　　　表5-6

水厂	系统供给水量的计量值（m³）	流量计精确度（%）	流量计误差（m³）	校正后的系统供给水量（m³）
1	60750824	98	+1215016	61965840
2	31867644	99	+318676	32186320
校正后的系统供给水量（m³）				94152160

（2）确定收费计量用水量

从N市自来水公司的营业收费系统中导出注册用户抄收水量的原始数据，筛选出不同用水性质的用水量，包括生活用水、生产用水、特种行业用水、绿化用水和施工用水。由于不同用户抄表时间不同，应在考虑不同用户计费周期和计费起止日期造成的统计误差后，对水量进行修正。同时，还应核实重复用户、负值用水量用户等问题。最终数据处理结果见表5-7。

收费计量用水量　　　　　表5-7

水量分类	用水性质	售水量计量值（m³）	说明
收费计量用水量 78713532m³	生活用水	47271948	用户水表
	生产用水	25369364	
	特种行业用水	3164826	
	绿化用水	1517658	绿化水表
	施工用水	1389736	施工临时水表

（3）确定收费未计量用水量

在研究期内，N市自来水公司的稽查科共查处消防栓偷水4处，私接管线2处，水表倒装2处，在与用户协商后，确定违章用水罚款水量按6个月核算，共计240130m³。

在研究区域内，有地处城乡接合部的1000户平房用户属于待改造区域，暂未安装水表，按照每户每月10m³用水量进行估算收费，计算得出的水量约为120000m³。最终数据处理结果见表5-8。

收费未计量用水量　　　　　表5-8

水量分类	用水性质	水量（m³）	说明
收费未计量用水量 360130m³	违章稽查用水	240130	稽查记录
	无表户用水	120000	估算

（4）确定未收费已计量用水量

未收费已计量用水量主要包括自来水公司生产、办公用水和政策性减免水量，如低收入家庭"五保户"，均已安装水表，通过营收系统导出相应数据并进行数据处理。最终数据处理结果见表5-9。

水量分类	用水性质	售水量计量值（m³）	说明
未收费计量水量 40202m³	自用水	34328	用户水表
	政策减免用户用水	5874	

（5）确定未收费未计量用水量

N市的未收费未计量用水量主要包括消防水量、二次供水设施清洗水量、新建管线和维修管线冲洗水量等。

1）消防水量：包括灭火用水量、消防演练水量。消防水量的计算，需向当地消防部门询问消防出警次数、消防演练次数、消火栓平均使用数量、消火栓平均使用时间等，然后由式（5-15）计算可得。

$$V_5 = \sum_{i=1}^{N} q t_i m_i \qquad (5-15)$$

式中　V_5——消防用水量，m³；

　　　q——每支水枪的平均流量，m³/h，参考值为 23.4m³/h；

　　　t_i——灭火时间或消防演练时间，h；

　　　m_i——消火栓平均使用数量，个；

　　　N——消防出警次数与消防演练次数之和，次。

2）二次供水设施清洗水量：需确认分析期内二次供水设施清洗次数、二次供水设施类型和体积。若是水箱，清洗水量可近似取值为水箱体积。若是地下水池，清洗水量取水池体积的40%。

3）新建管线和维修管线冲洗水量：根据N市自来水公司记录，可以得到冲洗管道管径、冲洗水量和冲洗时间等，然后由式（5-16）计算可得。

$$V_2 = \sum_{i=1}^{n} q_i t_i \qquad (5-16)$$

式中　V_2——新建管线和维修管线冲洗水量，m³；

　　　q_i——冲洗水量，m³/h；

　　　t_i——每次冲洗时间，h；

　　　n——冲洗次数，次。

N市自来水公司的未收费未计量用水量最终数据处理结果见表5-10。

未收费未计量用水量　　　　　　　　　　　　表 5-10

水量分类	用水性质	水量（m³）	说明
未收费未计量用水量 350080m³	消防水量	240480	根据消防情况估算
	二次供水设施情况水量	19600	根据冲洗情况估算
	新建管线和维修管线冲洗水量	90000	根据新建和维修记录估算

（6）估算表观漏损水量

1）非法用水量

在研究期内，N市自来水公司的稽查科共查处消防栓偷水4处，私接管线2处，水表倒装2处，在与用户协商后，确定违章用水罚款水量按6个月核算，共计240130m³，按已查处偷盗等用水量的2倍进行估算，得480260m³。

2）因用户计量误差和数据处理错误造成的损失水量

N市自来水公司某营业所通过在试点小区集中开展水表更换工作，并对水表更换前后的样本水量进行分析，估算出损失水量约为3145010m³。最终数据处理结果见表5-11。

表观漏损水量 表5-11

水量分类	用水性质	水量（m³）	说明
表观漏损 3625270m³	非法用水量	480260	根据试点经验估算
	因用户计量误差和数据处理错误造成的损失水量	3145010	根据水表检定结果和试点经验估算

（7）计算真实漏失水量

如前文所述，就数学统计意义而言，真实漏失水量应为系统供给水量与上述6个指标的差值，则可计算出N市该营业所的真实漏失水量为11062946m³。

（8）校验

最后结合N市该营业所的相关管网数据和营业数据，对部分水量的子项进行组分分析，校验水量平衡表，得出表5-12所示的水量平衡表。

水量平衡表（m³） 表5-12

系统供给 水量 94152160 100%	合法用水量 79463944 84.40%	收费的合法 用水量 79073662 83.98%	收费计量用水量 78713532；83.60%	收益水量 79073662 83.98%
			收费未计量用水量 360130；0.38%	
		未收费的合法 用水量 390282 0.41%	未收费已计量用水量 40202；0.04%	
			未收费未计量用水量 350080；0.37%	
	漏损水量 14688216 15.60%	表观漏损水量 3625270 3.85%	非法用水量 480260；0.51%	无收益水量 15078498 16.02%
			因用户计量误差和数据处理错误 造成的损失水量 3145010；3.34%	
		真实漏失水量 11062946 11.75%	明漏水量 3318883；3.52%	
			暗漏水量 6416510；6.82%	
			背景漏失水量 1327553；1.41%	

3. 水量平衡表成果展示

由水量平衡表的数据，结合上文公式，可得综合漏损率 $R_{WL} = 15.60\%$，管网漏失率为 11.75%。

思 考 题

1. 管网漏失指数的含义是什么？该如何进行计算？

2. 《城镇供水管网漏损控制及评定标准》CJJ 92—2016 中的水量平衡表与国际水协的水量平衡表存在哪些异同？

3. 建立水量平衡表的具体实施步骤有哪些？

4. 水量平衡表的常用校验方法有哪些？

6 供水管网分区计量

20世纪80年代，英国水工业协会在水务联合大会上首次提出供水管网分区计量（District Metered Area，DMA）的概念。经过较长时间的技术积淀及实践经验，供水管网分区计量被认为是控制城市供水系统水量漏失的有效方法。DMA被定义为供配水系统中一个被切割分离的相对独立区域，通常情况下，采用关闭阀门或安装流量计的方式，形成虚拟或实际的独立区域。通过对相对独立区域的进出水流量进行计量监测，分析采集的流量数据，可定量评估该区域的供水管网漏损水平，从而使检漏人员明确工作方向和工作重心，能更准确地规划在何时何处开展主动检漏工作，有效减少城市供水系统漏失水量。

编者希望通过本章的阐述，向读者分享供水管网分区计量的意义、建设规划、组织实施、漏损管控体系构建、分区计量的应用等，并通过介绍我国南北地区典型城市的分区计量管理项目应用情况和具体应用实例，帮助读者进一步深化对供水管网分区计量的认识。

6.1 分区计量的意义

一是通过分区计量，可以优化供水管网检漏方法和模式，保障供水管网安全稳定运行。

声波探测技术是一种利用基于声学原理的设备仪器捕捉管道上的漏水异常声，然后修复检测出的管道漏水点，进而减少漏失水量的方法，是供水管网漏损检测的主要方法之一。当城镇供水管网规模较小时，供水企业通过组建检漏队伍或聘请专业检漏团队，利用声波探测技术进行管网漏损检测确能取得一定成效，但随着城镇供水管网规模的不断扩大，传统的漏损检测方法和模式已渐显疲态，检测周期不断延长，导致未能及时检出漏水点，漏水点泄漏时间的延长，将造成漏失水量的增加和供水管网安全系数的下降。

同时，随着城镇供水管网规模的不断扩大，传统的漏损检测方法和模式的盲目性将进一步凸显，工作效率低下，造成不必要的人力和物力的浪费。基于上述两个弊端，引入分区管理的理念，建立分区计量系统，可以在一定程度上优化供水管网检漏方法和模式，保障供水管网安全稳定运行。

二是通过分区计量，可以建立实时在线的监测控制系统，掌握管网水量变化规律和趋势，合理评估管网漏损现状，提高漏损控制水平。国内外大量成功实践表明，采用DMA分区管理技术可以达到有效控制管网漏损的目的。例如，苏州将某试点区划分为7个DMA分区，通过监测夜间最小流量，及时发现并处理管道漏损异常现象，三年内，该试点区漏损率即从21%下降至10.7%。具体而言，通过对城市供水管网进行合理分区并安装流量计，实时监测各区供水管网内流量，在此数据基础上，结合统计和分析夜间最小流量，就能对各区管网漏损现状进行合理评估，精准量化各区漏损水平，指导漏损工作开展方向，如区内管道存在漏损严重区域，甚至可以实现准确的预定位功能。

三是通过分区计量，可以推动建立精准高效、安全可靠的长效管理机制，持久稳定地实现漏损控制目标。通过建立管理机制和绩效考核体系，明确责任主体与职责分工，推进实行供水管网分级分区管理。基于分区计量技术手段，科学评估供水区域内漏损现状和空间分布，采取有针对性的降漏控漏措施，不断优化升级漏损控制目标，进而实现管网漏损控制长效管理机制的建立，持久稳定地控制漏损。

6.2　分区计量建设规划

6.2.1　建设规划顶层设计

分区计量建设规划应立足于实际，做好顶层设计、系统规划，通过在分区之间设置流量计、小区总考核表以及单元考核表，形成网格化分区计量格局，为细化计量单元格、掌握水量变化、实现科学高效的管网漏损控制提供技术支撑。在分区建设的同时，也可在大口径、高风险管道的关键节点安装布置渗漏预警仪和高频压力监测点，有效监控分区内主要管道漏损安全隐患。

```
确定DMA建设区域
    ↓
编制管理实施方案
    ↓
分区计量管理项目组织实施
    ↓
漏损管控体系建设
    ↓
分区计量管理项目应用
    ↓
分区计量应用成效评估
```

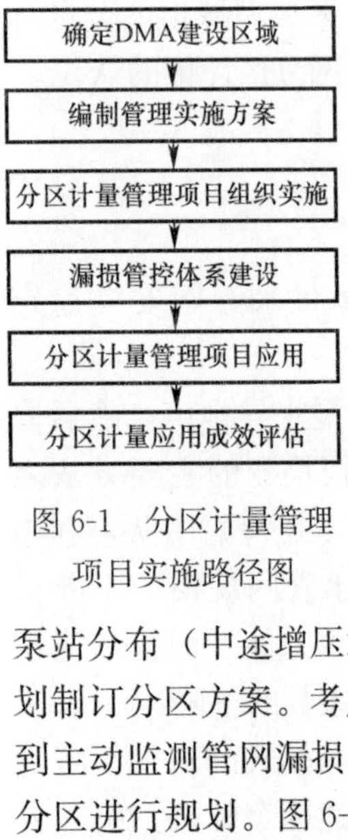

图 6-1　分区计量管理
项目实施路径图

除了技术层面，分区计量建设规划的顶层设计还应兼顾管理层面，通过漏损管控体系的构建，实现分区计量的流程化管理、专业化管理，提升分区计量管理应用水平。同时以评估体系为支撑，依照系统、科学的标准评估与衡量职工的工作行为和工作效果，真正实现分区计量管理的"过程跟踪"和"结果应用"。图6-1为分区计量管理项目实施路径图。

6.2.2　分区计量建设规划原则

分区计量按照独立区域计量原则，结合具体实际工作，主要基于供水区域现状的管网拓扑结构、用户分布（大用户、小区）、泵站分布（中途增压站）、水力条件（流速、压力）和管理需求（行政分界）等因素，规划制订分区方案。考虑国内供水行业的管网管理现状，通过三级的分区建设，可以较快达到主动监测管网漏损，及时发现问题，有效控制产销差的目的，所以通常情况下，以三级分区进行规划。图6-2为三级分区示意图。

1. 一级计量区域划分

通常情况下，一级计量区域的划分是以城市供水的自然经营区域为框架，在水厂的出口位置和供水企业各经营区域间的转供水处加装流量计，通过梳理各经营区域转供水计量点的水量进出平衡关系，核算各区域的水量。

在实际工作中，出于管理需求的考虑，供水企业常将一级计量区域的划分与行政区划保持一致，此时应注意，一级计量区域与行政区域仍有本质区别。

2. 二级计量区域划分

二级计量区域的划分应主要遵循以下原则：

（1）总分原则：遵循由总到分，由大及小，逐级细化的原则进行分区，先分区再分片，先划定较大的区域，再逐步细化到区域内的居民小区、厂矿企业等。

（2）地理条件便利原则：考虑利用供水管网范围内的天然屏障或城市建设中形成的人

为障碍，如河流、山脉、铁路、主要道路作为分界线。

（3）适应供水（量）格局原则：进行二级计量区域划分时，应考虑现有水厂、加压站的供水加压能力、管道现状、区域内用水类型等，同时应尽量将区域的分界线划分在供水主干管上。

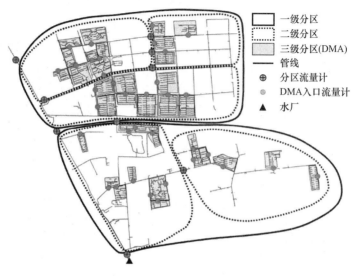

图 6-2　三级分区示意图

（4）流量计便于安装和数量最少原则：进行分区时，流量计数量越少，管理难度越低，管理成本也越少，同时流量计本身误差对分区计量的影响也越小，因此宜优先考虑流量计增设数量较少的设计方案。此外，在进行流量计的安装时，宜充分考虑将便于安装流量计的地段作为区域分界线。

（5）有效关闭阀门原则：边界的阀门必须能关闭。同时，在不影响区域供水和水质安全的前提下，可适当关闭分区的边界阀门，以减少流量计的数量。

（6）尽量均衡各独立计量区域的供水规模，便于分区后的供水管理和服务。

（7）将管网中由增压泵站供水的区域划分为独立计量的供水区域，避免增压区域和非增压区域的相互交叉，便于管理和计量。

（8）分区结果应能保证管网水质安全。分区边界的设定通常需要考虑地面标高、地形、道路等地理条件因素，应考虑划分区域后不发生死水、积滞水现象，使管道末梢部分形成环状，应将末端部分能设置排水设备的地方作为管段末端。

3. 三级计量区域划分

为便于进一步查明各供水区域产销差的差异性，应在二级分区计量的前提下，在二级分区计量的各个分区内再进行计量区域的细分，实现供水管网的精细化、网格化管理。

三级分区适用于枝状管网，而不宜用于环状管网。对于个别影响分区计量的不必要的小口径环状管网可进行截断，以减少流量计的安装数量，同时便于管网漏损检测工作开展。

三级分区的划分以各独立装表小区、泵站供水小区及枝状管网上的贸易结算水表为划分依据，对于部分无明确上述划分条件的区域，则可根据实际情况以及该处的管网状况进行划分。

6.2.3　分区计量管理实施方案

分区计量管理实施方案编制流程如图 6-3 所示。

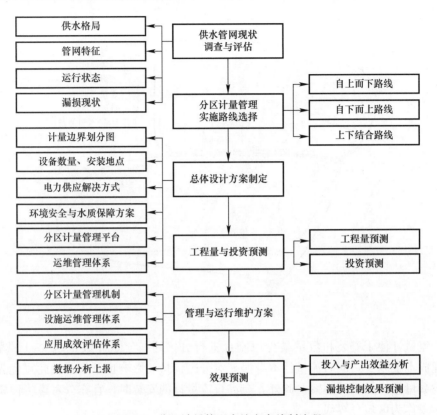

图 6-3　分区计量管理实施方案编制流程

1. 供水管网现状调查与评估

为确保分区计量管理实施方案制订的科学性、合理性，在方案制订前期，供水企业应不断夯实供水管网现状调查与评估的基础工作，对供水服务区域进行实地踏勘，现场调研并收集如下信息。

一是供水格局，具体应包括水厂数量及位置分布、供水服务范围、供水规模、供水服务区域的地形地势走向、管网走向、管网拓扑结构等内容。

二是供水管网特征，具体应包括管网材质、铺设年代、管道口径分类构成和空间分布，以及管网地理信息系统（Geographic Information System，简称 GIS）等内容。

三是管网运行状态，具体应包括管网压力、用户用水量的空间分布等内容。

四是漏损控制现状分析，具体应包括管道检漏、压力控制等漏损控制技术应用现状和相应管理措施等内容。

2. 分区计量管理实施路线选择

根据独立计量区域的发展规划方向，可将分区计量分为三种技术实施路线。

一是自上而下的分区路线，指由最高一级分区到最低一级分区逐级细化的实施路线。二是自下而上的分区路线，指由最低一级分区到最高一级分区逐级外扩的实施路线。三是上下结合的分区路线，即上述两种路线的有机结合。

三种分区路线各具特点，各有优势，互为补充。供水企业可在供水管网现状调查与评估的基础上，根据供水格局、管网特征、运行状态、漏损控制现状、管理机制等自身实际情况，综合考虑供水管理机制和成本等因素，合理选择技术可行、经济合理的分区计量管理实施路线。

在实际工作中，供水企业也可在供水服务区域内，按照三级分区原则选取一到两个相对独立且管网数据翔实的区域作为试点区，以便对管网进行实时监控，且得到的数据较为客观、准确并且有代表性。在试点区需充分调研了解区域内管网的配置及运营情况，设计一套适用于该区域的具体流量计、渗漏预警系统配置方案，并在试点区实行管理优化。

3. 总体设计方案制订

在制订总体设计方案前，应到分区计量工程现场踏勘并做好记录。主要内容应包括地理位置、计量边界划分图、设备型号、设备数量、安装地点、电力供应解决方式、传输方式、连接方式（管段式有无伸缩器）、管道材质、管道口径、井室情况（大小等空间情况）、机柜位置等内容。

此外，供水企业在编制分区计量管理实施方案时，除了工程方案外，为持续保障供水安全和水质安全，还应将环境安全与水质保障方案、分区计量管理平台、运维管理体系等内容纳入总体设计方案。

4. 工程量与投资预测

在预测项目工程量时，应综合考虑道路开挖、物联感知设备的增设或升级、配套管网设施的完善或升级、分区计量管理平台的建设等。

在预测项目投资时，可以根据资金用途，分为四大类。一是施工费用，主要包括道路开挖、设备安装、相关管线工程等；二是硬件费用，主要包括流量计量设备、压力监测设备、水质监测设备、压力调控设备、数据采集与远传设备等多种物联感知设备和远控设备的新增或升级费用，同时还应包括必要的管网附属设施的增设、配套设施的增设等；三是软件费用，主要包括分区计量管理平台的开发；四是日常运行费用，主要包括物联感知设备和远控设备的维修维护费、井室维护费、电力费、通信费、系统运行维护费等。

5. 管理与运行维护方案

分区计量管理应用体系的日常管理与运行维护是实现分区计量长效化治理的关键环节。因此，在分区计量管理项目的建设阶段，供水企业应同步加强对分区计量漏损管控体系的构建，加强分区计量管理和设施运维管理的工作力度，主要应包括分区计量管理机制、设施运维管理体系、应用成效评估体系和数据分析上报 4 个方面。

6. 效果预测

效果预测主要包括投入与产出效益分析、漏损控制效果预测两个方面。

6.3 分区计量管理项目组织实施方法

分区计量管理项目组织实施流程如图 6-4 所示。

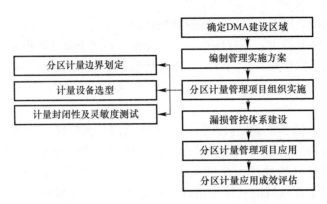

图 6-4　分区计量管理项目组织实施流程图

6.3.1　分区计量边界划定方法

分区计量边界设计应以供水安全、水质安全为基础，尽量不改变管网结构和水力条件，结合供水格局、管网特征、运行工况、漏损现状、管理需要，充分利用供水管网的拓扑关系、用户情况、施工条件等因素综合确定。分区边界宜以安装流量计量设备为主，以关闭阀门为辅的方式划定。

1. 分区划分原则

为保障分区划分质量，进一步提高供水企业的精细化管理、网格化管理水平，分区划分应遵循以下原则：

（1）满足不同管理需要：分区后应有利于产水和售水分离，满足供水企业管网产销差、漏损率统计、相关指标分解及目标考核，利于明晰责任边界，为厂网分离运营及进一步划分供水营业管理区域提供条件。

（2）保持管网完整性及计量连续性：应在保障分区内从进水口到区内各用水点均能有效供水的前提下，尽可能在原有管网结构基础上划分分区，减少工程改造量；分区计量从水厂至管网至小区终端用户应逐级实现全覆盖，形成完整计量传递体系和数据链。

（3）与管网新建、改造相结合：在管网新建、改造设计时，应充分考虑分区计量边界的调整、移建及增补。

（4）便于供水调度及精准控漏：结合分区，应便于供水主干管网及不同压力区域的流量、流向、压力等水力参数的在线监控，以指导供水调度及运行决策；针对漏损高发区域、管道材质薄弱区域，可单独分区或缩小分区范围。分区计量规划设计流程如图 6-5 所示。

2. 分区设计考虑因素

（1）分区设计应首先考虑分区规模，而 DMA 设计分区规模应考虑用户数、用水量空间分布、供水面积、管线长度、支管数量、水力条件、经济因素及漏损反馈灵敏度等因素。主干管网分区的用户数一般控制在 5000～10000 户，DMA 分区以单个小区、农村或供水支线为宜。主干管网分区的区域面积宜控制在 5～10km² /个，DN75 以上管线长度不应超过 30km。规模较大的 DMA 小区，可按管网结构、分期建设的供水范围设置若干个子分区；联合加压供水的小区应在不同压力等级的管道上及小区间的互通管道上增设计量设备，实行分区计量。主干管网分区的夜间最小水量不宜超过 200m³ /h。

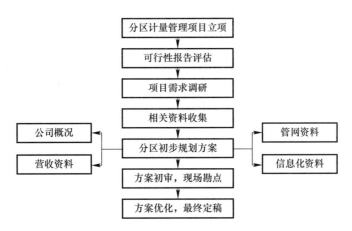

图 6-5　分区计量规划设计流程图

（2）DMA 分区设计应满足管理需求。一级管理分区为已实行或今后计划实行区域化管理区域，边界点一般以行政区域或营业管理区域为界；二级管网分区以用户集聚区、管网拓扑结构、自然条件及主干管网重要供水节点为边界；三级 DMA 分区一般以独立的供水支线或单个小区、农村区域为边界。

（3）DMA 分区设计应尽量减少计量设备。分区进出口数量一般不多于 5 个，尽量利用现有设施进行改造，使计量数量、改造工程量最少，计量设备的安装环境、管道水力参数应能满足计量表具的计量性能要求。

（4）分区设计应结合地势高程、压力分布设置分区，设置计量及控压设施，实行分区计量、分区控压，以保障控制区内压力合理。

（5）DMA 分区设计应减少管网运行影响。应尽量减少边界阀门关闭数量（尽量不关），保证压力平衡；在不影响相邻区域供水及满足消防要求前提下，确需关闭阀门进行分区的，应在关阀处增设排气、排泥阀等供水设施，保证水质安全；通过关阀形成的主干管网分区，正常供水的进出口数量不宜少于 2 个，保证供水安全。

（6）DMA 分区设计可考虑用户用水规律。用水规律性强，夜间最小流量稳定，以居民、行政、办公类用户为主的区域，分区范围可适当加大，表 6-1 为我国华东地区某自来水公司的五级计量分区关系。

某自来水公司的五级计量分区关系　　　　　　　　　　　　　　表 6-1

分区级别	层级关系	划分依据	划分方式
一级分区	总公司营业分公司	以行政区域地理分布为主，综合兼顾供水安全和用户服务质效	以安装流量计＋远传为主，关闭连通阀门为辅
二级分区	营业分公司子公司	以区域内供水管网拓扑结构分布为主，综合兼顾子片区净水量大小（一般以不大于 $200m^3/h$ 为宜）	以安装流量计＋远传为主，关闭连通阀门为辅
三级分区	子片区小区、农村、支线考核及终端用户	以片区内供水管道同用户接水管道连接关系为主	以安装机械水表＋远传为主，关闭连通阀门为辅
四级分区	住宅小区总表单元表	以住宅小区内总管道同单元楼道立管连接关系为主，建立总分表关系	以安装机械水表为主
五级分区	单元（楼道）表终端用户	以单元楼道立管同用户表连接关系为主，建立总分表关系	以安装机械水表为主

3. 分区方法

（1）调研分析

一是应确定水厂分布、位置、出厂流量计设置及相互间供水关系，供水主干管网分布、拓扑结构。

二是应确定供水管网二次供水、深井、高位水池、配水厂等所在位置及上、下游供水关系。

三是应确定管网地势高程及高、中、低压区的压力分布及相应采取的控压措施。

四是应确定典型用户（居民类、工业类）集聚区域、用水量空间分布、漏损高发及材质薄弱区域。

五是应盘查城市地理、自然条件，河流、道路、铁路等分布情况。

六是应确定行政区域或营业服务区域设置现状，管理边界范围。

七是应盘查已建供水管网在线测压、测流，水质点设置情况、数量、位置，接水管道及应用现状。

（2）边界初设

针对不同级别的分区边界，应采取不同的设定标准。

一级分区边界一般以行政区域或营业服务区域为界，边界点设置一般不考虑水力条件等因素，以管道自然分布为主要考虑因素，并以尽量减少流量计设置为原则，根据需要可对原有管理区域作适当调整。

二级分区边界一般要综合考虑主干管网分布、管网压力、用水量空间分布及自然条件确定，边界点优先设置在主干管道交接处、加压泵房、高位水池进出水口等位置，并结合自然条件（铁路、河道、铁路、湖泊）等地形地势初选分区边界。

对管网拓扑结构不清晰、管线交叉复杂的供水区域，分区边界初期设置宜大不宜小，后期可结合管网资料完善、旧管网改造、夜间最小流量大小再逐步细化完善。

对通过测流、水力模型分析处于供水平衡点的边界点，可采取设置小口径旁通流量计或临时关阀的措施，提高分区流量计的计量精度。

对用户集聚区域（工业区等）、漏损高发区域，可单独设置分区，实时监控水量变化。

三级分区边界一般设置在供水管道支线及 DMA 小区的进水口处，针对 DMA 小区应调查并确定进水口数量、位置及管径。原则上，每一个进水口都应设置计量表，形成计量封闭；采用机械表作为计量表的区域，多路进水时可设置止回阀，实行单向供水、单向计量。

（3）边界确定

在初步设定边界后，将初设边界点标注在供水管网 CAD 图纸上，并以一级点、二级点、三级点进行区分，形成分区规划及设计方案并组织评审，以确定分区合理性、资料准确性、计量封闭性等。

经评审确定后的分区设计方案，应组织现场查勘，根据是否具备施工条件、接电条件及是否满足直管段等因素最终确定分区边界点位置，对不具备施工条件或不符合直管段要求的点位，应重新进行点位设计并查勘确认。

经确认后的分区边界点应形成现场查勘表，列明具体安装点位置、管道口径、材质、埋设环境、管道埋深、接电方式、是否有其他管线平行、交叉、与建筑物间距等，为后续确定施工方案、流量计选型、项目统筹规范管理等收集基础资料。分区计量点位现场查勘表见表 6-2。

分区计量点位现场查勘表 表 6-2

分区计量点位现场查勘表					
查勘人员	×××、×××、×××			查勘日期	××月××日
站点编号	××号	安装地址		××区××街道××路	
管道口径	DN800	管道材质	钢管	场地环境	桥管明露
设备选型	插入式超声波	供电方式	市电	备注	
现场照片					

6.3.2 计量设备选型方法

DMA 区域安装的流量计量设备和压力监测设备是监测流量和压力的重要感应终端。通过分析 DMA 区域的夜间最小流量和压力，以及对区域内夜间用水状况的调查，可以判断区域内是否存在漏水异常现象以及泄漏量的大小。并且，在通过长期的流量监测，掌握用户用水规律后，如果区域内产生新的漏水异常现象，可以通过流量压力数据快速反映，提高检出漏水异常的及时性。因此，计量设备的选型对分区计量管理应用成效至关重要，应符合《城镇供水管网运行、维护及安全技术规程》CJJ 207—2013 和《城镇供水水量计量仪表的配备和管理通则》CJ/T 454—2014 的规定。

1. 依据不同技术指标

实际应用中，根据不同的技术指标，可参考如下因素：

（1）管径：小于 DN300 口径的管道宜采用 WPD 宽量程水表或电磁、超声波水表，并配置远传设备，一般采用锂电供电定时上传数据。大于或等于 DN300 口径的管道，宜采用超声波或电磁流量计，并配置远传设备，采用市电或太阳能供电，实时上传数据。

采用管段式或插入式流量计应根据管理需要、水力条件及安装环境选择，其中小口径、低流速的管道，优先采用电磁管段式流量计，大口径、不便于停水施工的管道优先采用电磁或超声波插入式流量计。

（2）计量量程：不同类型的水表和流量计的计量量程不同，应根据管道实际的流量（夜间最小流量值和供水高峰最大流量值）合理选择量程并确定类型。

（3）准确性和重复性：电磁管段式流量计的计量精度一般应优于 0.5 级，电磁或超声波插入式流量计的计量精度一般应优于 1.0 级，并尽量做到同一用途的流量计精度等级一致，机械水表二级表计量高区为 ±2%，计量低区为 ±5%。

（4）双向测量：流量计应具备双向计量功能，必须具有国家计量技术机构型式鉴定证书并经过计量行政管理部门型式批准。

（5）水头损失：机械表有水头损失，对压力要求高的区域优先采用电磁或超声波水表。

（6）安装环境：磁场干扰强的区域，优先采用机械水表。可利用供水桥管、明装管线安装的非贸易结算的分区流量计，可优先采用电磁流量计或超声波插入式流量计。

2. 依据不同应用环境

针对不同的应用环境，若需选用流量计，选型可参考如下因素：

（1）用于内外贸易结算的一级分区流量计，可优先选用管段式电磁流量计。

（2）用于区域分区计量的，根据现场安装条件和使用要求，可优先选用管段式电磁流量计或多声道的超声波插入式流量计。

（3）用于供水管网流量监测（如管网建模或分区计量等），根据现场安装情况和使用要求，可选用电磁流量计（管段式或插入式）或超声波流量计（单声或多声道插入式）。

（4）用于在装流量计日常比对等运行管理，宜选用超声波流量计（便携外夹式）。

3. 依据不同级别分区

根据不同级别的分区，应合理选用相应的计量器具：

（1）一级分区计量：考虑一级分区需作为考核的依据，建议优先采用电磁管段式流量计，若因停水施工影响范围大，根据实际情况对不同口径管段分类对待（可考虑 $DN400$ 以下具备停水条件的采用电磁管段式流量计，$DN400$ 及以上的采用超声波插入式流量计），同时在井内可预留比对用的直管段，为今后流量计定期比对创造条件。

（2）二级分区计量：为内部计量和分区监控使用，在保证计量设备精度的前提下，考虑项目的建设时间，安装的便利性、施工的安全性及经济性，一般采用超声波插入式流量计。

（3）三级分区计量：小区、村镇一般为单向流量，北方地区一般都建有泵站，可考虑电磁管段式流量计、电磁水表、超声波水表；未建泵站的可考虑宽量程水表、电磁水表、超声波水表。

（4）注意事项：根据供水企业的实践经验发现，插入式流量计不适用于 PPR、PVC、PE 等软性管材，接口处由于热胀冷缩会导致渗水。

6.3.3　计量封闭性及灵敏度测试方法

为保障 DMA 分区区域内供水量和售水量统计的独立性，满足分区统计、分区考核需要。在 DMA 建成后，应检验 DMA 的计量封闭性，确保分区边界封闭，不受其他区域干扰。

检验 DMA 的计量封闭性的方法共有两种，分别是零压测试法和装表计量法，即通过关闭所有进入 DMA 区域的阀门，停止向 DMA 区域供水，并观察已选点的压力和流量的衰减情况。在关闭阀门时，应通过阀栓听音法对阀门进行听测，确保阀门无过水声，已完全关闭。如有性能不佳，无法完全关闭的阀门，需及时维修或更换。

针对不同分区规模、分区级别、DMA 区域实际情况，可选择相应的计量封闭性检验方法。

针对一级、二级 DMA 分区的计量封闭性、灵敏度测试，可采用零压测试法或装表计量法。其中，可优先采用装表计量法，零压测试法可结合供水管网的停水或冲洗作业实施。装表计量法的具体操作步骤如下：

第一步，在片区内选择一处装有计量表具的公共消火栓作为测试点，若测试点无计量表，可在消火栓接口处临时安装一只 $DN50\sim DN100$ 的计量水表。为实时读取计量表的瞬时流量和累计流量值，选用的计量水表以电磁水表、超声波水表为宜。同时，为满足计量精度要求，计量水表在安装前应做好标定工作。

第二步，在检验计量封闭性时，打开测试点的消火栓，开启后应记录消火栓最大开启时间、关闭时间、最大出水时的瞬时流量和累计流量计值，并同步观察消火栓最大开启、关闭时所在分区及相邻分区的瞬时流量的变化值，若所在分区的流量变化与测试点计量水表的流量变化基本一致，说明该 DMA 分区的计量封闭性和灵敏度良好；如果变化不一致，或相邻分区出现水量同步增减变化，则应进一步核对该 DMA 分区的计量封闭性，可考虑分区流量计计量的准确性和 DMA 分区边界或区域内是否存在未知的连通管道等。

针对三级 DMA 分区的计量封闭性、灵敏度测试，可采取零压测试法或装表计量法，因为相较于一级、二级 DMA 分区，三级 DMA 分区用户规模较小，所以也可采取零压测试法。零压测试法的具体操作步骤如下：

第一步，测试前，在 DMA 区域内安装临时测压点和测压设备，并检查进水口阀门、排泥阀的安装环境，若有操作失灵的阀门应预先做好整改，若阀门井有积水、积泥、堆压等现象，应及时清理，并标记阀门井位置，以免影响测试进度。

第二步，在检验计量封闭性时，应通过阀栓听音法听测进水口阀门，核查密闭性，若阀门密闭不良，应在检修或更换后再操作。阀门密闭后，同步开启区域内排泥阀或公共消火栓，并同步记录测压点的压力变化是否归零。若压力归零，则说明该 DMA 区域计量封闭性良好；若压力降低不明显，无法归零，则说明该 DMA 区域计量封闭性较差，可能有未知的连通管道进水。

计量封闭性和灵敏度测试时间宜选择在凌晨 2:00～4:00 用水量较稳定的供水低峰期。在测试期间，若该 DMA 区域内存在大用户用水情况，应同步做好跟踪分析，同一 DMA 分区的测试次数不宜少于 3 次，每次观察 3～5min，并应做好数据记录。测试结束后，应缓慢开启阀门，以避免水锤对管道及管网设施造成损害。

6.4 分区计量漏损管控体系建设

分区计量漏损管控体系主要由设施运维管理体系和绩效考核体系两部分组成，如图6-6所示。分区计量漏损管控体系宜以"片长责任制"为支撑，对 DMA 计量片区落实专人管理。片长应对责任分区内的水量、水压、巡检等进行科学统计和合理分析，并提出改进完善意见。

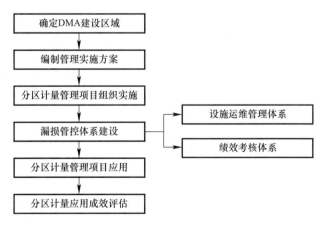

图 6-6 分区计量漏损管控体系建设

6.4.1 设施运维管理体系建设

为实现分区计量管理项目的长效治理，分区计量设施设备、管理平台的日常运行维护工作是不可避免的。供水企业宜建设配套的设施运维管理体系，明确工作流程和岗位职责，形成闭环管理，具体运维工作如下。

1. 阀门密闭性检查

可定期通过下述三种方式检查阀门的密闭性：一是阀栓听音法听音，排查有无过水声；二是对阀门进行开关操作，测试阀门能否完全关闭，若阀门有度数，可以查看度数，若阀门无度数，则可参考操作圈数；三是进行零压测试，对关闭阀门的管段进行泄压测试，判断阀门是否完全关闭。

2. 设备巡查维护

供水企业宜组建若干支专职专业的运维队伍，定期做好计量仪表、压力仪表、水质仪表、遥测终端设备等各类监测传输设备的巡查盘点、设备保养、故障维修、问题整改等日常运维工作，并建立设备管理电子清单和设备管理电子台账，系统分析设备的运行状况，确保系统设施设备运行性能良好。同时，实行设备动态管理制度，在设备巡查维护过程中，发现设备长期处于异常工况，可适当对设备进行调整或更换。

3. 计量精度比对

为及时发现监测设备计量精度偏差，确保计量数据准确可靠，应加强计量仪表、压力仪表和水质仪表等监测设备的计量精度比对工作。

其中，对于计量仪表的精度比对主要有以下三种比对方式：一是通过便携式超声波流量计进行流量在线比对；二是通过前后相互串联的流量计比对差值数据，以评估被测仪表的稳定性；三是通过在下游泄水口，如消火栓、水鹤、排放口等安装已检定的计量仪表，进行流量串联比对，以评估被测仪表的精度。

4. 关联关系核查

关联关系的核查是供水管网分区计量数据质量控制的关键性因素，若分区内供水管线、计量仪表、用户信息、总分表关系出现异常或逻辑串联关系错误，将会在极大程度上影响分区计量的数据应用分析效果。因此，供水企业应定期组织开展准确性核查工作，以确保流量计量传递体系的准确性。

主要有以下三种方式：一是源头设计，将新建用户的总分表匹配工作纳入验收工作标准内，同步提交对应用户层级关系；二是动态管理，通过分区关系登记表及时匹配用户的新增、销户、调整等变动情况，确保总分表关系的动态更新；三是自动匹配，可根据每个用户的坐标位置，自动匹配所属对应分区，不过需对跨区用户作细微调整。

5. 管道冲洗排放

因为在建设 DMA 时，需要关闭某些阀门或管段，导致区域内某些管段成为末梢管段，末梢管段的水龄增加，影响水质，所以需加强末梢管段的水质监管工作，并定期开展管道冲洗排放工作，每年可定期排放 1～2 次。

6. 管理平台维护

落实专人负责分区计量管理平台的日常运维。结合日常应用管理和工作需要，不断协助服务商优化完善平台功能，持续提升管理平台技术的先进性和实用性。

6.4.2 绩效考核体系建设

1. 分区计量绩效考核体系建设的必要性

绩效考核是分区计量管理与漏损管控体系构建中的有力保障。绩效考核通过建立企业内部经济责任制，使用科学原理和系统方法评定和量化员工的工作行为和工作成效。通过考核提高部门和个体的工作效率，最终实现企业的目标。

2. 分区计量绩效考核体系建设的总体思路

通过将供水区域划分为若干相对独立的供水计量区域，分设营业分公司（或营业所），实行单独计量、单独考核，并在此基础上，形成以分公司为责任主体，各职能处室相互配合的全员绩效考核体系，把漏损考核指标完成情况直接与全体员工收入挂钩，形成全员参与降漏控漏的工作氛围。

3. 分区计量绩效考核体系建设内容

（1）制订经济责任制考核办法

供水企业应根据自身发展状况，制订经济责任制考核办法，并每年进行修订，内容包括经济责任制考核办法、经济责任制相关指标、基础管理考核办法等。

经济责任制考核办法规定考核内容、考评方式及考核兑现方式。

经济责任制相关指标包括抄表准确率、水费回收率、水表周检完成率、阀门超关率（实际停水关闭阀门总数与审批停水关闭阀门总数的比值，百分比形式）、管网抢修（修漏）及时率、管网水质、内部结算成本、年漏损水量等。

基础管理考核包括专业工作类和专项费用类两部分。其中专业工作类包括表务管理、用户管理、抄收管理、财务资产管理、管网及附属设施动态管理、GIS 管理、管网模型管理、工程管理、计算机网络、系统安全管理等考核内容；专项费用类包括办公费用、日杂用品费用、印刷品费用、电话费用、电耗、车辆修理费、油耗等费用考核内容。

（2）明确责任主体

在众多漏损控制技术手段中，分区计量备受推崇的原因不仅在于将水量细分为"水厂—管网—小区"的流量传递体系的技术层面，更是因为分区计量的组织实施，有利于分区责任制管理模式的推行。供水企业可以通过分区计量划定的物理边界，逐级划定管理边界，明确各个责任主体的工作流程，追踪落实管理责任，实现管网漏损、管网运行等经营指标的分区管理、定量考核。同时，供水企业还可通过定期下达漏损控制相关的各项考核指标，实现"责任追踪到人""责任落实到人"。

因此，明确责任主体便成为分区责任制管理模式构建的关键环节。经过国内外多家供水企业的实践，对于 DMA 一级分区而言，由于一级分区的划分通常与行政区划在一定程度上存在一致性，因此可由各管网分公司经理或各营业所主任担任 DMA 一级分区的责任主体。而各个营业所或管网分公司可结合自身情况，设立若干 DMA 专员或漏损控制专员，作为下级分区责任人。

而对于供水企业的整体统筹，还应充分考虑不同分区之间客观存在的差异和主要问题，对各个分区的责任人实行差异化的绩效评价和考核，同时还应加强分区责任人的组织领导，建立健全工作机制，如有条件可对供水管网运行情况实行独立核算制度，以充分调动各个营业分公司或营业所开展管网漏损控制的主动性和积极性，实现良性循环。

（3）突出漏损率和漏损水量两个重要指标的考核

因为每个 DMA 分区的供水量、售水量、服务规模、服务人口数量、区域内设施设备数量、管理难易程度均有不同，所以可从漏损率和漏损水量两个层面对每个部门和每个职工进行考核。

对于漏损率的考核，可按月度和年度进行考核，考核结果与每位职工的效益工资挂钩。

对于漏损水量的考核，可在每年年初，制订供水企业当年的总漏损水量，并以此为依据，结合每个DMA一级分区的情况，制订一级分区的漏损水量。漏损水量按照年度考核，根据每个部门与漏损控制的关联程度，分成若干层级，并根据年终漏损水量情况，建立不同的奖惩标准。

（4）落实奖惩措施

严格实行目标责任制和定量计件考核，激发分区计量各责任主体以及检漏、抢修等关键岗位的工作积极性。

6.4.3　漏损管控体系建设的必要性分析

分区计量漏损管控体系建成后，可充分调动各责任主体及检漏抢修人员的工作积极性，提高分区计量监测数据的统计分析利用率，充分发挥分区计量在降漏、控漏方面的应用水平，具体成效有以下三点。

1. 合理评估漏损现状

通过对DMA分区内流量、压力、水质、大用户用水情况等重要参数的监控分析，可以实现对DMA片区漏损水平的合理评估，评估的主要内容包括管网拓扑结构、用户基础信息、供水压力、管道流量等系统收集分析的数据。通过评估、量化现状漏损水平，结合检漏工作台账，梳理与统计DMA区域内的漏水点情况，可以分析出DMA区域内漏损发生的主要原因。供水企业可通过横向对比和纵向对比每个DMA分区形成的夜间最小流量报表，评估每个分区的漏损情况，并制订有针对性的漏损管控方案。

2. 及时发现新增漏损

国际水协认为，任何形式的漏损都会经历三个阶段——关注阶段、定位阶段和修复阶段。影响管网漏水点的漏失水量的一个重要因素，便是三个阶段的持续时间，而其中又以关注阶段的持续时间最为重要。因为在传统的检漏管理模式下，若漏水点的发现是因管网水压不足或漏水渗出地面，说明该漏水点实际存在时间较长，即关注阶段时间较长，而未能检出。因此，若想进一步提高漏失水量的控制水平，缩短漏水点的感知或发现时间是关键所在，尤其是新增漏损。

通过对DMA分区内流量的实时监测，可以掌握各个DMA分区的水量变化规律，根据实时监测的流量数据和夜间最小流量的变化，可以判断是否出现新增漏损，为检漏人员开展检漏工作提供方向性建议，提高检漏工作效率，缩短漏点的检出时间。值得注意的是，当DMA分区水量异常时，调度人员应先判断水量异常是否由于其他非正常用水行为引起，不应草率派出检漏工单。

3. 有效控制存量漏损

基于分区计量的管理模式，结合水力模型进行科学调度、分区控压，可以实现智能化、精细化的区域压力管理，做到"高峰不低，低峰不高"的按需调压要求，有效控制存量漏损，为供水企业带来可观的经济效益，同时，还能保障管网压力安全平稳运行，并有效缓解甚至消除水锤导致的破坏性影响。

6.5　分区计量管理项目应用

为充分发挥分区计量管理项目在漏损控制的效用，应构建科学完备的应用体系，如图 6-7 所示。

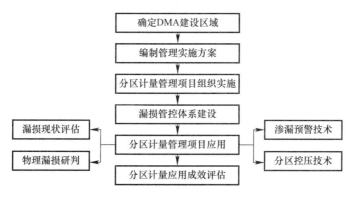

图 6-7　分区计量应用体系

6.5.1　基于水量平衡分析的漏损现状评估方法

分区计量管理项目通过监控分析 DMA 分区内流量、压力、水质、大用户用水等情况，结合营业抄收系统的营业数据和稽查数据，形成水量平衡表，建立完善的水量平衡分析机制，对真实漏失、计量损失、管理漏损进行全要素管理与分析，并结合每个 DMA 分区的漏损现状，采用针对性的解决方案，通过压力控制、管线探漏、维修维护、管网改造、营业稽查、计量管理等措施，提高控漏成效。

水量平衡分析不仅适用于整个供水区域，也适用于不同层级的分区计量区域。水量平衡表的建立已在本书第 5 章有详细描述，此处不再赘述。供水企业应根据《城镇供水管网漏损控制及评定标准》CJJ 92—2016 相关要求，做好水量统计工作和水平衡分析，量化各构成要素的水量，按年度进行分析。

分区计量水量平衡分析具体统计步骤如下：

（1）统计系统供水总量：通常见于一级 DMA 分区或二级 DMA 分区，供水总量包括自产供水量和外购供水量，可通过流量计量设备直接获取数据。

一级 DMA 分区之间或供水企业与自来水厂之间用于贸易结算的流量计需定期比对，校验计量设备的准确性和稳定性。在流量计安装时应在测流井内预留用于比对的直管段，直管段宜采用不锈钢管，比对时可采用便携式超声波流量计与在线流量计进行串接，定期（一般每月或每季度安排一次）对 2 个流量计的瞬时流量、累积流量值进行同步比对，通过定期比对，动态掌握两者之间的相对误差值，可分析判断在线流量计是否处于稳定的工作状态。

除定期比对外，每年还应至少安排一次仪表的校验，也可利用清水池液位进行校验，其中一次仪表的校验内容主要为传感器电极对地电阻、励磁电阻、励磁对地绝缘、转换器模拟偏差等参数，通过校验这些参数是否在标准范围之内，评估仪表的准确性和稳定性。

部分电磁流量计的检测标准可参考表 6-3，电磁流量计检测工具可见表 6-4。

部分电磁流量计的检测标准 表 6-3

检测项目	科隆标准	威尔泰 XEM 标准	偏差分析
传感器电极对地电阻	$0.001\sim1M\Omega$ 之间，且两个电极电阻偏差小于或等于 20%	$0.001\sim1M\Omega$ 之间，且两个电极电阻偏差小于或等于 20%	少于此范围，排出管内流体再次测量，如果仍然很低，电极线路短路；高于此范围，电极接线断路或电极污损；如果差异极大，电极接线断路或电极污损
励磁电阻	$15\sim200\Omega$	$15\sim200\Omega$	少于此范围，励磁短路；高于此范围，励磁断路
励磁对地绝缘	$\geqslant20M\Omega$	不检测	少于此值，传感器进水或者线缆故障
转换器模拟偏差	$\leqslant1.5\%$	$\leqslant3\%$	

电磁流量计检测工具 表 6-4

序号	工具	规格	检测项目	准确度等级
1	兆欧表（摇表）	500V	传感器励磁对地绝缘	10 级
2	万用表	指针式，电阻挡	传感器电极对地电阻，传感器励磁电阻	$\pm1.5\%$
3	模拟信号发生器	科隆/威尔泰	转换器信号模拟	$\pm1\%$

若存在比对、校验不合格的流量计，应及时对流量计进行更换，并根据比对的误差值及更换后流量计的运行数据对供水量进行纠正；对没有计量的水量，应通过便携式流量计临时测量，或通过水泵曲线、压力和平均运行时间进行分析。

（2）统计收费计量用水量：按营业抄收系统数据或记录进行统计计算。

计量计费用户的用水量抄见可通过固定抄表周期、抄见日期等方式，实现抄见时间和供水量的统计时间保持一致。同时，供水企业可对一级 DMA 分区的计费水表的抄准率、抄见率不定期地进行抽检，并建立水量内外复核机制，对异常水量及时安排复核，以确保抄收数据的质量。

此外，供水企业应按照国家对计量水表的强制检定周期要求，对计量水表采取固定期限或动态周检相结合的管理模式：对于公称口径小于或等于 50mm，且常用流量小于或等于 $16m^3/h$ 及用于贸易结算的水表，只作首次强制检定，限期使用，到期轮换；对于公称口径小于或等于 25mm 的水表，使用期限不超过 6 年；对于公称口径在 $25\sim50mm$ 之间的水表，使用期限不超过 4 年；对于公称口径大于 50mm，或常用流量大于 $16m^3/h$ 的水表检定周期宜为 2 年，用于贸易结算的超声波流量计检定周期不宜超过 2 年；用于贸易结算的电磁流量计，若其准确度等级为 0.2 级及大于 0.2 级，在线检定周期应为 1 年，若其准确度等级低于 0.2 级或使用引用误差的流量计，在线检定周期应为 2 年。同时，供水企业还应定期分析在装水表的配表合理性，对存在大表小流量、小表大流量等现象的计量水表应及时进行口径优化，若与用户协商存在问题，也可采用水表类型优化，对存在故障、堆压等情况的水表，应及时安排维护，确保计量可靠、抄见准确。

（3）统计收费未计量用水量：可通过营业抄收系统估算水量，也可临时装表，估算用户用水量。

针对未装表采用定量缴纳水费的用户，可优先安排管线改造，实行装表计量。

针对新建工程因管道试压、工程质量验收等所产生的水量，可作为计费水量列入工程成本。

（4）统计未收费已计量用水量：可按计量或相关单位提供的数据计算。

（5）估算未收费未计量用水量：需先细化未收费未计量用水量的组成部分，然后可通过临时装表法、计量差计算法、经验公式法等方法测定估算水量。

对于供水企业因管道维护作业所产生的用水量，可建立作业审批机制、过程监管机制和水量核算管理机制，对实际产生的水量可采取经验公式法、临时装表法、计量差计算法测定。

对于市政公共消火栓，可定期核定因消防救援等所产生的水量，在条件允许的情况下，宜采用装表计量的方式，将该水量转化为未收费已计量用水量。

（6）估算表观漏损水量：表观漏损分为非法用水量、计量误差、数据处理误差。非法用水量可与用户协商确定，也可临时装表测定。计量误差和数据处理误差主要包括居民用户总分表差损失水量和非居民用户表具误差损失水量。居民用户总分表差损失水量可通过居民用户总分表差率和居民用户用水量求得，计算公式见（6-1）。非居民用户表具误差损失水量可通过非居民用户表具计量损失率和非居民用户用水量求得，计算公式见（6-2）。

$$Q_{\mathrm{ml}} = \frac{Q_{\mathrm{mr}}}{1 - C_{\mathrm{mr}}} - Q_{\mathrm{mr}} \tag{6-1}$$

式中　Q_{ml}——居民用户总分表差损失水量，万 m^3；

　　　Q_{mr}——抄表到户的居民用户用水量，万 m^3；

　　　C_{mr}——居民用户总分表差率，%。

$$Q_{\mathrm{m2}} = \frac{Q_{\mathrm{mL}}}{1 - C_{\mathrm{mL}}} - Q_{\mathrm{mL}} \tag{6-2}$$

式中　Q_{m2}——非居民表具误差损失水量，万 m^3；

　　　Q_{mL}——非居民用户用水量，万 m^3；

　　　C_{mr}——非居民用户表具计量损失率，%。

（7）计算真实漏失水量：真实漏失水量包括明漏水量、暗漏水量、背景漏失水量和水箱、水池的渗漏和溢流水量。漏水点可分为明漏和暗漏，具体划分依据见本书第5章。单一漏水点的漏失水量计算公式见（6-3），明漏水量和暗漏水量之和的计算公式见（6-4），背景漏失水量的计算公式见（6-5）。水箱、水池的渗漏和溢流水量可通过观测评估的方式获取，也可安装数据记录仪在预设的时间间隔自动记录水位，还可关闭水箱、水池的进出水阀门，进行跌落试验，计算出溢流值。

$$Q_{\mathrm{L}} = C_1 \cdot C_2 \cdot A \cdot \sqrt{2gH} \tag{6-3}$$

式中　Q_{L}——漏点流量，m^3/s；

　　　C_1——覆土对漏水出流影响，折算为修正系数，根据管径大小取值：$DN15\sim DN50$ 取 0.96，$DN75\sim DN300$ 取 0.95，$DN300$ 以上取 0.94。在实际工作过程中，一般取 $C_1=1$；

　　　C_2——流量系数，取 0.6；

　　　A——漏水孔面积，m^2，一般采用模型计取漏水孔的周长，折算为孔口面积，在不具备条件时，可凭经验进行目测；

g——重力加速度，取 9.8m/s²；

H——孔口压力，m，一般应进行实测，不具备条件时，可取管网平均控制压力。

$$Q_{Lt} = \sum Q_L \cdot t/10000 \qquad (6-4)$$

式中　Q_{Lt}——漏点水量，万 m³；

t——漏点存在时间，s，若漏水点为明漏，则 t 取该漏水点自发现破损至关闸止水的时间；若漏水点为暗漏，则 t 取管网检漏周期。

$$Q_B = Q_n \cdot L \cdot T/10000 \qquad (6-5)$$

式中　Q_B——背景漏失水量，万 m³；

Q_n——单位管长夜间最小流量，m³/(km·h)，在 DMA 样本区域开展检漏后测定；

L——管网总长度，km；

T——统计时间，h，按 1 年计算。

通过上述步骤，将统计计算出的各部分水量填入对应表格条目中，建立水量平衡表，通过将用水量按不同的使用途径进行细化，追踪各部分水量的实际消耗，即可计算出漏损水量和漏损水量占比，进而实现科学合理的漏损评价分析。如对表观漏损进一步分析，可以判断其产生的主要原因是非法用水或水表计量误差、数据传输错误抑或是数据分析误差，进而可以为下一步工作开展提供方向。

6.5.2　基于 DMA 的物理漏损研判方法

1. 夜间最小流量分析法

由于 DMA 区域的管网规模相对较小，大多数 DMA 分区内不含有任何水库或主干管，尤其是三级 DMA 分区，其服务用户甚至可能仅为一个小区。因此，在分析 DMA 区域内的物理漏损时，主要考虑区域内干管和用户支管的管道漏损水量。

若 DMA 区域内干管发生漏水，则该漏水点在检出前，其一天内的持续时间应为 24h。若用户支管发生漏水，则该漏水点在检出前，其一天内的漏失水量应与用户全天需水量的变化趋势相吻合，即早晚用水高峰时段，漏失水量较多，夜间用水低峰时段，漏失水量较少。基于上述两种漏损情况的特性，可以通过分析夜间最小流量（Minimum Night Flow，MNF）的变化判断该 DMA 区域是否存在流量异常。图 6-8 为典型居民生活用水的 DMA 区域流量变化曲线图。

夜间最小流量是一个周期内的最小流量，通常情况下，以 24h 为一个周期。夜间最小流量常见于凌晨 2:00~5:00 之间。如图 6-8 所示，在该时段内，用户用水量在一天中最小，而漏失水量在用水量中的占比最大。因此，可以通过每日分析夜间最小流量的方式，间接判断漏失水量的变化情况，估算漏失水量。值得注意的是，尽管在夜间时段，用户需水量相对较小，但也应考虑少量的合法夜间流量（Legitimate Night Flow，LNF），如冲厕、洗衣机用水等。

通过估算合法夜间流量可以计算出净夜间流量（Net Night Flow，NNF），即夜间漏失水量，计算方法见式（6-6）：

$$净夜间流量 = 夜间最小流量 - 合法夜间流量 \qquad (6-6)$$

若 DMA 区域内水表安装率达 100%，则可通过计量该 DMA 区域内每小时所有非住宅的夜间流量和部分（如10％）住宅水表记录水量的方法估算合法夜间流量。若DMA区域内水表安装率未达100％，供水企业需先对该DMA区域内的所有住宅和非住宅用户进行调查，确定每个用户类型（住宅、商业、工业及其他类型用水）连接的支管总数量，然后结合其他DMA区域的数据，估算出每个用户类型的夜间流量系数，再乘以每个类型的支管数量，即可估算出该DMA区域的合法夜间流量。

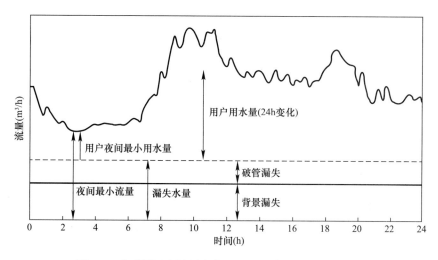

图6-8 典型居民生活用水的DMA区域流量变化曲线图

2. 新增漏损预警法

通过分区计量管理系统对DMA分区的流量、压力、水质等参数进行长期监测，能较为及时准确地预警新增漏损，缩短漏点的感知和发现时间，辅助指导人工检漏，提高检漏工作效率，在一定程度上，预防或避免管道爆漏事故发生，保障供水管网漏损维持低位水平。当DMA区域内出现水量异常时可采用新增漏损预警法，如图6-9所示。

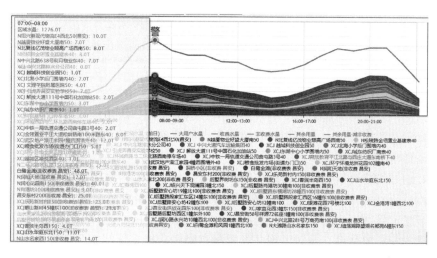

图6-9 新增漏损预警法

新增漏损预警法的具体实施步骤如下：

（1）确认同一时间段是否有管网作业，如停水作业、冲洗作业等。

（2）查看同一时间段，远传大用户的水量变化情况，结合比较系统及大用户水量的变化趋势，观察变化量是否一致。

（3）查看与计量分区相关的各个进出口流量计的数据，主要查看流量计的数据是否完整、计量是否异常。同时，查看相邻片区的水量变化，是否出现同步增减，若同步增减则可能是相互转供的流量计出现了计量问题，如数据缺失或表计故障。

（4）核实是否有分区边界阀门打开或者有新建的管线连通。

（5）排除上述因素，若DMA区域内的夜间最小流量及日供水量持续偏高，应及时安排检漏排查，核实是否由管道漏水引起，漏点查明修复后，应观察夜间最小流量及日供水量是否恢复正常水平。

6.5.3　基于DMA和噪声监测的渗漏预警技术

通过上述两种应用，可以评估DMA区域内的漏损现状，发现漏损异常现象，缩短发现时间，但无法实现漏水点的定位。因此，为解决这一问题，国内外供水企业不断实践探索，通过在成熟的分区计量管理项目上，有机结合渗漏预警技术，形成分区预警系统，实现了控漏模式"由面到线"的深化，化被动堵漏为主动控漏。图6-10为分区预警系统示意图。

图 6-10　分区预警系统示意图

分区预警系统以噪声监测设备的管网噪声数据为基础，应用供水管网漏水噪声的大数据识别技术和相关定位技术，实现对管道漏水点的准确定位，并结合系统工单流程，实现漏水点的高效响应和处置。

同时，通过结合分区计量的管理应用，可有效检出DMA区域内难以发现的小背景漏失和人工难以听到的疑难漏点，推动人工检漏与科技检漏无缝衔接，实现对管网漏水噪声、管道流量、管网压力的全方位综合监测，建立精细化的主动控漏工作机制，构建完整的供水管网渗漏预警体系，及时发现并处置漏点隐患，提升管网安全预警能力和信息化管理水平，降低漏损量，预防爆管，对保障城市安全供水发挥积极作用。

6.5.4　基于DMA和智能调度的分区控压技术

绝大多数爆管事件的发生不是因为管网压力过高，而是因为持续的压力波动促使管道不断膨胀和收缩，最终导致管道破裂。因此，通过对供水管网实行科学合理的压力调控，平衡管网压力，可以保障供水管网安全稳定运行，减少爆管事故的发生，延长管网使用寿命。同时，因为漏水点的泄漏速率与管网压力呈正相关关系，所以可以通过控压的方式减少背景漏失水量和难以检出的漏点漏失水量。

分区控压系统以管网压力监测点采集上传的压力数据为基础，应用水力模型技术，对供水管网进行实时模拟运算，可以有效缩短管网异常事件的报警时间，辅助人工决策，提高事件定位的精确度，如图 6-11 所示。

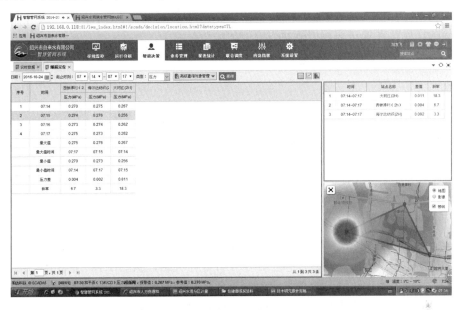

图 6-11　基于分区控压的事件预警及辅助决策

同时，结合分区计量的管理应用，通过在管网压力较大的 DMA 区域安装减压阀或智能压力管理阀，以分区控压、按需调压的方式，实现"高峰不低，低峰不高"，稳定区域内供水管网的压力波动，减少水锤等破坏性事故的发生。图 6-12 为分区控压、按需调压示例图。

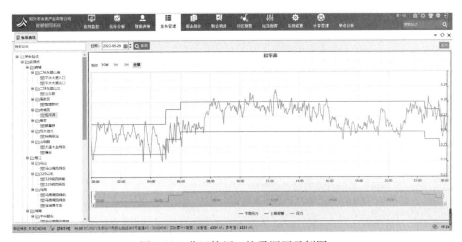

图 6-12　分区控压、按需调压示例图

6.6 分区计量管理项目案例分析

6.6.1 绍兴市分区计量管理项目

绍兴市地处中国华东地区，是一座典型的江南城市。绍兴市水务产业有限公司主要承担主城区供水排水设施建设、运行和供水排水服务职能，自2002年开始，其按照行政区将公司供水区域划分为五个供水营业分公司，每个分公司通过安装流量计实行营业定量考核。

1. 分区计量管理项目实施路线选择

绍兴市水务产业有限公司结合自身管网特点与漏损现状，选择了自上而下与自下而上相结合的实施路线。

2. 实施过程

随着城市供水事业的发展，管网的精细化管理、运行的安全化控制、漏损的长效化保持，供水企业还需要进一步借鉴先进技术与管理理念，不断创新工作思路与手段。绍兴市水务产业有限公司于2012年底开始建立并逐步完善了DMA分区计量的新型管理模式，为了充分发挥DMA分区管理的作用，在五个分公司营业定量管理的基础上，建立了以营业收费、运行调度和管网GIS系统为平台的管网漏损分析软件平台系统，以达到及时发现与处理管网漏水点、降低漏损率和保障管网安全运行的目的。截至2015年，供水区域内共设置5个一级计量大区、30个二级计量片区、1095个小区总考核表和15500个单元考核表，基本建立分区计量管理体系和总分表分析管理机制，实现了以"公司、分公司、片区、支线、户表"为计量节点的点、线、面三者互联互通的五层级分区计量管理体系，为实现网格化计量、水量异常变化分析、管网漏损科学控制提供了有效的技术支撑。绍兴市水务产业有限公司15年区域化管理与分区计量工作发展历程见6-5。

通过逐步对供水片区面积细分与减小、增设支线考核表、对住宅小区总考核表安装远传设备实现远传监控、对一些重点薄弱管线增设流量监测点辅助判断漏损状况等措施，进一步提高水量监控与漏损分析的针对性，强化管网漏损监控水平，缩小供水异常范围，提高信息分析准确度。

区域化管理与分区计量工作发展历程　　　　　　　　　　　　　　表 6-5

年份	主要做法	成效
2001	小舜江工程建成通水，由原来西郭、南门水厂双向供水改为宋六陵水厂单向重力流供水	1. 供水面积：未分区管理 2. 突发事件发生响应时间：大于1h 3. 突发事件感知水量：大于300m³/h
2002	小舜江供水区域进一步增大，供水范围包括绍兴市区、袍江经济开发区、皋埠镇、马山镇、东湖镇	
2003		
2004		
2005	东浦镇于2005年8月底接通小舜江水，实现全市同网供水，正式形成五个区域营业所的区域化管理体系	1. 供水面积：大于1个/50km² 2. 大用户水量远传占比：小于30% 3. 突发事件发生响应时间：大于10min 4. 突发事件感知水量：大于200m³/h 5. 主动发现突发性事件次数：小于10次 6. 主动发现趋势性事件次数：大于10次
2006		
2007		
2008		
2009		

年份	主要做法	成效
2010	对城南区域东江桥、八木服装有限公司、树人小学、豫才中学四处试点安装管网漏损监测流量计	1. 片区供水面积：小于1个/50km² 2. 大用户水量远传占比：大于30% 3. 突发事件发生响应时间：大于5min 4. 突发事件感知水量：200m³/h 5. 主动发现突发性事件次数：大于10次 6. 主动发现趋势性事件次数：大于20次
2011	对袍江区域三江路口、启圣路、三圆闸三处试点安装管网漏损监测流量计	
2012	开始建立分区计量管理应用系统，通过24h曲线对各计量片区水量进行实时监控，并对区域内突发性事件进行直观判断，有效提高分区计量使用率	
2013	与上海肯特厂家进行项目合作关系，对老城区（越城分公司）开展网格化分区计量建设；组织实施越城分区计量建设，分阶段在解放北路、泗水桥、涂山路等主干管上增设8只流量计，全区域细化建立6个计量分区，整个公司区域形成21个计量片区	1. 片区供水面积：小于1个/50km² 2. 大用户水量远传占比：大于30% 3. 突发事件发生响应时间：大于5min 4. 突发事件感知水量：200m³/h 5. 主动发现突发性事件次数：大于10次 6. 主动发现趋势性事件次数：大于20次
2014	全面深化分区计量工作。组织对越城、袍江、城南开展分区再优化工作，形成建立28个计量片区供水格局，同时通过夜间最小流量分析，安排临时检漏近百次，检出漏点近30处	1. 片区供水面积：小于1个/20km² 2. 大用户水量远传占比：大于50% 3. 突发事件发生响应时间：小于5min 4. 突发事件感知水量：50m³/h 5. 主动发现突发性事件次数：大于20次 6. 主动发现趋势性事件次数：大于50次
2015	全年新增流量计13只，包括越城31省道北复线、公铁立交桥、官渡桥等，袍江越英路、越兴路400，越兴路洋江路口，城南玉山大桥、丰山路口，镜湖31省道群贤路等，实现30个计量片区，分区计量系统基本建成	

3. 主要做法

(1) 建立三级分区五级水量计量分析体系

合理制订近期、中期和长期的供水管网分区计量管理实施规划，编制实施方案，明确分区计量的规模、选点数量、目标要求和功能需求。同时，以准确的管网拓扑结构为基础，通过在主干管安装流量计将供水管网划分为若干个独立计量单元，并利用区域考核表、支管考核表、单元考核表、用户水表等流量计量设备，建立三级分区五级水量计量分析体系。

(2) 同步推进二次供水设施管理

在绍兴市住房和城乡建设局及发展和改革委员会政策的指导下，绍兴市建成交付的高层住宅二次供水设施均由供水企业接管到户，明确实行二次供水"统建、统管"，执行"抄表到户、收费到户、服务到户"，实现"同网、同价、同服务"，并按照"规范新建、控制在建、改造已建"的原则，规范了二次供水设施建设、维护和管理流程。

(3) 强化运维管理与绩效考核

1) 加强运维保障队伍建设。一是成立管网普查队伍，动态开展旧管网GIS数据校准与新建管线资料校核。二是组建专职巡检队伍，实现巡检工作"横向到边，纵向到底"的全区域覆盖；三是建设专职检漏队伍，合理编制检漏计划，区域检漏实行班组动态强制轮换，检漏周期由 90d 缩短至 20d；四是设置抢修班、阀门班和服务班，提供专业化供水设施运维管理。

2）开展全员降漏绩效考核。绍兴市水务产业有限公司每年将奖金总额的 20％专门用于漏损控制激励，形成了人人关心漏损，人人参与控漏的良好氛围。一是责任到位。明确责任主体，明晰管理边界，设五个分公司分别负责辖区管网运行和用户服务，实行单独计量、单独考核。二是执行到位。推行管网"片长制"管理，通过细化管理单元，明确片长监管职责，实行管理业绩与片长收入挂钩，内部形成竞争机制，强化片区内供水设施从源头到运维到整改全过程的监管。三是考核到位。建立职能部门监管、属地化管理、专业服务部门协配的三位一体管网管理，对供水管网漏损率、阀门超关率、水质综合合格率等关键指标建立量化考核机制。四是建立奖惩制度。为充分调动管网运维一线人员的工作积极性、主动性，对管网普查、抢修、检漏实施定量计件制考核，收入与工作量和工作质量直接挂钩。

4. 成效

（1）突发性管网事件预警：通过分区计量系统能够及时发现并处置水量异常事件，DMA 分区计量的实践应用可有效减少水量的损失和爆管事件发生，提高供水企业的经济效益，优化用户的用水舒适度，减少社会舆情的负面影响。绍兴市水务产业有限公司通过分区计量，每年及时预警发现突发性事故 10 余起，累计减少水量损失 3000m³/h，及时预警发现趋势性事故 50 余起，累计减少水量损失近 1000m³/h。

（2）分区调度和分区控压：通过分区调度和分区控压的实施，实现智能精细化区域管理。二次供水管网水质单项指标值和合格率指标均高于国家水质标准及考核要求，未发生二次供水用户水质有责投诉事件。

（3）考核表分析：通过区域内考核表分析，能够及时发现二级片区内大表水量异常等情况，可指导管道漏损检测、表务管理等相关工作。

（4）夜间最小流量评估：分区计量建立完成后，利用春节七天假期对各片区夜间最小流量进行评估，并对流量计进行零位校正，可得到相对准确的最小流量数据。

（5）管网漏点隐患提示：通过分区计量最小水量分析平台，结合考核表水量分析，可有效提高发现漏点的时效性和消除隐患的及时性。

6.6.2 B 市分区计量管理项目

1. 项目背景

B 市地处华北平原北部，是国家中心城市、超大城市。B 市自来水集团主要负责 B 市中心城区（市区）、郊区、县新城的供水业务，在供水能力、水质安全保障、资产规模、技术装备等方面，均居国内同行业领先水平，是我国最具影响力的城市供水企业之一。

2. 具体做法

考虑分区计量管理项目建设涵盖的领域较多，为充分发挥分区计量在漏损控制中的作用，同时也为行业赋能，帮助行业提升分区计量管理实施应用水平。B 市自来水集团在开展分区计量管理项目建设的同时，也同步开展了对 DMA 运行全流程的技术与管理研究，为行业内其他供水企业构建基于 DMA 漏损控制的制度化、流程化、精细化的管理体系提供宝贵的借鉴案例，具体做法如下。

一是技术实施路线的比选。由于B市自来水集团的供水管网拓扑关系非常复杂，管线呈环状分布，管线空间分布格局呈互联互通的网状结构，且管网漏损大部分发生在干线和管网末端的小口径管线，因此B市自来水集团最终选择了自下而上的技术实施路线。

二是分区计量管理项目的建设实施。第一阶段，B市自来水集团选取了四处管网区域作为DMA试点区域，并同步开展技术管理研究。第二阶段，B市自来水集团在中心城区的供水服务区域内，推广复制DMA管理模式。

三是管网水质安全保障。在分区计量的建设过程中，B市自来水集团充分考虑了安全供水、优质供水的民生需求，为避免供水系统中产生"死水区"，导致管网水龄的增加和水质二次污染，B市自来水集团在DMA区域内撤除了其余的进水口和原有进水支管至最近用户支管之间的管线，并在备用进水口增设必要的阀门和管道冲洗排放口。

3. 成果总结

在开展分区计量管理项目建设实施的同时，B市自来水集团总结输出了分区计量管理项目的建设实践经验和系统科学的技术管理研究成果，为供水企业开展分区计量建设提供了宝贵的参考价值。

一是在技术标准方面。B市自来水集团依托分区计量管理项目的实践经验，制定了一系列极具参考价值的标准性文件，如设计标准、设备选型标准、参数设置标准、验收标准、运行标准、年度考核指标计算等。

二是在DMA漏损数据的分析和挖掘应用方面。为解决DMA管理中常见的漏损水量难以量化评估的问题，B市自来水集团研究总结出了基于流量监测数据的漏失评估和预警技术，并构建了基于夜间最小流量的漏失水量和基于水量平衡分析的损失水量计算评估体系，为DMA漏损数据的分析和挖掘应用提供了技术支撑。

4. 分区计量实施成效

B市自来水集团通过分区计量管理项目的实施，在漏损控制和管理机制优化方面均取得了显著成效。

一是有效地识别出了管网漏损现象较严重的区域，为管网漏损检测工作提供指导性意见，提高管网检漏的针对性和工作效率。

二是对漏损严重且管网压力较高的约20个DMA区域实施了压力调控，B市自来水集团在中心城区的供水服务区域实行了"整体降压、分区调度、区域控压、小区控压"的分级分区压力控制措施，并逐步完成调度区、压力控制区和压力控制小区的建设，有效降低了分区管网的存量漏损。

三是通过分区计量、压力控制等漏损控制关键技术的研究和应用，B市自来水集团持续开展了供水管网的更新改造工作，管网漏损水量逐年下降，2016年B市市区的供水管网漏损率为11.45%。

此外，在管理机制优化方面。B市自来水集团进一步明确了相关部门和单位的职责分工，如图6-13所示，规范了基于DMA的漏损管控体系的构建实施全流程的工作内容。针对DMA实施建设、运行管理过程中的关键阶段和薄弱环节，B市自来水集团也制订了清晰的工作流程和工作月报表。同时，B市自来水集团还研究构建了不同类别的考核量化指标，明确了管网部门、营业部门、设备安装单位、设备运行维护单位的责任边界，并实行独立考核，形成了较为完善的漏损管控体系，为实现漏损控制的长效治理提供了坚实有力的支撑。

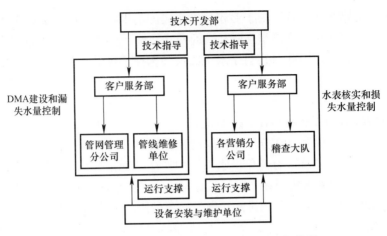

图 6-13　B 市自来水集团独立计量区管理架构图

6.6.3　T 市分区计量管理项目

1. 项目背景

T 市地处中国华北平原东北部，是国家中心城市、超大城市。T 市水务集团是集自来水生产、供应维护、营销服务于一体的大型国有企业。在 2003 年，T 市水务集团开始在供水管理中逐步实施分区计量管理。

2. 具体做法

（1）分区计量建设规划

考虑分区计量管理项目是漏损管控技术中一项投入较大、回报率较高、综合性较强的系统工程，因此，T 市水务集团在分区计量管理项目实施前，明确了规划建设的指导方针和建设目标，为分区计量管理项目的规划建设、运行管理、实施应用指明方向。

一是优化供水企业的运营管理模式。在分区计量管理项目规划建设前，T 市水务集团采用营业和管网分开管理的运营管理模式，通过项目的实施运行，T 市水务集团持续整合资源，逐步推进原有的运营管理模式转型为"营管合一"的数字化精细管理模式。

二是细化核算单位，构建分区计量管理体系。为明确各个分区的管理职责，推动营业管理和管网管理的合并进程，实现管理流程和组织架构的重构再造，T 市水务集团细化分区，并对各个区域开展独立核算，采用分区管理的方式，构建分区计量管理体系。

三是供水管网漏损控制。T 市水务集团以分区计量管理实施为支撑，构建实时在线的物联感知网络和监测控制系统，核算各个片区的水量情况和漏损情况，指导开展有针对性的漏损管控工作，降低供水企业漏损率和供水运营中的经营管理风险，保障供水管网安全稳定运行，实现供水安全。

（2）分区计量管理实施路线选择

在技术实施路线比选阶段，T 市水务集团结合自身供水管网特点和地理条件，选择了自上而下的技术实施路线。同时，为避免重复投资造成的资金浪费，T 市水务集团充分贯彻"因地制宜"的方略，结合当地旧城区改造、老旧小区改造、老旧薄弱管线更新改造、二次供水设施改造等计划，同步规划实施分区计量管理项目。

此外，由于 T 市水务集团采用分区管理的方式，各个分区需独立核算，单独考核，因此为充分保障考核的公平性，T市水务集团在规划分区时，尽量避免跨越供水区域的供水干管，并将河流、铁路等自然或人为划定的边界作为供水区域边界，以保障供水区域服务面积均衡。

（3）计量器具选型

计量器具管理是分区计量管理项目能否充分发挥成效的关键环节，而计量器具选型则是计量器具管理的核心，T市水务集团在明确自上而下的技术实施路线后，制订了三级计量管理体系规划和分年度的具体实施工作计划，其中首要开展的便是计量器具的选型工作。

T市水务集团在计量器具选型时，主要从以下四个方面进行考虑：

一是计量器具的数据采集层面。调研选用的计量设备是否具备较为成熟的应用经验，在复杂工况环境下能否保有较高的计量准确性和稳定性。

二是计量器具的数据上传层面。在分区计量管理项目中，管网上已有或增设的计量设备数量规模较为庞大，因此为提升数据分析的及时性，确保分区计量管理项目能及时发现新增漏损，T市水务集团在调研计量设备时，充分考虑了数据分析的远期规划，调研计量设备有无配置数字信号的无线传输接口或功能。

三是计量器具的运维管理层面。由于计量器具分布面较广，且多为井下安装，环境较为恶劣，因此在计量器具选型时，还应充分考虑设备是否具备 IP68 防水等级，以及在一定恶劣条件下，设备是否满足防腐要求。

四是计量器具采购的商务层面。供水企业在选择计量器具时，除了技术层面外，也应综合考虑多家设备厂商的商务合作方式，宜优先选用具有良好售后服务体系的厂商，同时还应考虑价格因素，选择具备一定价格优势的厂商。

基于上述四点调研原则，T市水务集团最终确定的计量器具以电磁流量计、多声道超声波流量计为主。由于T市水务集团的供水服务区域较大，分区计量管理项目的数据采集点较多且分布面较广，户外安装条件也较差，因此T市水务集团最终选择采用 GPRS 通信，建立无线数据采集系统，并开发了数据管理系统，作为数据在线监测和查询分析的技术支撑。

1）一级分区划分

如前文所述，T市水务集团在分区划分时，充分兼顾了地理条件便利性原则和公平性原则，沿海河、北运河过河管加装了 9 台流量计，将T市供水系统一分为二，形成了市南和市北两个一级分区，同时调整优化了组织架构和管理模式，成立市南营业分公司和市北营业分公司，由其负责各自辖区内的营业抄收管理工作，而T市整个供水系统管网的维护与管理工作仍由管网分公司承担。通过分区计量管理项目的实施，T市水务集团掌握了市南和市北两大营业分公司的区域进水量，并以此为依据，考核漏损率和产销差率等指标。

2）二级分区划分

T市水务集团在一级分区的框架之下，继续细化分区，划定了 13 个二级分区，共计增设了 98 台流量计，并同步进行管理模式的进一步调整转型，将管网业务与营业业务合并，组建形成了"营管合一"的营销分公司，由其全面统筹负责辖区内的管网漏损控制、管网维护、营业抄收和供水服务等业务。

3）三级分区划分

"营管合一"的营销分公司为进一步降低辖区内的管网漏损控制，逐步开展了分区细化工作，划定建设三级分区。

4）DMA 试点小区建设

为进一步提升分区计量管理的精细化应用水平，T 市水务集团选择居民小区为试点，将考核水表更换为流量计，并增设压力监测点，开展独立计量区试点运行管理。

3. 创新举措

T 市水务集团是我国较早开展分区计量管理实施的供水企业之一，在分区计量实践工作中，提出了许多创新性的举措，为其他供水企业开展分区计量管理项目提供了宝贵的参考价值。

一是城镇供水主管部门全程督导。分区计量管理项目是一个系统性工程，涉及单位众多，为确保分区工作有序推进，由 T 市供水主管部门全程督办分区工作的实施，并帮助协调解决实施过程中的相关问题。同时，T 市供水主管部门每月对供水量、售水量、漏损率及二供、水质等主要指标进行监督考核，敦促企业制订有效措施，确保年度任务、指标顺利完成。

二是实行分区模拟法人责任制。每年年初，T 市水务集团与分公司负责人（模拟法人）签订《经营目标责任书》，确定分公司负责人（模拟法人）的考核内容、年薪收入，年终根据签订的《经营目标责任书》开展指标考核工作。

责任单位管理者在辖区内享有一定自主权，如管网管理、管网运行维护、营业抄收管理、成本核算、奖金分配、人员调配等方面，同时也需承担 T 市水务集团每年下达的各项任务、指标，实现责、权、利的统一。

三是同步推进二次供水设施管理。T 市在分区计量管理项目实施期间，同步组织实施了二次供水设施的提升改造项目，并于 2016 年底着手实施中心城区及远年住房改造项目，实现了二次供水的统建、统管模式。

4. 成效

通过实施多级分区计量精细管理，T 市中心城区供水管网漏损率逐步下降，2016 年供水管网基本漏损率为 11.33%。

6.7　分区计量具体应用案例分析

6.7.1　物理漏损——供水干管暗漏

案例：H 市供水干管暗漏。
漏水点详细信息：
管道材质：钢管；
管道口径：DN800；
漏点形式：焊缝开裂漏水。

在一次分区计量系统数据分析中，H 市某营业所的 DMA 专员发现某个供水区域的流量出现异常，DMA 专员通过将该区域的流量变化曲线图与区域内大用户的流量变化曲线图进行对比，并未发现问题。在排除水表故障问题后，该营业所组织检漏人员沿供水干管巡检，同时安排稽查人员调查是否有非法用水。

在为期 3d 的细致调查后，检漏人员最终发现了一处 DN800 钢管焊缝处开裂漏水，由于该漏水点在山沟附近，漏失的水量经由水沟流走，因此通过日常巡检的方式，极难发现该漏水点。在该漏水点检出修复后，该供水区域的流量回落至正常水平。在本案例中，如果没有分区计量的实施，该漏水点可能持续数个巡检周期才能发现。

6.7.2　计量损失——大口径水表停转故障

案例：S市大口径水表停转故障。

在一次分区计量系统数据分析中，S市某营业分公司的DMA专员发现一处工业园区的流量出现异常，因为该片区的分区预警系统较为完善，DMA专员通过分析分区预警系统上的数据，并未发现问题。于是，分公司随即组织人员前往该工业园区进行排查。工作人员在调查园区管网压力、夜间最小流量后，均未发现问题。

通过上述排查后，该营业分公司将问题锁定于大口径水表停转故障。工作人员通过对该工业园区工厂的走访调查，发现一处新用户的水表叶轮被异物卡住，导致停转。由于该用户是新用户，在试产期间的月用水量较不稳定，所以DMA专员未能通过分区计量系统数据分析发现该问题。最终，分公司与该用户协商，以园区漏损水量为依据，估算了用水流量，顺利回收水费。在本案例中，如果没有分区计量的实施，将无法发现该处水量异常情况，且在水费回收中，也难以估算水量，可能会导致用户协商工作难以开展，水费难以回收。

6.7.3　管理漏损——非法用水

案例：J市农村非法用水。

在一次分区计量系统数据分析中，J市某营业所的抄表员发现一处农村的DMA考核总表与用户抄表总量相差较大。由于该村庄用户数量较少，因此根据这一情况可初步判定为管道漏损或非法用水。最终，该营业所稽查人员发现村内一处 $DN50$ 的配水支管存在非法用水现象。在本案例中，如果没有分区计量的实施，没有设置DMA考核总表，将无法发现本处非法用水。

思　考　题

1. 一级计量区域、二级计量区域和三级计量区域的划定分别应遵循哪些原则？
2. 分区计量管理项目实施流程是什么？
3. 分区计量管理项目中应用的计量设备选型应综合考虑哪些因素？
4. 计量封闭性及灵敏度测试方法共有哪两种？具体实施步骤分别是什么？
5. 分区计量管理项目有哪些应用？
6. 结合国内供水企业的分区计量管理项目案例，谈谈您对分区计量实施路线选择的认识。

7 管道选材及施工管理

供水管道是市政给水系统的重要组成部分，也是漏损控制工作的基础。管材质量选取不仅影响管网投资，也直接影响管网运行过程中的漏损情况。我国目前市政供水管网常用的管道材质有灰口铸铁管、球墨铸铁管、钢管、镀锌管、预应力和自应力钢筋混凝土管、塑料管、复合管等。并且不同的管道制造工艺和安装技术水平决定了不同的管道特性，也导致了漏损程度的不同。

编者希望通过本章的阐述，帮助读者了解和掌握供水管线选材方法。同时，管道施工不规范和防腐工作不到位也是造成管道漏损的重要原因，所以编者希望帮助读者提升对管道施工、管道防腐的认识，并向读者介绍管道施工、管道防腐注意事项及技术要点。

7.1 供水管网常见管材介绍

7.1.1 灰口铸铁管

灰口铸铁管因断口呈灰暗色而得名，具备较强的耐腐蚀性，但因灰口铸铁管中的碳大部分以片状石墨形态存在，应力集中削弱其强度，质地较脆，且抗冲击和抗振能力较差，故而在使用过程中容易出现开裂现象，微细裂缝逐步扩张，进而产生漏水、水管断裂和爆管事故。

通常情况下，灰口铸铁管可采用法兰连接、承插连接和螺纹连接。在实际应用中，灰口铸铁管的连接方式多为承插连接，且一般采用刚性接口连接，早期用麻筋石棉水泥打口，废止后改用膨胀水泥封口。而因刚性接口具备脆性大、填料界面刚性强等特点，容易导致灰口铸铁管接头脱落或被拉断，在管道基础出现轻微下沉或荷载、土壤发生不均匀沉降等外力作用时，接口容易出现漏水。当外力影响过大时，甚至可能出现管身断裂或管件爆裂现象。我国多家供水企业的漏损统计资料显示，铸铁管漏水点数占所有漏点数的比例较高，铸铁管的漏损形式主要表现为接口处承接头脱落或爆裂。

7.1.2 球墨铸铁管

球墨铸铁管是铸铁的一种，是一种由铁、碳和硅组成的合金。球墨铸铁因其中石墨的存在形式为球状而得名，较之于灰口铸铁管，球墨铸铁管的机械性能有极大提升，其强度是灰口铸铁管的数倍，同时，球墨铸铁管的抗腐蚀性能也远优于钢管，因其抗内外压性较强，耐磨性较高，故而在给水管材中产生的漏点数占比较低。

球墨铸铁管可采用推入式楔形胶圈柔性接口连接，也可采用法兰连接，施工安装较方便，且因接口的水密性好，具备一定适应地基变形的能力，抗振效果良好。在工程建设（如隧道区间）发生的漏水事故中，该管材的漏点一般出现在承插口、胶圈这些管道的柔性连接处，其主要原因为安装时没有严格按照标准工艺要求施工。

球墨铸铁管在给水工程中已有近百年的使用历史，在欧美国家得到广泛应用，已基本取代灰口铸铁管。我国球墨铸铁管的应用起步于 20 世纪 90 年代初，在中国城镇供水排水协会的大力支持下发展迅猛，经过近 30 年的实践使用，其安全性、实用性已得到供水行业的普遍认可。据统计，球墨铸铁管的爆管事故发生率仅为灰口铸铁管的 1/16，且较之于灰口铸铁管，其耐压性高，管壁比灰口铸铁管薄 30%～40%，因而重量较灰口铸铁管轻。此外，球墨铸铁管的耐腐蚀能力优于钢管，其使用寿命是灰口铸铁管的 1.5～2.0 倍，是钢管的 3.0～4.0 倍，可作为我国城市输配水管道工程中推荐使用的管材。

7.1.3 钢管

按生产工艺划分，钢管可分为无缝钢管和焊接钢管，其中无缝钢管又分热轧和冷轧（拔）两种，焊接钢管又分直缝焊接钢管和螺旋缝焊接钢管。钢管的优势是耐压性好、抗振性强、强度大、韧性强、单管的长度大和接口方便。但钢管承受外部荷载的稳定性较差，且易腐蚀，需在管壁内外均采取防腐措施，并且造价较高。在给水工程中，常在管径大和水压高处，以及因地质、地形条件限制或穿越铁路、河谷和地震地区时使用，如桥管和倒虹管等。

通常情况下，钢管的连接方式可采用焊接、法兰连接、承插连接、管箍连接等。在实际应用中，钢管的连接方式多为焊接和法兰连接。我国多家供水企业的漏损统计资料显示，钢管的漏损形式主要表现为焊接口锈蚀、焊缝脱焊和管体腐蚀穿孔等。

7.1.4 镀锌管

镀锌管又称镀锌钢管，分热镀锌和电镀锌两种。相较于普通钢管，镀锌钢管的抗腐蚀能力更强，使用寿命更长。其中热镀锌工艺优于电镀锌工艺，因为热镀锌工艺是先将钢管进行酸洗，以去除钢管表面的氧化铁，酸洗后，通过氯化铵水溶液或氯化锌水溶液等对钢管进行清洗，然后将钢管送入热浸镀槽中。因此，经热镀锌工艺加工的镀锌钢管镀锌层较厚，且镀层均匀，附着力强。

镀锌管常见的连接方式有焊接、卡箍沟槽连接、法兰连接三种。镀锌管口径小，管壁薄，在运输和施工安装过程中，镀锌层不可避免地会受到损害，而且若镀锌层太薄，则无法形成氧化锌保护层。此外，由于镀锌管管壁较薄，易被腐蚀，尤其是管道螺纹连接部分，结垢后甚至可能穿孔。由于管线敷设环境普遍较差，一般在地下或暴露在空气中，有的甚至长时间浸泡在酸性或碱性污水里，加之自来水中的余氯具有一定氧化性，极大地提高了管道腐蚀速率，使用 3～5 年的管体往往会出现腐蚀穿孔或丝口腐烂断裂。根据我国多家供水企业的漏损统计资料，镀锌管产生的漏水点数占比普遍较高。

7.1.5 预应力和自应力钢筋混凝土管

预应力钢筋混凝土管可分为普通和加钢套筒两种，在制管过程中，因使管身混凝土获得预压应力而制成，故称预应力钢筋混凝土管。预应力钢筋混凝土管能承受较高的管内径向压力，且相较于钢管，预应力钢筋混凝土管成本造价较低，一般能比钢管节省钢材 70%左右，降低造价约 60%，且抗振性能良好，管壁光滑，不易结垢，水力条件较好，耐腐蚀。但预应力钢筋混凝土管自重较大、脆性大、在运输安装过程中较易破损，且抗冲击能力较差，使用寿命较短。通常情况下，预应力钢筋混凝土管的连接方式为承插式。

自应力钢筋混凝土管是由自应力混凝土配置一定数量的钢筋制成，制管工艺较简单，成本造价较低，但容易出现二次膨胀及横向断裂，故主要用于小城镇及农村供水系统。通常情况下，自应力钢筋混凝土管的连接方式为承插式。

根据我国多家供水企业的漏损统计资料，预应力和自应力钢筋混凝土管的漏损形式主要表现为管体破裂、接头脱落、接口胶圈老化、钢筋抗拉强度受损导致管身出现环向裂缝等。

7.1.6 塑料管

随着高分子材料技术研究的不断深入，塑料管材的开发与应用也迎来了蓬勃的发展期。在市政输配水管道工程中，常用的塑料管材种类繁多，依据其主要成分可分为两类，一类是主要成分为聚烯材料的塑料管材，如聚乙烯管（PE 管）、聚丙烯管（PP 管）、聚丁烯管（PB 管）、三丙聚丙烯管（PP-R 管）等；一类是主要成分为聚氯乙烯材料的塑料管材，如聚氯乙烯管（PVC 管）、硬质聚氯乙烯管（UPVC 管）、过聚化氯乙烯管（CPVC 管）、聚丙烯腈-丁二烯-苯乙烯塑料管（ABS 管）等。相较于其他管材，塑料管道具有表面光滑、不易结垢、水头损失小、耐腐蚀、质量轻、加工和接口方便、造价成本较低廉等优势，受到供水企业广泛应用。但塑料管道强度较小，且壁厚多比金属管道薄，故在地基差及地面荷载较大的区域应谨慎使用。此外，因为塑料管道膨胀系数较大，所以当采用塑料管道作为长距离管道时，需考虑温度补偿措施，如伸缩节和活络接口等。

塑料管道的连接方式可采用法兰连接、密封胶圈、承插连接、热熔连接、电熔热连接、溶剂粘接等。根据我国多家供水企业的漏损统计资料，塑料管道的漏损原因多为管道接口不平滑、材料杂质多、焊接降温或者熔解不充分、接口焊接时间不够等因素。

7.1.7 复合管

复合管种类繁多，在市政管网应用中，常见的有铝塑复合管、钢塑复合管、玻璃钢管、不锈钢复合管等。

铝塑复合管的基本构成为五层，由内而外依次为塑料、热熔胶、铝合金、热熔胶、塑料，即以铝合金为骨架，铝合金内外层均有一定厚度的塑料，而塑料与铝合金之间有一层热熔胶作为胶合层，因此铝塑复合管内外壁耐腐蚀能力强，且内壁光滑，水头损失小。铝塑复合管常见的连接方式有橡胶圈接口连接、粘接接口连接、法兰连接三种。由于铝塑复合管配套的金属管件要求很高，国内的金属管件在材料质量，表面处理，加工精度上仍有欠缺，因此铝塑复合管未能得到广泛应用。

钢塑复合管是以钢管为基管，内壁涂装高附着力、防腐、食品级卫生型的聚乙烯粉末涂料或环氧树脂涂料，中间用胶水粘接，通过高温蒸汽加温后制作而成，因此需格外注意胶水质量和内外层的粘接力。钢塑复合管常见的连接方式有螺纹连接、沟槽连接、法兰连接。由于钢塑复合管的钢带上存在孔网，在一定程度上降低了耐压强度，因此在高压工作条件下，容易出现管材局部爆裂的情况。

玻璃钢管是以不饱和聚酯树脂、环氧树脂等为基本材料，以玻璃纤维及其制品为增强材料，以石英砂、碳酸钙等无机非金属颗粒材料为填料预制而成。玻璃纤维缠绕夹砂管

（RPM 管）是在玻璃钢管的基础上发展出来的新型管材，具备耐腐蚀、内壁光滑、抗冻性、质量轻等特点，常见的连接方式有对接式连接、承插式胶接、法兰连接和承插式密封圈连接四种。

不锈钢复合管是由不锈钢和碳素结构钢两种金属材料采用无损压力同步复合成的新材料，兼具不锈钢抗腐蚀、耐磨的特点和碳素钢良好的抗弯强度及抗冲击性。不锈钢复合管是一种双金属复合管，采用复合工艺在钢管内壁衬薄壁不锈钢管而成，内外层紧密结合，达到纯不锈钢管的抗腐蚀效果，管道内外层均为金属，具有良好的机械性能，抗压与抗冲击性强、抗拉伸强度大、伸长率高、热膨胀系数小，尤其适合二次供水加压管网和供水立管安装使用。根据我国多家供水企业的漏损统计资料，不锈钢复合管产生的漏点大多不是由于管道本身腐蚀或开裂，而是由于接口施工工艺不到位。

7.2 供水管网管道施工

管道渗漏、断裂是市政供水管道施工工程中常见的质量通病，造成这一现象的原因主要有以下六点：

（1）管道安装后，没有严格进行水压试验，没有及时发现并解决管道裂缝、零件上的砂眼以及接口处渗漏等问题。

为确保供水管道能在一定压力作用下，安全稳定运行，需对管道强度性能、气密性等指标进行检测。金属管材在生产和装卸过程中，容易产生裂纹、砂眼，在管道施工过程中也可能存在管道连接问题，导致管道接口渗漏现象。因此，在供水管网管道施工作业中，应严格按照施工质量验收规范进行管道水压试验，认真检查管道有无裂缝，零件和管道接口是否完好，管道接口是否严格按照标准工艺施工。

管道水压试验采用的设备、仪表规格及安装应符合下列规定：一是采用弹簧压力计时，精度不应低于 1.5 级，最大量程宜为试验压力的 1.3～1.5 倍，表壳的公称直径不宜小于 150mm；二是水泵、压力计应安装在试验段的两端部与管道轴线相垂直的支管上。

若待试验管道的管道内径大于或等于 600mm 时，试验管段端部的第一个接口应采用柔性接口，或采用特制的柔性接口堵板。若待试验管道为钢管时，需在钢管最后一个焊接接口完成 1h 后方可进行水压试验。

由于不同的管材种类具备不同的工作压力，因此在进行水压试验时，应结合管材情况选用试验压力，具体见表 7-1。

不同管材压力管道水压试验的试验压力（MPa）　　　　　　表 7-1

管材种类	工作压力 P	试验压力
钢管	P	$P+0.5$，且不小于 0.9
球墨铸铁管	$\leqslant 0.5$	$2P$
	$\geqslant 0.5$	$P+0.5$
预（自）应力混凝土管、预应力钢筒混凝土管	$\leqslant 0.6$	$1.5P$
	$\geqslant 0.6$	$P+0.3$
现浇钢筋混凝土管渠	$\geqslant 0.1$	$1.5P$
化学建材管	$\geqslant 0.1$	$1.5P$，且不小于 0.8

预试验阶段：将管道内水压缓缓升至试验压力并稳压 30min，期间如有压力下降可注水补压，但不得高于试验压力；检查管道接口、配件等处，观察是否有漏损现象，如有应及时停止试压，查明原因并采取相应措施后重新试压。

主试验阶段：停止注水补压，稳压 15min，若 15min 后压力下降值没有超过表 7-2 中所列的允许压力降，则将试验压力下降至工作压力并保持恒压 30min，检查管道外观，若无漏损现象，则水压试验合格。

不同管材压力管道水压试验的允许压力降（MPa） 表 7-2

管材种类	试验压力	允许压力降
钢管	$P+0.5$，且不小于 0.9	0
球墨铸铁管	$2P$	
	$P+0.5$	
预（自）应力钢筋混凝土管、预应力钢筒混凝土管	$1.5P$	0.03
	$P+0.3$	
现浇钢筋混凝土管渠	$1.5P$	
化学建材管	$1.5P$，且不小于 0.8	0.02

在进行管道水压试验时，应分级升压，每升一级应检查后背、支墩、管身及接口，若无异常现象，则继续升压。当管道升压时，管内气体应排除，升压过程中，若发现弹簧压力计表针摆动、不稳，且升压较慢，应重新排气后再升压。在水压试验中，严禁带压修补缺陷，应做出标记，在卸压后修补。

（2）管道支墩受力不均匀，会造成管道接口处断裂或松动。供水管道的变向、变径处，管道接口可能受拉力影响，产生断裂或松动脱节，进而使管道渗漏，因此在这些部位须设置支墩以起到承受拉力、固定管道、防止管道位移的作用。支墩是将管道外部荷载传递至地基或基础上的重要结构，因此应合理选取支墩位置，并做好施工作业。

管道支墩宜采用混凝土浇筑，其强度等级不应低于 C20；当采用砌筑结构时，水泥砂浆强度等级不应低于 M7.5。

管道支墩应在坚固的地基上修筑。若无原状土作为后背墙，应采取措施保障支墩在受力情况下，不致破坏管道接口。当采用砌筑支墩时，原状土与支墩间应采用砂浆填塞。管节及管件的支墩和锚定结构应位置准确，锚定牢固，钢制锚固件必须采取相应的防腐处理。

（3）管道基础施工不规范，加之管沟沟底不平，导致管道沉降或不均匀沉降较多，随着沉降现象的恶化，管道接头进一步损坏，如未及时发现修复，最终可能导致管道断裂。

管道基础采用原状地基时，若原状地基为岩石或坚硬土层，应将基底碎渣清理干净，在管道下方应有一定厚度的砂垫层，厚度要求见表 7-3。管道回填时，应采用低强度等级混凝土或粒径 10～15mm 的砂石回填夯实。在非永冻土地区，管道不得敷设在冻结的地基上。管道安装过程中，应防止地基冻胀。

管道砂垫层厚度要求 表 7-3

管材种类/管外径	垫层厚度（mm）		
	$D_0 \leqslant 500$	$500 < D_0 \leqslant 1000$	$D_0 > 1000$
柔性管道	≥100	≥150	≥200
采用柔性接口的刚性管道	150～200		

（4）管道埋土夯实方法不当，夯土未分层夯实，或管道两侧回填土的密实度不均都会使管道受力增大，引起漏损。

在管道回填夯实作业前，应将沟槽内砖、石、木块等杂物清除干净，且沟槽内不得有积水，并保持降排水系统正常运行，不得带水回填。

回填夯实应逐层进行，且不得对管道及其接口有损伤。每层回填土的虚铺厚度，应根据所采用的压实机具按表7-4的规定选取。当采用重型压实机械压实或较重车辆在回填土上行驶时，管道顶部以上应有一定厚度的压实回填土，其最小厚度应按压实机械的规格和管道的设计承载力，通过计算确定。

每层回填土的虚铺厚度 表7-4

压实机具	虚铺厚度（mm）
木夯、铁夯	≤200
轻型压实设备	200～250
压路机	200～300
振动压路机	≤400

（5）冬季管道试水后，没有及时将水放净，造成管道或零件冻裂漏水。冬期施工前或管道试压后应严格将管道内积水排放干净，严禁存水，防止结冰冻裂管道或零件。焊接管道作业前应做好焊前预热措施，作业后应采取焊后缓冷措施。

（6）水锤现象造成输配水管道出现裂纹和破管。水锤现象是指在压力管道中，由于液体流速的急剧改变，从而造成瞬时压力急剧变化。在供水管网中，当压力管道的阀门突然关闭或开启时，或当水泵突然停止或启动时，均会导致管道内水流瞬时流速发生急剧变化，引起液体动量迅速改变，而使压力显著变化。此外，管道上止回阀失灵，有时也会发生水锤现象，而水锤现象会导致管道系统发生强烈地振动，使输配水管道严重变形，甚至爆裂。

因此，为保障供水管网安全稳定运行，应随地形和敷设深度，在管网系统的最高点设置双筒排气阀，或用室外消火栓代替排气装置。若输配水管道无坡度时，应在水压试验时设置排气装置。

7.3 供水管网管道防腐

7.3.1 腐蚀现象

腐蚀是金属管道的变质现象，其表现方式主要有生锈、坑蚀、结瘤、开裂或脆化等。根据金属管道的腐蚀现象发生部位，可将腐蚀分为两种。一是外腐蚀，即管道外壁因环境介质而产生的腐蚀作用，多为不均匀的全面腐蚀，如锈蚀、大面积坑蚀、溃疡腐蚀等，最终会使管壁产生孔洞、管壁变薄。二是内腐蚀，即因市政供水管网内输送的水含有溶解氧等其他介质，使管道内壁发生腐蚀，最终会使管道内壁结瘤、管道断面变小。

随着腐蚀程度的进一步恶化，在一定条件下，金属管道会演变出点腐蚀（小孔腐蚀），导致管道腐蚀穿孔泄漏。在工作负载压力、局部的结构应力、外部的荷载压力等多种合力作用下，金属管道将发生应力腐蚀或腐蚀疲劳，进而导致管道断裂，甚至爆管。

由于管道腐蚀现象造成了大量金属管道的穿孔、断裂、爆管事故，直接影响人民生活及工业生产的正常运行，产生一系列次生灾害，直接或间接地造成巨大经济损失，因此，为保障供水管网安全运行，金属管道防腐工作是十分必要的。

7.3.2 金属管道腐蚀机理

金属管道与水或潮湿土壤接触后，会因化学作用或电化学作用而产生腐蚀，因此可将金属管道的腐蚀分为两种：一是没有电流产生的化学腐蚀；二是形成原电池而产生电流的电化学腐蚀。市政供水管网在水中或土壤中的腐蚀，以及流散电流引起的腐蚀，多为电化学腐蚀。

1. 化学腐蚀

化学腐蚀是由金属和周围介质直接发生置换反应而产生的腐蚀，在腐蚀过程中无电流产生。这类化学腐蚀发生的前提是，由置换反应产生的化合物为易溶于水的氢氧化物，且管道材料为活泼性更强的金属，通常情况下，这类化学腐蚀多见于化工厂区域，而市政供水管网较少见。

此外，土壤中某些细菌和金属管道腐蚀也有一定关系，这类腐蚀称为细菌腐蚀，常见的如硫酸盐还原细菌。

2. 电化学腐蚀

金属管道的电化学腐蚀是指金属管材和电解质组成两个电极，在海水、雨水、潮湿环境、土壤、酸溶液、碱溶液、盐溶液等具有离子导电性的环境介质（电解质溶液）中，组成腐蚀原电池，使化学性质比较活泼的金属失去电子而被氧化。

电化学腐蚀可分为三类，一是微观原电池腐蚀。对于不同金属管材的管道，由于金属材料间存在电位差，当处于同一电解质溶液中，由导体连接构成回路，即可形成微观腐蚀原电池。而对于同一金属管材的管道，因为管道在冶炼、加工、安装、焊接过程中，会不可避免地在金属管道内部造成电位差，因此当处于电解质溶液中，金属管道内部存在电位差的区域会形成微观腐蚀原电池，进而产生不均匀的局部腐蚀，如坑蚀、点腐蚀、晶间腐蚀、应力腐蚀和腐蚀疲劳等。

二是宏观原电池腐蚀。其是指金属管道因外界敷设环境中的物质差异和环境差异而形成的腐蚀，如氧气浓度差异、pH差异、盐浓度差异等。

三是流散电流引起的腐蚀。其通常是指金属管道附近二次感应交流电叠加在管道，形成电化学腐蚀，其特点是腐蚀量较小，但集中腐蚀性强。

影响电化学腐蚀的因素有很多，电化学腐蚀是多因素造成的综合结果。当金属管道氧化时，管壁表面会生成氧化膜，通常情况下，氧化膜会降低腐蚀速率，但氧化膜必须完全覆盖管壁，并且牢固附着在管壁之上，同时还需保证没有透水微孔的条件下，氧化膜才可起到保护作用。市政供水管网中，管道内水流的溶解氧浓度也是影响管道腐蚀速率的重要因素，通常情况下，水中溶解氧浓度越高，腐蚀越严重，但对于钢管而言，有可能会因水中溶解氧浓度较高而于内壁产生保护膜，进而起到减轻腐蚀的效果。此外，水流的pH也是影响管道腐蚀速率的重要因素，通常情况下，pH越低，管道腐蚀越快，pH越高，因金属管道表面形成保护膜，腐蚀速率越慢。此外，水流中的盐浓度也是明显影响金属管道腐蚀速率的重要因素，通常情况下，含盐量越高，腐蚀越快。

7.3.3 管道防腐主要措施

为减少金属管道腐蚀现象的发生，减缓金属管道的腐蚀速率，提高管道运行安全性，延长管道使用寿命，可采取下述管道防腐的主要措施。

1. 通过在金属管道内表面涂水泥砂浆等涂料，作为内防腐层处理；在金属管道外表面涂石油沥青涂料、环氧煤沥青涂料、环氧树脂玻璃钢、油漆等涂料，作为外防腐层处理，均可在一定程度上防止金属和水相接触而产生腐蚀。在实际工程中，可根据周围土壤的腐蚀性，选用厚度级别不同的防腐层。下文将分别介绍水泥砂浆、石油沥青涂料、环氧煤沥青涂料、环氧树脂玻璃钢四种涂料的施工规定。

（1）水泥砂浆内防腐层施工应符合下列规定：

1）水泥砂浆内防腐层可采用机械喷涂、人工抹压、拖筒或离心预制法施工。工厂预制时，在运输、安装、回填土过程中，不得损坏水泥砂浆内防腐层。

2）管道端点或施工中断时，应预留搭接。

3）水泥砂浆抗压强度符合设计要求，且不低于 30MPa。

4）采用人工抹压法施工时，应分层抹压。

5）水泥砂浆内防腐层成形后，应立即将管道封堵，终凝后进行潮湿养护。普通硅酸盐水泥砂浆养护时间不应少于 7d，矿渣硅酸盐水泥砂浆不应少于 14d。通水前应继续封堵，保持湿润。

钢管水泥砂浆内防腐层厚度要求见表 7-5。

钢管水泥砂浆内防腐层厚度要求 　　　　　　　　　　　　　　　表 7-5

管径 D（mm）	厚度（mm）	
	机械喷涂	手工涂抹
500～700	8	—
800～1000	10	—
1100～1500	12	14
1600～1800	14	16
2000～2200	15	17
2400～2600	16	18
2600 以上	18	20

（2）石油沥青涂料外防腐层施工应符合下列规定：

1）涂底料前管体表面应清除油垢、灰渣、铁锈，人工除氧化皮、铁锈时，其质量标准应达 St3 级，即非常彻底地采用手工和动力工具除锈，钢材表面无可见的油脂和污垢，并且没有附着不牢的氧化皮、铁锈和油漆涂层等附着物，底材显露部分的表面有金属光泽；当采用喷砂或化学除锈时，其质量标准应达 Sa2.5 级，即非常彻底地喷射或抛射除锈，钢材表面无可见的油脂、污垢，氧化皮、铁锈和油漆涂层附着物，残留的痕迹仅可为点状或条纹状的轻微色斑。

2）涂底料时基面应干燥，基面除锈与涂底料的间隔时间不得超过 8h，底料应涂刷均匀、饱满，不得有凝块、起泡现象，底料厚度宜为 0.1～0.2mm，管两端 150～250mm 范围内不得涂刷。

3）沥青涂料熬制温度宜在230℃左右，最高温度不得超过250℃，熬制时间宜控制在4～5h，每锅料应抽样检查。

4）沥青涂料应涂刷在洁净、干燥的底料上，常温下刷沥青涂料时，应在涂底料后24h之内实施；沥青涂料涂刷温度以200～230℃为宜。

5）涂沥青后应立即缠绕玻璃布，玻璃布的压边宽度应为20～30mm；接头搭接长度应为100～150mm，各层搭接接头应相互错开，玻璃布的油浸透率应在95％以上，不得出现大于50mm×50mm的空白；管端或施工中断处应留出长150～250mm的缓坡型搭槎。

6）包扎聚氯乙烯薄膜保护层作业时，不得有褶皱、脱壳现象，压边宽度应为20～30mm，搭接长度应为100～150mm。

7）沟槽内管道接口处施工，应在焊接、试压合格后进行，接槎处应粘接牢固、严密。

石油沥青涂料外防腐层构造共有普通级、加强级、特加强级三个级别，其构造及厚度要求见表7-6。

石油沥青涂料外防腐层构造及厚度要求　　　　表7-6

材料种类	普通级（三油二布）		加强级（四油三布）		特加强级（五油四布）	
	构造	厚度（mm）	构造	厚度（mm）	构造	厚度（mm）
石油沥青涂料	1. 底料一层 2. 沥青（厚度大于或等于1.5mm） 3. 玻璃布一层 4. 沥青（厚度1.0～1.5mm） 5. 玻璃布一层 6. 沥青（厚度1.0～1.5mm） 7. 聚氯乙烯工业薄膜一层	≥4.0	1. 底料一层 2. 沥青（厚度大于或等于1.5mm） 3. 玻璃布一层 4. 沥青（厚度1.0～1.5mm） 5. 玻璃布一层 6. 沥青（厚度1.0～1.5mm） 7. 玻璃布一层 8. 沥青（厚度1.0～1.5mm） 9. 聚氯乙烯工业薄膜一层	≥5.5	1. 底料一层 2. 沥青（厚度大于或等于1.5mm） 3. 玻璃布一层 4. 沥青（厚度1.0～1.5mm） 5. 玻璃布一层 6. 沥青（厚度1.0～1.5mm） 7. 玻璃布一层 8. 沥青（厚度1.0～1.5mm） 9. 玻璃布一层 10. 沥青（厚度1.0～1.5mm） 11. 聚氯乙烯工业薄膜一层	≥7.0

（3）环氧煤沥青涂料外防腐层施工应符合下列规定：

1）管节表面应清除油垢、灰渣、铁锈，人工除氧化皮、铁锈时，其质量标准应达St3级，喷砂或化学除锈时，其质量标准应达Sa2.5级；质量标准具体可见前文描述。焊接表面应光滑无刺、无焊瘤、棱角。

2）应按产品说明书的规定配制涂料。

3）底料应在表面除锈合格后尽快涂刷，空气湿度过大时，应立即涂刷，涂刷应均匀，不得漏涂；管两端100～150mm范围内不涂刷，或在涂底料之前，在该部位涂刷可焊涂料或硅酸锌涂料，干膜厚度不应大于25μm。

4）在底料表面干燥后、固化前，应及时涂刷面料并包扎玻璃布，间隔时间不得超过24h。

环氧煤沥青涂料外防腐层构造共有普通级、加强级、特加强级三个级别，其构造及厚度要求见表7-7。

材料种类	普通级（三油）		加强级（四油一布）		特加强级（六油二布）	
	构造	厚度（mm）	构造	厚度（mm）	构造	厚度（mm）
环氧煤沥青涂料	1. 底料 2. 面料 3. 面料 4. 面料	≥0.2	1. 底料 2. 面料 3. 面料 4. 玻璃布 5. 面料 6. 面料	≥0.4	1. 底料 2. 面料 3. 面料 4. 玻璃布 5. 面料 6. 面料 7. 玻璃布 8. 面料 9. 面料	≥0.6

（4）环氧树脂玻璃钢外防腐层施工应符合下列规定：

1）管节表面应清除油垢、灰渣、铁锈，人工除氧化皮、铁锈时，其质量标准应达 St3 级，喷砂或化学除锈时，其质量标准应达 Sa2.5 级；质量标准具体可见前文描述。焊接表面应光滑无刺、无焊瘤、棱角。

2）应按产品说明书的规定配制环氧树脂。

3）现场施工可采用手糊法，具体可分为间断法或连续法。

① 间断法：在间断法的每次铺衬间断时，应检查玻璃布衬层的质量，质量合格后再涂刷下一层。

② 连续法：连续铺衬到设计要求的层数或厚度，并应自然养护 24h，然后进行面层树脂的施工。

4）玻璃布除涂刷树脂外，可采用玻璃布的树脂浸揉法。

5）环氧树脂玻璃钢的养护期不应少于 7d。

环氧树脂玻璃钢外防腐层构造及厚度要求见表 7-8。

环氧树脂玻璃钢外防腐层构造及厚度要求 表 7-8

材料种类	加强级	
	构造	厚度（mm）
环氧树脂玻璃钢	1. 底层树脂 2. 面层树脂 3. 玻璃布 4. 面层树脂 5. 玻璃布 6. 面层树脂 7. 面层树脂	≥3

2. 阴极保护是一种保护管道外壁免受土壤侵蚀的常用方法。根据腐蚀电池的原理，两个电极中只有阳极金属发生腐蚀，所以阴极保护的原理就是使受保护的金属管道成为阴极，以防止管道腐蚀。阴极保护有两种方法，一种是牺牲阳极的阴极保护法，采用消耗性的阳极材料，如铝、镁等金属，隔一定距离用导线连接到金属管道上，在土地中形成电路，如图 7-1 所示。这种方法常在缺少电源、土壤电阻率低和管道保护涂层良好的情况下使用。

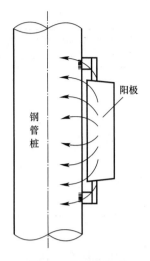

图 7-1 牺牲阳极的
阴极保护法图示

牺牲阳极的阴极保护法的实施应符合下列规定：

（1）根据工程条件确定阳极施工方式。立式阳极宜采用钻孔法施工，卧式阳极宜采用开槽法施工。

（2）牺牲的阳极材料在使用之前，应对表面进行处理，清除表面的氧化膜及油污。

（3）阳极材料连接电缆的埋设深度不应小于 0.7m，四周应垫有 50～100mm 厚的细砂，砂的顶部应覆盖水泥护板或砖，敷设电缆要留有一定余量。

（4）阳极电缆可以直接焊接到受保护的金属管道上，也可通过测试桩中的连接片相连。若金属管道为钢管，则与钢管相连接的电缆应采用铝热焊接技术，焊点应重新进行防腐绝缘处理，防腐材料、等级应与原有覆盖层一致。

（5）电缆和阳极钢芯宜采用焊接连接，双边焊缝长度不得小于 50mm。电缆与阳极钢芯焊接后，应采取防止连接部位断裂的保护措施。

（6）阳极材料端面、电缆连接部位及钢芯均要防腐、绝缘。

（7）填料包可在室内或现场包装，其厚度不应小于 50mm，并应保证阳极材料四周的填包料厚度一致、密实。预包装的袋子须用棉麻织品，不得使用人造纤维织品。

（8）填包料应调拌均匀，不得混入石块、泥土、杂草等；阳极材料埋地后应充分灌水，并达到饱和。

（9）阳极埋设位置一般距管道外壁 3～5m，不宜小于 0.3m，埋设深度（阳极材料顶部距地面）不应小于 1m。

另一种是通入直流电的阴极保护法，如图 7-2 所示，埋在管线附近的废铁和直流电源的阳极连接，电源的阴极接到管线上，可防止腐蚀，在土壤电阻率高（约 2500Ω·cm）或金属管外露时使用较宜。

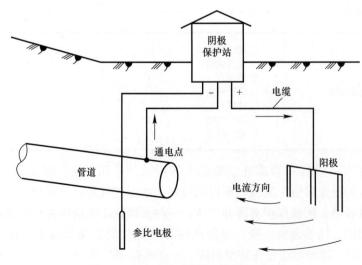

图 7-2　通入直流电的阴极保护法图示

通入直流电的阴极保护法的施工应符合下列规定：

（1）联合保护的平行管道可同沟敷设。均压线间距和规格应根据管道电压降、管道间距及管道防腐层质量等因素综合考虑。

（2）非联合保护的平行管道间距不宜小于 10m，间距小于 10m 时，后施工的管道及其两端宜各延伸 10m 的管段做加强级防腐层。

（3）受保护的管道与其他地下管道交叉时，管道间的垂直净距不应小于 0.3m，小于 0.3m 时，应设有坚固的绝缘隔离物，并应在交叉点两侧各延 10m 以上的管段上做加强级防腐层。

（4）受保护的管道与埋地通信电缆平行敷设时，管道间距不宜小于 10m，小于 10m 时，后施工的管道或电缆及其两端宜各延伸 10m 的管段做加强级防腐层。

（5）受保护的管道与供电电缆交叉时，管道间的垂直净距不应小于 0.5m；同时应在交叉点两侧各延伸 10m 以上的管道和电缆段上做加强级防腐层。

思 考 题

1. 供水管网常用的管道材料有哪几种？各有何特点？

2. 供水管道施工时，支墩、基础施工应注意哪些要点？

3. 供水管道为什么需要防腐处理？常见措施有哪些？

8 供水管线探测

城市地下管网是城市基础设施的重要组成部分，也是保障城市正常运转的"生命线"。随着城市的高速发展，地下管网将起到越来越重要的作用，地下管网的管理直接影响了城市的发展、规划、建设和管理，为保障现代化城市的可持续发展，保证城市规划布局的科学性和合理性，需对城市地下管网进行普查，完善地下管网资料并提升数据准确度，建立翔实准确的地下管线数据库和科学高效的信息管理系统，实现动态管理，为城市规划、建设和管理提供数据支撑。而地下管线探测工作是其中最为重要的基础工作之一，其对合理开发利用城市地下空间及地下管网的安全运行具备重要意义。

编者希望通过本章的阐述，帮助读者了解地下管线资料对现代社会的重要性，掌握多种管线探测方法及其原理、管线定位和定深技术，提升管线探测技术应用水平。地下管线数据库和信息管理系统的建设是服务于城市经济社会良性高效发展的重要抓手，也是落实国家新型基础设施建设的重要工作。编者希望通过本章的阐述，结合我国华东地区某供水企业的实践经验，帮助读者掌握建立地下管线信息系统的技术规程，帮助企业提高信息化应用水平。

8.1 供水管线探测特点

1. 供水管线管径

供水管线的管径层级分布明显，由供水点向用水终端，管径通常呈递减趋势。

2. 信号施加点

由于供水管道裸露点较少，信号施加点的位置仅有阀门、消火栓和管壁等位置。

3. 管道材质

供水管道材质较多，既有金属管材，也有非金属管材，在管线探测过程中，在管材改变的位置可能存在信号衰减或丢失的情况。此外，由于供水管网采用的金属管材多为灰口铸铁管、球墨铸铁管等碳含量较高的材质，阻抗较大，导致待测管线磁场信号衰减较快。

8.2 管线探测的类型和要求

8.2.1 管线探测的类型

管线探测按照探测任务主要可分为如下三种类型：

第一类是主要服务于城市规划、建设和管理的城市地下管线普查探测工程。

第二类是服务于建设工程的地下管线探测工程。该类工程的探测属性可根据特定建设工程的需要增减项，也可针对某项属性进行更为详细的探查，探测成果主要用于指导设计、指导施工、管道改迁等工作。

第三类是服务于新敷设管线的放线与竣工测量,探测成果主要用于地下管线管理。为提高管线位置三维坐标的精度,通常情况下,要求竣工测量应在地下管线未覆土之前完成。对于供水企业而言,上述三种类型的管线探测工作可以同步开展。

8.2.2 管线探测的基本要求

1. 管线探测的任务

供水企业的管线探测工作主要应查明供水管线的走向、平面位置、埋深、管径、偏距、材质、附属设施、埋设年代、权属单位等,测量供水管线的平面坐标和高程,并建立管线数据库。

2. 坐标系和高程基准

城市地下管线探测工程宜采用 2000 国家大地坐标系和 1985 国家高程基准。采用其他平面坐标和高程基准时,应与 2000 国家大地坐标系和 1985 国家高程基准建立换算关系。

3. 比例尺和分幅

为保证探测成果和管线图应用方便,地下管线图的比例尺和分幅应与城市基本地形图的比例尺和分幅一致。

4. 控制点误差

用于测量地下管线的控制点相对于邻近控制点平面点位中误差和高程中误差不应大于 50 mm。

5. 探测原则

(1) 管线探测作业应由已知到未知。

(2) 管线探测作业应由简单到复杂。在开展管线探测工作时,宜优先选择管线少、干扰小、条件比较简单的区域。

(3) 管线探测方法应有效、快速、轻便。

(4) 复杂条件下,应综合采用多种方法进行探测,当待探测区域管线分布较为复杂时,单一探查方法难以准确探测管线情况,宜采用综合探查方法,以提高对管线的分辨率和探测结果的可靠度,如现场具备开挖条件,应开挖验证。

8.2.3 管线探测的精度要求

城市地下管线探测应以中误差作为衡量探测精度的标准,且以两倍中误差作为极限误差。管线探测的精度要求应符合下列规定:

在实际管线探测作业中,对于明显露出的管线,即地面能直接观察到管顶或管底,或使用钢卷尺或量杆能直接量测的管线,误差不应大于 25mm。

对于隐蔽管线点,探测人员主要通过物探方法获得相对位置和埋深。由于地下管线埋设密度大,干扰因素多。而且对于供水管线探测工作而言,深埋管线、非金属管线、大口径管线较多,探测难度较大,产生的误差也较大。因此,对于隐蔽管线点的探测精度可结合待探测管线的埋设深度而制订,隐蔽管线点的平面位置探查中误差和埋深探查中误差分别不应大于 $0.05h$ 和 $0.075h$,其中 h 为管线中心埋深,单位为毫米,当 $h<1000$mm 时以 1000mm 代入计算。

8.3 管线探测的技术准备

为确保管线探测工作的高质高效，在进行管线探测作业前，应做好充足的技术准备。技术准备的内容可根据探测工程类型确定，通常情况下，应包括地下管线现况调绘、现场踏勘、探查仪器校验、探查方法试验和技术编制书编制等。

8.3.1 地下管线现况调绘

地下管线现况调绘是管线探测的重要基础工作。由于埋设在城市的各类地下管线纵横交错，极为复杂，在实地管线探测作业中，相邻管线信号存在干扰导致管线探查的难度增大，现况调绘资料可指导探查作业的进行，减少实地探查作业的盲目性，提高野外探查作业的质量和作业效率，同时还有利于探测人员对探测结果的综合分析判断，提高地下管线探查的精度。

现况调绘工作主要包括收集已有的地下管线资料，分类和整理收集的资料和编绘现况调绘图。

项目建设单位或管网普查部门在前期筹备阶段应广泛收集地下管线资料和测绘资料，具体应包括下列内容：一是已有管线图、竣工测量成果或探测成果；二是管线设计图、施工图、竣工图、设计与施工变更文件及技术说明资料；三是现有的控制测量资料和适用比例尺的地形图。

在广泛收集原始资料后，应及时分类和整理收集到的资料并进行分析，根据资料的完整情况提出解决的措施。例如，根据测绘资料中的控制点保存情况和地形图的现势性决定是否布设控制网和修测地形图，如果控制点稀少，不能满足测定管线点平面坐标和高程，就应重新布设管线测量控制网；当地形图现势性差，不能反映地形现状，就应修测地形图。

最后应结合资料，编绘现况调绘图，应符合下列规定：一是应将管线位置、连接关系、附属物等转绘到相应比例尺地形图上，编制地下管线现况调绘图；二是地下管线现况调绘图上应注明管线权属单位、管径、管材、埋设年代等属性，并注明管线资料来源；三是地下管线现况调绘图宜根据管线竣工图、竣工测量成果或已有的外业探测成果编绘，无管线竣工图、竣工测量成果或外业探测成果时，可根据施工图及有关资料，按管线与邻近的附属物、明显地物点、现有路边线的相互关系编绘；四是地下管线现况调绘图使用的图例应符合规定。

8.3.2 现场踏勘

项目建设单位或管网普查部门在进场前，应对作业区域进行现场踏勘，实地检查资料情况，核实资料的完整性和可利用程度，主要查看控制点是否存在、控制点位置是否变更、地形图变化情况等，以便确定控制网布设方案和地形图是否需修测。通过现场踏勘，可以为后续安排工程进度、安全生产措施和野外作业开展提供科学合理的指导依据。

现场踏勘应包括下列内容：一是核查收集资料的完整性、可信度和可利用程度；二是核查调绘图上明显管线点与实地的一致性；三是核查控制点的位置和保存状况，并验算其精度；四是核查地形图的现势性；五是察看测区地形、地貌、交通、环境及地下管线分布与埋设情况，调查现场地球物理条件和各种可能的干扰因素，以及生产中可能存在的安全隐患。

现场踏勘完成后应进行下列工作：一是应在地下管线现况调绘图上标注与实地不一致的管线点；二是应记录控制点保存情况和点位变化情况；三是应判定地形图可用性；四是应拟定探查方法试验场地；五是应制订安全生产措施。

8.3.3 探查仪器校验

为确保现场管线探测作业中探测结果的可靠性，在探查仪器投入使用前应进行校验。对于探查仪器的校验，主要包括两方面。一是稳定性校验，校验仪器的探查结果是否具备可重复性。探测人员可采用相同的工作参数，对同一位置的地下管线进行至少两次的重复探查，观察探测出的定位结果和定深结果，相对误差应小于5%。二是精度校验，探测人员可在单一已知地下管线或探测环境较简单的地段进行，通过比对探查结果与实际管线情况，即可评估探查仪器的精度。如仪器的稳定性和精度不满足探测要求，不应投入使用。

8.3.4 探查方法试验

在探查仪器校验的同时，可同步开展探查方法试验，并应符合下列规定：一是试验场地和试验条件应具有代表性和针对性；二是试验应在测区范围内的已知管段上进行；三是试验宜针对不同类型、不同材质、不同埋深的地下管线和不同地球物理条件分别进行；四是拟投入使用的所有探查仪器均应参与试验。

探查方法试验结束后，应对探查方法和仪器的有效性、技术措施的可行性、探查结果的可靠性进行评估，确定高质高效的探查方法和仪器调试参数，并编写试验报告。

8.3.5 技术设计书编制

技术设计书宜包括下列内容：一是工程概述，应包括任务来源、工作目的与任务、工作量、作业范围、作业内容和完成期限等情况；二是测区概况，应包括工作环境条件、地球物理条件、管线及其埋设状况等；三是已有资料及其可利用情况；四是执行的标准规范或其他技术文件；五是探测仪器、设备等计划；六是作业方法与技术措施要求；七是施工组织与进度计划；八是质量、安全和保密措施；九是拟提交的成果资料；十是有关的设计图表。技术设计书应审批后实施。

8.4 管线探测的技术方法

地下管线探查应通过现场追踪管线走向，确定待测管线在地面上的投影位置及其埋设深度，并按任务要求查明管线的其他属性，如管材、埋设年代、权属单位等，同时，为确保管线探测作业的有效性、长效性，应在地面设置管线点。在供水管网中，管线探测的对象可以分为明显管线点和隐蔽管线点，针对明显管线点常用的技术方法为实地调查法，针对隐蔽管线点常用的技术方法可统称为地球物理探查法。

8.4.1 实地调查法

探测人员通过对照地下管线现况调绘图，逐一打开相应的管线检查井、阀门井，直接用钢尺量测井内明显管线点的相关属性信息，并做好相关记录。具体需量测的属性信息应包括管道埋深、管道直径或断面尺寸、偏距等，量测结果精确到小数点后两位。

8.4.2 地球物理探查法

1. 地球物理探查的基本条件

一是目标管线与其周围介质之间有明显的物性差异；二是目标管线所产生的异常场有足够的强度，可从干扰场和背景场中清楚地分辨出来；三是经探查方法试验证明其有效，探查精度应符合相关规定。

2. 影响地球物理探查的常见干扰因素

一是天然电磁场干扰；二是动力电源的电场及磁场干扰；三是交通工具，如电车、汽车、电气化火车和摩托车的脉冲型电磁场干扰；四是各类通信电路辐射的电磁场干扰；五是各类电器负载变化及交通信号控制系统引起的电磁场起伏；六是各类交通工具及机械运行引起的干扰。

3. 地球物理探查方法介绍

20世纪80年代末，随着国内工程物探技术的不断发展和管线探测的需求不断提高，工程物探技术也逐步在管线探测的多个领域实施应用，取得显著成效。由于我国幅员辽阔，南北差异较大，管道埋深不一，管道敷设方式、管道材质存在一定差异，且不同行业不同领域的管道各具特点，因此需结合实际情况，选用科学高效的管线探测方法进行探测，经实践检验，探查地下管线的物探方法可参考表 8-1。

探查地下管线的物探方法 表 8-1

物探方法名称			金属地下管线或较小口径地下良导体管道探查	较大口径或高阻抗地下金属管道探查	非金属地下管道探查	地下管沟或地下管块探查
电磁法	被动源法	工频法	☆			
		甚低频法	☆	☆		
	主动源法	直接法	★	★		
		夹钳法	★	☆		
		电偶极感应法	★	☆		
		磁偶极感应法	★	☆		
		示踪电磁法		★	★	
		探地雷达法	☆	★	★	★
直流电法	电阻率法	电剖面法			☆	☆
		高密度电阻率法	☆	☆	★	★
	充电法		☆	★		
磁法	磁场强度法		☆	★		
	磁梯度法		☆	★		

物探方法名称		金属地下管线或较小口径地下良导体管道探查	较大口径或高阻抗地下金属管道探查	非金属地下管道探查	地下管沟或地下管块探查
浅层地震法	地震反射波法		★	★	☆
	面波法		☆	★	☆
地面测温法（红外辐射法）		☆	☆	☆	

注：★为推荐方法，☆为可选方法。

经实践检验，电磁法是供水管线探测的主流技术方法，可解决大部分供水管线探测问题。因此，下文将着重讲解电磁法。

4. 电磁法

电磁法是地下管线探测的主要技术方法，是以地下管线与周围介质的导电性及导磁性差异为主要物性基础，根据电磁感应原理观测和研究电磁场空间与时间分布规律，从而达到寻找地下金属管线或解决其他地质问题的目的。

电磁法可分为频率域电磁法和时间域电磁法，前者是利用多种频率的谐变电磁场，后者是利用不同形式的周期性脉冲电磁场，由于这两种方法产生异常的原理均遵循电磁感应规律，故基础理论和工作方法基本相同。目前地下管线探测中主要以频率域电磁法为主，以下主要介绍频率域电磁法。

（1）基本原理

各种金属管道或电缆与其周围的介质在电导率、磁导率、介电常数上有较明显的差异，此为电磁法探测地下管线的地球物理前提。由电磁学知识可知，无限长载流导体在其周围空间存在磁场，而且这磁场在一定空间范围内可被探测到，因此如果能使地下管线载有电流，并且把它理想化为一无限长载流导线，便可以间接地测定地下管线的空间状态。在探查工作中，通过发射装置对金属管道或电缆施加次交变场源，对其激发而产生感应电流，能在其周围产生二次磁场。通过接收装置在地面测定二次磁场及其空间分布，即可根据这种磁场的分布特征判断地下管线所在的位置。

（2）适用范围

电磁法适用于金属管线的走向追踪、平面位置确定、埋深确定等，对于非金属管线探测也有一定效果，但受限因素较多，若非金属管线埋深较小，可优先考虑采用电磁法中的探地雷达法（Ground Penetrating Radar，GPR）。

（3）探查方法

电磁探测技术根据场源性质可分成主动源法和被动源法。根据工作原理、操作流程和信号激发方式，又可将主动源法进一步细分为直接法、夹钳法、电偶极感应法、磁偶极感应法、示踪电磁法和探地雷达法（或称电磁波法）。被动源法又可分为工频法和甚低频法。

不同于电缆管，供水管线需外部施加信号方可进行探测。因此，对于供水管线的探测以主动源法为主。

主动源法中的主动源是指探测工作人员通过人工控制的场源——发射机，向待探测的金属管线发射足够强的某频率信号，该信号在空间形成交变的电磁场，地下金属管线受交变电磁场激发产生感应电流，而感应电流在金属管线周围又产生二次电磁场，通过探测仪接收二次电磁场信号，就可以探测地下金属管线。

如前文所述，向目标管线施加信号的方式有很多种，理想的信号施加效果并非输出信号越大越好，而是施加尽可能低的输出信号水平来激发目标管线，使其产生足够的可探测信号，这样既能减少管线耦合效应，降低其他管线的干扰，还能起到节约电池电量的效果。

（4）感应法

电偶极感应法和磁偶极感应法统称为感应法。感应法操作相对简单，是供水管线探测中较为常用的方法。感应法是利用发射机在地面上建立一个交变电磁场，如果地下存在金属管线，金属管线里的自由电荷受交变电磁场的激发，产生感应电流，感应电流沿着金属管线流动，产生二次磁场，在地面上用接收机检测二次电磁场的分布强度，就可以对地下金属管线进行追踪、定位和测深。图 8-1 为感应法示意图。

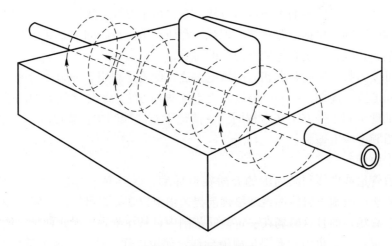

图 8-1　感应法示意图

感应法操作相对简单，但由于感应法施加的信号是朝着各个方向辐射的，因此信号可能会感应到目标管线邻近的其他管线上，造成信号混乱的情况。部分信号也会在周围土壤介质中衰减，通常情况下，感应法的有效感应深度为 2m。

（5）夹钳法

由于地下管网环境极为复杂，尤其是进入用户区域的配水支管附近，管线密集，若仅采用感应法探测，势必会导致一些干扰问题难以解决。因此，为解决这一问题，探测人员应综合考虑探测条件，因地制宜，选择更合适的信号激发方式。而夹钳法对于小口径金属管线探测具备其独特优势。

探测人员采用夹钳配件将目标管线夹在中间，以夹钳配件作为环状磁芯，在发射机选择耦合模式后，环形磁芯的初级绕组便会有电流通过，产生一次磁场。磁场耦合至目标管线上，便会激发目标管线产生感应电流和二次磁场。探测人员在地面上用接收机检测二次电磁场的分布强度，便可实现对目标管线的追踪、定位和测深。值得注意的是，在夹钳法探测作业中，为避免触电的危险，信号夹钳必须先连接到发射机上，再将目标管线夹在中间。图 8-2 为夹钳法示意图。

利用夹钳法探测时，目标管线必须有出露点，且目标管线的直径受夹钳大小的限制，通常仅能探测 DN100 及以下的管线，但针对小口径金属管线的探测，夹钳法具有感应信号强，定位、定深精度高等优点。

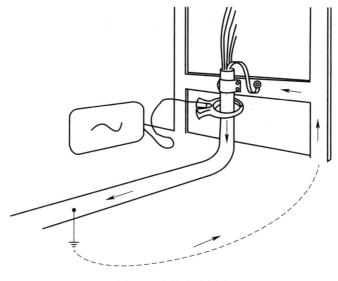

图 8-2　夹钳法示意图

（6）直连法

在供水管线探测中，常见一些金属管线存在出露点，如消火栓、阀门等。直连法便是将发射机输出电缆的一端与目标管道的裸露部分相连，另一端接地或者与金属管线远端相连，发射机通过输出电缆向目标管线施加信号，激发目标管线产生二次交变电磁场。然后探测人员利用接收机搜索目标管线产生的电磁信号，对管线进行追踪定位。直连法能使接收机收到较强的电磁信号，对金属管线定位、定深精度比较高，但金属管线必须有出露点。直连法示意图如图 8-3 所示。

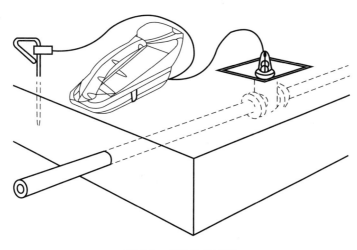

图 8-3　直连法示意图

为进一步提升直连法的工作成效，探测人员应选择合适的管道连接点，并尽量降低接地电阻，常见的方法有：清除目标管线接触点的油漆、铁锈等妨碍导电的异物；接地用的铁钎应充分与地面接触，增加接地面积；在接地位置适当浇洒盐水等。此外，接地位置应与目标管线存在一定间距，且与目标管线的可能路径应尽可能垂直。

（7）探地雷达法

探地雷达法是利用雷达系统连续向地下发射高频电磁波，当高频电磁波在地下遇到管线时，会产生一个反射信号，接收天线连续接收反射信号，接收到的反射信号经过处理，在显示器上显示出来。根据显示器上有无反射信号就可以判断地下有无管线。在测量深度时，根据反射信号到达接收机的时间和反射波速，就可以计算出管线的深度。自 20 世纪末期，国内引进探地雷达以来，其在工程勘察领域的应用日益广泛，在供水管线探测中，已成为非金属管线探查的主要手段。但探地雷达法的应用对于人员的素质要求较高，探测资料需进一步处理和解释，且探测深度有限。图 8-4 为探地雷达。

图 8-4　探地雷达

8.5　金属管线探测设备

随着管线探测设备的发展应用，基于电磁感应原理的管线探测仪成为管线探测行业内最经济实用、功能全面的探测设备之一。供水行业内对于金属管线的探测，大多采用管线探测仪。

8.5.1　基本机理

管线探测仪的常见配置为发射机、接收机、接地线、接地钢钎、夹钳等。通过发射机向待测金属管线施加一次交变场源，可激发管线产生感应电流，随后管线周围会产生二次磁场。利用接收机在地面搜索二次磁场及其空间分布，即可实现对待测金属管线的追踪、定向、平面定位和测深。

8.5.2 技术要点

1. 发射机

发射机由发射线圈和电子线路组成，其作用是向目标管线施加特定频率的电信号，常见的施加方式有感应法、夹钳法和直连法。

在探测作业前，探测人员应检查发射机和接收机的电源，以确保发射机能输出足量的信号。探测人员在使用发射机为目标管线施加信号时，频率的选择并非越大越好，应结合现场探测条件选择合适的施加方式和输出频率。通常情况下，只有当探测区域较大，或目标管线为深埋管时，才需长期施加高强度的检测信号。

若采用的施加方式为感应法，宜采用较高频率，如 82.5kHz 或 65.5kHz，以确保发射机能从地面向目标管线激发电流信号，同时发射机应尽可能靠近管线。收发距（接收机与发射机的距离）不应小于 5m，若输出功率增大，收发距也应适当增加。

2. 接收机

接收机由接收线圈、电子线路和信号指示器组成，其作用是在地面上方探测发射机施加到目标管线上的特定频率的电信号，进而追踪管线走向、确定管线位置和埋深。

探测人员在使用接收机时，首先应确定接收机频率与发射机频率相一致。其次在探测作业前，应结合探测环境，不断调整修正接收机的增益。在探测前应使信号响应指示在刻度盘的中央。在探测过程中，需要随时调整增益，使信号响应指示在刻度盘的量程范围内。

探测人员在使用接收机沿着管线探测时，应在管线上方左右移动接收机以确定信号响应的最大值点。在最大值点附近，保持接收机机身垂直，并使接收机机身底缘接近地面，然后旋转接收机，直至出现最大响应点。最后，在管线两侧轻缓平移接收机，确定最大响应点的准确位置，此时接收机的垂直位置在目标管线的正上方。

3. 平面定位

利用管线探测仪进行平面定位的方法主要有两种，极大值法和极小值法。极大值法是一种通过管线仪的两垂直线圈测定水平分量之差 ΔH_x 的极大值进行位置定位的方法，当管线仪不能观测 ΔH_x 时，也可采用水平分量 H_x 的极大值位置点。极小值法是一种通过水平线圈测定垂直分量 H_z 的极小值进行位置定位的方法。在实际应用中，两种方法综合运用，优先选用极大值法。因为极大值法测定的是水平分量，更易于区分邻近管线的干扰，而极小值法测定的是垂直分量，信号较弱，易受附近管线电磁场干扰。以下为极大值法和极小值法的具体描述。

（1）极大值法

当接收机的接收线圈平面与地面呈垂直状态时，线圈在管线上方沿垂直管线方向平行移动，接收机表头会发生偏转，当线圈处于管线正上方时，接收机测得的电磁场水平分量（H_x）或接收机上、下两垂直线圈水平分量之差（ΔH_x）最大，如图 8-5(a)、(b) 所示。

（2）极小值法

当接收机的接收线圈平面与地面呈平行状态时，线圈在管线上方沿垂直管线方向平行移动时，接收机电表同样会发生偏转。当线圈位于管线正上方时，电表指针偏转最小（理想值为零），如图 8-5(c) 所示，因此可根据接收机中 H_z 的极小值位置确定目标管线的平面位置。由于极小值法抗干扰能力较弱，故应与其他方法配合使用。

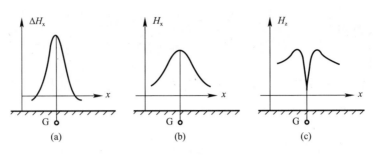

图 8-5　电磁法管线平面定位方法

4. 埋深测量

用管线探测仪进行埋深测量的方法有很多，主要有特征点法（ΔH_x 百分比法，H_x 特征点法）、直读法及 45°测深法等。在实际应用中，应结合探测条件和设备结构选用合适的测深方法，并在测深后，在多个位置进行复验，以确保埋深测量的精度。以下为各种方法的具体描述。

（1）特征点法

虽然地下管线错综复杂，干扰较多，但接收线圈在各个方向上受到的误差失真不同，特征点法即是通过在不同的位置测量，将埋深距离转化为管线异常曲线峰值两侧某一百分比值处的两点之间距离。图 8-6 为管线探测仪特征点法测深。

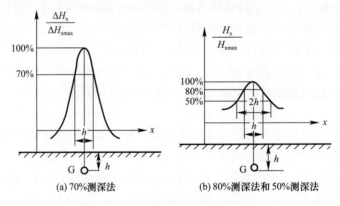

图 8-6　管线探测仪特征点法测深

图 8-6（a）为 70%测深法，亦称三角测量法。若接收机为双水平线圈结构，可采用该方法测深。在接收机位于管线正上方时，探测人员需将表盘设为 100%，并使接收机机身保持垂直，然后将机身底缘接近地面，左右轻缓移动接收机，直至表盘显示为 70%，做好标记，测量左右两点之间的距离，即可换算为管线埋深。左右两点应关于目标管线对称，若两点偏离较大，应舍弃较远点，将较近的距离乘以 2，即为管线埋深。当管线埋深小于 20cm 时，不宜采用此方法。

图 8-6（b）为 80%测深法和 50%测深法（半极值法）。若接收机为单水平线圈结构，可采用这两种方法测深。其使用流程与 70%测深法类似，区别在于应用 70%测深法的接收机为双水平线圈结构，测定的是上下两个线圈的感应电动势之差。

（2）直读法

管线仪通过测定上下两个线圈的电磁场梯度，进而测算埋深，并以指针表头或数字式表头的形式呈现，探测人员可直接用接收机读取数据。直读法是操作最为简便的埋深测量方法，但受外界干扰较大，因此不宜优先选用，若管道埋深小于0.7m，且外界干扰较小时，可考虑应用。

（3）45°测深法

若接收机为单垂直线圈结构可采用该方法测深。由于垂直线圈主要接收二次磁场的垂直分量H_z，因此当接收机与管线垂直，且位于管线正上方时，磁通量最小，仪器响应值最小，当接收机远离管线时，仪器响应值逐渐增大。

45°测深法是在使用极小值法定位到管线后，将接收机线圈与地面呈45°状态沿垂直管线的方向移动，搜索响应值最小点，然后测量该点与定位点的间距，即为管道埋深。由于采用45°测深法时，接收机中必须具备能将垂直线圈设置为45°的结构，以确保测深精度，因此若接收机内无此结构不宜采用。

（4）注意事项

1）为确保定深精度，定深点的平面位置必须精确。管道弯头或三通等连接处不宜作为定深点，在定深点前后应保证一定长度的直管段，不宜有分支或弯曲。

2）当探测区域干扰较为严重，或信号耦合在邻近管线上时，埋深测量结果不准确，需多次测量。

3）应尽量避免使用感应信号测量埋深，发射机距离定深点的间距应不小于30m，若信号耦合在邻近管线上，可改用两端接线的短路法给目标管线施加信号。

4）若对埋深测量值有所怀疑，探测人员可将接收机提高50cm，重新进行测量，以验证所测值是否正确。

8.5.3　复杂条件下的供水管线探测

地下管线错综复杂，在实际工作中，常会遇到各种各样的管线探测问题。以下，笔者将归纳一些供水管线探测的常见问题及解决方案，供读者参考。

1. 长距离追踪

在长距离追踪供水管线时，接收机接收到的信号会随着收发距的增加而减弱，为增强信号，可采取以下措施：

（1）移动发射机耦合点的位置，使其更靠近接收机。

（2）若目标管线两端均有可触地连接点，可采用双端连线法，将发射机的信号线与目标管线一端连接，将发射机接地线与长导线相连，并与目标管线远端连接，形成短路。这种施加信号的方式，可较为理想地识别出目标管线。

（3）改善地极的接地效果，同样有利于供水管线的长距离追踪探测。可将铜制的接地极打入湿土中，或者与已存在的金属接地结构相连接，如电线杆，均能改善接地的效果，增强电信号。

2. 管线密集区域下的供水管线探测

由于管线密集区域的管网分布纵横交错，管线信号施加时，信号容易耦合在其他管线上造成干扰，为提升供水管线探测精度，可采取以下措施：

（1）在探测前，应现场踏勘探测区域，熟悉现场环境，分析可能存在的管线干扰。

（2）采用直连法对目标管线施加信号时，若遇到信号强度在管线一侧较之于另一侧下降较多时，接收机可能受到其他相邻或平行管线的干扰，若供水管线为金属材质，则信号强度较大的往往为供水管线，此时可通过直连法确定邻近管线的位置，然后调整接地位置，使地线不跨过其他邻近管线，并尽量远离目标管线且与目标管线垂直。

（3）采用感应法对目标管线施加信号时，应让发射机耦合位置尽量避免其他邻近管线。

（4）为进一步提升探测精度，在探测作业中，可以对目标管线进行电流信号的测定，以识别确认目标管线。由于信号耦合效应，在管线密集区域中，目标管线及其他邻近管线可能都会耦合信号，对探测造成干扰，若其他管线埋设深度较小，距离地面较近，则可能会产生较强的信号强度，引起误判。此时，可根据测定电流信号对目标管线进行识别。通常情况下，目标管线上的电流会比其他管线上的电流数值更大，因此可通过测定电流值最大的位置，确定目标管线位置，如图 8-7 所示。

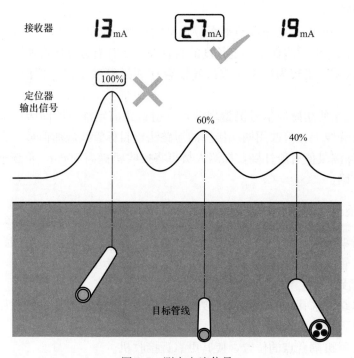

图 8-7　测定电流信号

8.6　非金属管线探测和标记设备

随着科学技术的不断发展，供水管线的材质也在不断更新，水泥管、PE 管、PVC 管等非金属管线的应用日益普及。由于非金属管道抗污染性强、耐腐蚀、造价低，因此在供水行业得到了广泛应用。但同时，由于非金属管道不具备导电性和导磁性，使用管线探测仪无法取得良好的探测效果，因而若在非金属管道敷设时，未留有完整准确的管线资料，随着时间的推移，非金属管道的管线信息将缺失，为后续管网的管理和运维工作带来极大困扰。如何快速、准确、方便地测定非金属管道的位置，成为管线探测行业亟须解决的问题。

为解决非金属管道的探测问题，国内外供水企业不断探索，通过实践经验和研究总结，对于非金属管道的探测和管理既应重视探查方法，也应重视标识方法，在非金属管道敷设之初，便做好标识工作，可为日后的非金属管道探测工作提供良好基础。日本的供水企业就曾采用非金属管道定位器、标记定位器、示踪线等设备，用于辅助非金属管道探测，成效显著。

8.6.1 探地雷达

1. 基本机理

探地雷达是一种通过超高频电磁波（通常为 1MHz～1GHz）探测地下介质分布的探测仪器。探地雷达的工作原理为：通过发射天线以宽频带短脉冲形式向地下发射超高频电磁信号，若地下存在探测目标，如供水管线，在目标管线的反射或透射作用下，将会产生反射信号。当反射信号被地面上的接收天线接收时，信号将会输入至接收机，经放大处理后，由示波器显示结果，若无反射信号，则地面下可能无目标管线；若有反射信号，则可根据反射信号的同相轴变化，分析识别出目标管线的空间位置或结构状态。由于探地雷达采用超高频电磁波，因此探地雷达具有分辨率高、抗干扰能力强等特点，是地下管线无损探测的重要技术方法。

但相较于管线探测仪，探地雷达操作较为复杂，数据处理和图像解释周期较长，且在地下水位较高的地区易受地下水的干扰，探测精度不高。因此探地雷达多作为管线探测的辅助手段，在供水管线中主要的探测对象为非金属管道。

2. 技术要点

（1）适用场景及有效测深

探地雷达适用于地质条件良好、地面较为规整的区域探测，而不适用于含水率较高的区域探测，由于探地雷达采用超高频信号，因此电磁波较易被吸收，有效探测深度通常仅在 3m 左右，有效探测深度与管径的关系可参考式（8-1）、（8-2）。

$$R_V = 80H(0 < H < 3) \tag{8-1}$$
$$R_V = 500H(H \geqslant 3) \tag{8-2}$$

式中　R_V——探地雷达可探测的最大管径参考值，mm；

　　　H——目标管线埋设深度，m。

（2）雷达设置

使用探地雷达时，测线宜垂直于目标管线走向进行布置，当探地雷达经过目标管线上方时，图像会呈现出一个拱形，拱形位置即是目标管线位置，拱形深度即为预估管线埋深，此时可来回移动探地雷达，观察拱形位置和拱形深度，若无明显变化，可在地面上做好标记，通过多条测线的探测即可判断出目标管线的走向和平面位置。值得注意的是，与管线探测仪类似，若探地雷达测线下方存在管道埋深、走向、口径、材质变化等情况，信号均会有不同程度的衰减和干扰，此时应结合原始资料图进行分析。

若探测区域管线密集度较高，可先采用其他方法对目标管线周围的管线进行探测。若地下存在长条形或椭圆形物体时，也可能会对雷达探测产生干扰，此时可在探测异常断面处重新布设进行验证。

针对埋深较小的管线，可设置较小的时窗，以确保管线反射信号明显。目标管线管径较小时，为确保能出现双曲线特征图像，探地雷达移动速度不宜过快。

8.6.2　非金属管线定位器

非金属管线定位器由发射机、振动器、拾音器、接收机、发射天线、接收天线、耳机等部分构成。非金属管线定位器的工作原理为：将振动器与目标管线裸露点直接接触，由发射机持续发射特定频率的声波信号至振动器，由振动器传输该信号至目标管线，使信号沿着管线向目标管线远端传递。然后通过拾音器在地面采集声波信号，并将信号传输至接收机，经放大处理后，由显示仪表和耳机输出结果，供探测人员确定目标管线信息。图8-8为非金属管线定位器工作示意图。

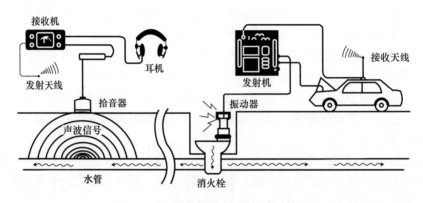

图8-8　非金属管线定位器工作示意图

8.6.3　标记定位器

1. 基本机理

标记定位器主要由记标和记标探知器两部分构成。标记定位器的工作原理为无线射频识别技术。在管道敷设之初，需在管线特征点的正上方埋入记标。在管线探测作业中，通过记标探知器发射特定频率的磁场，激发范围内的地下记标产生同频磁场，再由记标探知器接收该同频磁场，读取管线信息，实现管线探测和标记的目的。

2. 技术要点

（1）安装位置

记标应与管线及管线设施同步安装，安装位置宜为管线特征点正上方。考虑记标的磁场信号穿透能力和记标存在于地下的时间较长，可能会遇到地面填高或削低的情况，记标的埋设深度宜在0.8～1.2m之间。若受限于现场施工环境，记标无法安装于管线特征点的正上方，可在其他位置敷设，但需记录偏离信息，可尽量选取地面有明显参照物的位置。

（2）敷设间距

针对不同的管线类型，应选择不同的频率进行标记。当地下管线较为单一时，如供水行业中的长距离输水主管，记标的敷设间距可采用50m，当地下管线较为复杂时，记标的敷设间距需适当缩小，可采用30m。

（3）运行维护

管线维修时，应同步敷设、更新记标记录及位置。

8.6.4 示踪线

1. 基本机理

由于非金属管道不具备导电性和导磁性，因此采用电磁法对非金属管道进行探测，难以取得良好的探测效果。示踪线法即是通过在敷设非金属管道的同时，在管道上布设示踪线，通过电磁法探测示踪线的走向、位置、埋深，进而转化为非金属管道信息，实现探测非金属管道的目的。

示踪线是一种特制的导线，考虑示踪线需长期埋设于地下，应具备一定的导电性、强度、耐腐蚀性和耐久性，通常采用截面积大于 2.5mm² 的防锈软铜电线作为内部导线，同时为确保示踪线的耐久性，外部覆层可采用导电橡胶材质。

在非金属管道敷设之初，采用"示踪线＋记标"的方法，可以达到较为良好的管线标识与三维定位效果，是解决非金属管道标识的重要技术手段。

2. 技术要点

（1）示踪线的敷设施工

在敷设示踪线时，应尽量使示踪线处于管道的顶部位置。在管道的前端、末端、管道的分支处等位置布设示踪线时，应先将示踪线盘卷数圈，然后用胶带或专用线卡将该示踪线圈固定于管道特征点及管道的前末端。此外，为避免示踪线头被泥土或其他杂物覆盖，在示踪线的出露点位置需留有至少 1m 的线头余量。

示踪线末端应尽量减小接地电阻，埋地一端需采取较为良好的接地措施，尤其是较短的分支管道末端，可去掉绝缘层使芯线裸露 30cm 以上。

（2）信号激发方式

与电磁感应法相同，为示踪线施加信号的方式同样有直连法和感应法。当采用直连法为示踪线赋予信号电流时，示踪线上会激发产生一次电磁场，探测人员通过探测一次电磁场的强度分布即可确定示踪线的走向、平面位置和埋深。直连法信号较强，干扰较小，可优先选用，当采用直连法施加信号时，可尽量选择较低的工作频率，发射机的接地线也尽量不要跨越其他管线。

在探测分支管道的示踪线时，可将示踪线末端作为施加的信号点。

8.7 GIS 系统的规划与建设

8.7.1 GIS 系统建设的总体思路

随着城市规模的日益扩大，城市设施的不断完善，建立完整、准确的管网 GIS 系统可以提高供水企业管网管理的效率、质量和水平。

供水管线资料是供水企业的家底，应用现代化的管网地理信息系统技术，以城市基础地形图和供水管网运行维护数据为支撑，构建供水管网综合信息集成平台，是供水企业实现管网管理数字化、可视化、动态化和智能化的重要技术手段。通过 GIS 系统的建设和配套管理体系的构建，可以帮助供水企业统一管理供水管网的空间数据、属性数据和运维数据，为供水管网的规划设计、施工建设、运营分析和评估决策提供科学合理的依据和支撑。

以管网调度 SCADA 系统为依托，集成数据采集、数据查询、数据监管、更新维护、综合分析、运行管理和水力模型等功能，可以将 GIS 系统和供水管网巡检、抢修、维修、检漏、工程技术等管网运维业务有机结合，是供水管网系统信息化综合管理的基础工具，也是建立管网漏损常态化管控机制的重要抓手。

8.7.2 GIS 系统建设的规划目标

供水管网 GIS 系统建设应达到下列目标：

（1）综合运用地下管线探测技术、测绘技术和计算机技术，建立现势性的供水管线数据库，解决供水管线信息不全、信息不准、资料分散、资料格式多样、数据标准不统一等现状。

（2）为供水企业的管网数据采集、管线信息日常查询管理、管网运营、管线维护和事故处置等业务提供强有力的数据支撑。

（3）通过建立配套的 GIS 系统数据动态更新机制，逐步实现供水管线信息的集中标准化管理，规范和完善供水管线信息采集、整理、分析、复验、录入、动态更新等流程中的关键节点工作，统一数据标准，规范管理流程，提高数据质量。

（4）依托于供水管线数据库和信息管理系统，可与城市政府管理部门业务办公系统相结合，满足城市规划、工程规划许可、工程施工许可、道路开挖许可对地下管线信息的利用需求，为城市的各项工程建设的工程设计和施工建设提供地下管线信息数据。此外，还可为城市的抗灾防灾、抢险救灾提供管线信息，以及预案、决策的辅助支持。

（5）为社会公共的咨询需求与应用需求提供地下管线信息服务。

8.7.3 GIS 系统建设的基本要求

1. 建设过程及更新方式

管网地理信息系统建设过程应包括需求分析、系统设计、功能实现、系统测试、系统试运行和成果验收六个阶段。更新方式视供水企业实际情况而定，若原有的供水管线资料不准确、不齐全，可采用供水管线普查的方式，逐步完善建立供水管线数据信息库。若供水企业已建有较为完备的供水管线数据信息库，则可采用修补测、竣工测量等方式及时更新，主要探测对象为管道施工、改迁等。

2. 平面坐标系统、高程基准、时间基准

应采用供水企业所处地级市的统一的平面坐标系统和高程基准，以确保供水管线探测成果和城市测绘成果的坐标系统的一致性，若某项供水管线探测工程有特殊需求，需采用非当地城市的坐标系时，为避免造成后期管理和应用上的混乱，在采用非当地城市坐标系的同时，需建立坐标转换关系。

管网地理信息系统应采用现势的城市基础地理信息数据，以城市测绘地形图为背景图，若地形图现势性好，可方便地从管线图上查找到供水管线的实地位置。此外，由于地下管网纵横交错，同一条道路下往往敷设有较多的地下管线，若管线图的比例取值较小时，则难以从图上对各种管线进行区分，因此应以 1:500 的比例尺为宜。

3. 可扩展性和兼容性

管网地理信息系统建设时，除了考虑建设当下的完整性、可靠性、安全性、规范性和实用性之外，还应着眼于未来供水业务的发展和信息化建设水平的提高，应具备可扩展性

和兼容性。

随着城市的高度集中发展和对供水企业管理水平要求的不断提高，供水企业的用户数据量将不断增大，数据类型将不断增加，同时，考虑用户管理水平和信息技术应用水平在进一步提高之后，可能对 GIS 系统的性能和功能提出更高的要求，因此系统设计应采用组件化开发方式，并为以后系统的扩展预留充分的接口，满足可扩展性要求。

兼容性是指随着信息化建设水平的不断提高和深入，管线信息系统应用领域将不断扩展，可能与不同的平台和不同的系统兼容应用，为此，对系统建设应考虑其兼容性要求。

8.7.4 GIS 系统建设的主要内容

GIS 系统建设的主要内容有以下三个方面：

一是需有扎实可靠的管线探测工作为基础，以获取准确翔实的供水管线信息和管网拓扑结构，并结合管线点坐标数据，形成管线数据库。主要探测内容应包括管道材质、管道口径、管道长度、管道敷设年代、用户资料、泵站、阀门井、水表井、减压阀、泄水阀、排气阀等，为实现供水管网科学高效管理提供支撑。

二是通过建立配套的 GIS 系统管理运行机制，实现管线探测内外业一体化，以系统中管理的管网运行数据、基础地形数据、管线属性及附属设施数据、管网远传设备安置点数据、管网检漏与抢修业务分布数据等几大类重要数据为依托，对管线数据库进行内部复核；以外业巡视探查，修改更正系统信息，以实现动态更新的 GIS 系统管理。图 8-9 为内外业一体化地下管线数据处理工作流程图。

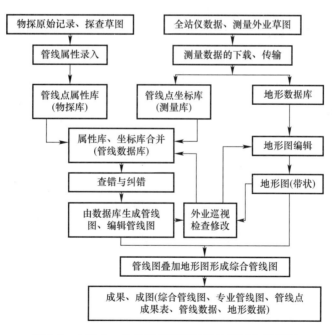

图 8-9　内外业一体化地下管线数据处理工作流程图

三是实现可与供水企业其他业务联动的供水管网综合信息集成应用，如供水管网档案管理、供水调度数据监测、管网运行及爆管分析、管网漏损信息台账管理、管网检漏辅助、管网抢修指挥、管网巡检管理、管网水力模型、水质动态模拟、固定资产管理等。

8.8 GIS 系统应用实例

8.8.1 GIS 业务平台的系统化建设

管网 GIS 系统是供水企业开展各项业务的重要基础，我国华东地区 S 市水务公司自 2001 年建立管网 GIS 系统，以下笔者将从"建、管、用"三个方面，向读者分享该水务公司 GIS 系统建设的历程。

1. 组建普查队伍

供水管线探测的成果将直接决定 GIS 系统的应用成效。考虑供水管网普查追责制度的落实，和后期供水管网的修补测、竣工测量等工作较为繁杂，若委托外聘的管线探测单位，成本费用较高，且无法长期追责，探测质量难以保证。

因此，S 市水务公司组建专门的普查队伍对供水区域内的供水管线开展普查工作，包括管线地毯式排查和用户信息普查两方面工作，共普查管线 2000 余千米，并设置管标 12000 多个。

2. 建设 GIS 软件平台

在 GIS 系统建设立项确定以后，S 市水务公司综合考察了国内外各种地理信息系统软件的功能、价格、稳定性和开发周期等方面因素，最终选择国产地理信息系统平台 MapGIS 作为基础软件平台，开发符合本公司实际情况的城市供水管网信息系统。

在管网 GIS 系统结构设计中，考虑公司各个职能部门或分公司对数据的使用要求各不相同，有些部门需要系统数据维护的权限，对地下管线数据库的资料数据进行及时的更新和维护。而有些部门在业务上对管网 GIS 系统的要求只涉及浏览、查询、统计、输出等功能。因此，S 市水务公司决定采用 C/S 和 B/S 共存的方式，实现管网地理信息系统数据的维护和业务的管理。

管网地理信息 C/S 模式主要面向数据维护人员，分三层架构：第一层为应用界面层，负责与用户的交互，用户通过界面层对系统进行操作，对供水管网系统的信息进行增、删、查、改等操作；第二层为中间逻辑层，处理空间数据及其属性，并将结果传输至应用层；第三层为数据层，负责空间数据和属性数据的存储，为系统提供基本的数据服务。

管网地理信息 B/S 模式主要面向管网管理人员，用于实现基于互联网的管网信息发布功能。该模式下客户端无须安装任何程序，通过浏览器向 Web 服务器发出查询、统计、分析、输出等请求，Web 服务器通过调用服务，将结果以 HTML 页面的形式发回客户端。这种方式不仅管理方便、操作简单、界面简洁，而且没有终端数的限制，很大程度上提高了系统的实用性。

8.8.2 GIS 业务平台的运维和管理

1. 建立 GIS 工作标准

为充分发挥 GIS 系统的作用，S 市水务公司建立了配套的 GIS 工作标准，主要包括以下两个方面：

一是建立岗位定量考核制度。为有效控制管网探测工作的周期，发挥普查人员和录入人员的工作积极性，实施定量计件考核。同时，建立权责对等的追责制度，在GIS系统中输入探测管线的职工信息，若日后发现人为因素的探测失实，可实现追责。

二是建立动态更新制度。规范GIS动态更新流程，监督更新质量与更新时限。通过数据源头管理和数据核对工作，不断提升管网数据的覆盖率和准确度。同时，在管网运维作业中，抢修人员需核对开挖出的管线信息，逐步校准GIS系统，在应用中不断提升管网信息的准确度。

2. 建立专人负责制，采用"一主一备"运管模式

S市水务公司设立信息管理处，每个信息系统，如营业管理系统、GIS系统等，均落实专人负责，职责到人。根据信息系统关键技术要点的不同，合理分配资源，让合适的人做合适的事。

同时，建立完备的信息系统管理制度、计算机信息安全制度、网络与信息安全应急预案等规章制度，规范系统管理，保障数据安全。

此外，S市水务公司还建立了"一主一备"的系统管理模式，确保核心业务系统正常运转的同时，加强人才梯队建设，避免专业技术人才断档。

3. 强化考核手段，深化信息系统应用

由于GIS系统的建设、管理和应用涉及供水企业内多个职能部门或分公司，因此S市水务公司首要明确了各部门的管理职责，规范系统建设流程。并且明确系统运维部门（软件系统管理部门、硬件设施设备运维部门等）作为考核对象，以内部工单系统作为考核手段，根据系统重要程度，规定时限、要求进行考核。通过考核的方式，深化GIS系统的运作和应用。

8.8.3 GIS业务平台的功能和应用

1. 供水管线数据输入和编辑

该功能是GIS系统的基本功能，可以通过电脑的输入设备，如鼠标和键盘等，将供水管线的探测成果输入GIS系统，以电子化数据的形式，形成地下管线数据库；也可对数据库内的管线信息进行增加、修改、删除等编辑。

具体功能包括：DWG格式文件的导入导出、shapefile格式文件的导入导出、外业数据的导入导出、属性数据的导入导出、删除设备、管线延长、管线合并、管线打断、设备剪切、设备复制、设备粘贴、撤销、重做、捕捉、地图放大、地图缩小、地图平移、全幅显示、点选、框选、前一视图、后一视图、书签、地图打印等。

2. 供水管线信息查询和统计

GIS系统可实现图数互动的联动查询功能，可以通过该功能较为方便地查询数据库内管线、管线附属设施的空间位置和属性参数，也可以通过属性参数统计供水管线情况，是GIS系统的常用功能。

具体功能包括：针对管网管线操作节点的平差计算、量算、按地点查询、按道路查询、按坐标查询、按年代查询、按材质查询、按口径查询、阀门查询、消火栓查询、条件查询、自定义查询、按口径统计管长、按材质统计管长、按口径统计阀门、全设备统计等。

3. 供水管线信息检查

具体功能包括：拓扑连接检查、拓扑错误检查、孤立点查询、相交线查询、重叠线查询等。

4. 供水管线数据存储和管理

随着城市建设进程的不断推进，配套管网建设日益发展，若不及时解决管网更新的问题，建立数据动态更新机制，前期投入巨大人力、物力才取得的管线探测成果将随着管网建设的不断发展而日益失实，准确度下降。为此，供水企业应在按原计划开展管网普查的同时，建立常态化的管网数据动态更新机制，从源头上治理管网数据动态更新工作，将管网数据的质量把控作为 GIS 管理工作的重点，建立和完善管网 GIS 管理制度。

S 市水务公司通过 GIS 系统的动态更新机制，规范梳理了各类数据及业务流程，对新建工程、报废工程、管道改迁工程、抢修作业工程、报装流程、拆表换表工程等新增和变更业务进行了优化，明确相关业务环节需提交传递的数据信息、数据质量要求和时限要求，实现了对供水业务的全流程管控。

5. 供水管线运行数据监督和调度

S 市水务公司通过建立 GIS 系统和供水调度 SCADA 系统，对供水管线运行过程中的流量、压力、水质、温度、噪声等重要参数进行采集监控，同时应用计算机技术和水力学技术，建立水力模型，动态模拟管网水质情况，对管网管理过程中多项业务均发挥了一定作用。

一是管网规划设计方面，通过系统分析，供水企业实现了对管网规划、设计、建设和改造的全生命周期把控，为优化总分表关系、管道口径大小、管道走向、管道接口位置等提供数据支撑。

二是管网运行状态评估方面。S 市水务公司以 GIS 系统为依托，建立了事故影响评价机制，构建了多层次、多级别的应急预案体系。具体而言，通过基于 GIS 系统的水力模型，模拟了管道事故对整个供水管网水力参数和水质的影响，并结合管道拓扑结构，综合分析对不同管道的影响程度，划分安全等级，为管网扩建、管网改造、管网运维、管网巡检等工作提供了指导性意见。

三是管网运行调度方面。S 市水务公司通过将 GIS 系统与 SCADA 系统相结合，在管网关键节点处设置了流量、压力、水质、水温、噪声等运行参数的数据采集设备，借助系统平台，实现了对供水管网运行数据的监督、分析和调度，实现了供水管网的精细化管理，保障管网安全稳定运行。

四是管网作业管理方面。针对各种管网作业工况，如停水抢修作业、管道冲洗排放作业等应予以监管。在未建立 GIS 系统前，供水企业的管网作业往往直接交由管网抢修部门执行，随意性较大，对于管网压力和水质未能有全盘系统的分析，影响用户数较多，且难以形成标准化流程。S 市水务公司通过建立 GIS 系统，构建配套管理体系，明确管网作业阀门操作应由调度部门发起，通过系统水力模型的分析研判，指导执行部门的具体操作内容，减轻了对管网系统的冲击以及对用户的影响，并在停水作业前，通过水力模型分析，得到停水的影响范围，统计受影响的用户清单，在停水作业前及时将停水信息通知到户，安排送水服务，在保障管网安全运行的同时，提高了行风服务品质。

6. 供水管线拓扑结构的应用

S市水务公司通过GIS系统的建设，获取了较为准确的供水管线拓扑结构，对管网运维工作、管网数据分析工作和营业抄收工作均提供了有力支撑。

一是基于GIS系统提供的供水管线拓扑结构，管网运维工作得以高效发展。对于检漏部门，检漏人员可以借助GIS系统提供的管线信息，开展高质高效的检漏工作，在很大程度上，减少了检漏工作的盲目性。对于抢修部门，抢修人员可以借助GIS系统提供的管线信息，有序开展日常管网运维管理和应急管网抢修工作。例如，阀门维修保养、排气阀定期维护、管网冲洗排放等日常管网运维管理工作，若无GIS系统提供技术支持，将难以有序推进。再如，供水管道爆管抢修工作，若无GIS系统提供准确的管网信息和拓扑结构，抢修人员仅能凭借自身经验、记忆和图纸进行关阀操作，往往会导致工作效率不高，且阀门错关、漏关、超关等事件的数量也会极大提高，不仅影响了事故的抢修时间，也影响了管网系统的正常运行和受影响的用户范围。S市水务公司通过GIS系统的建设，帮助抢修人员可以快速、准确地搜索发现需要操作的阀门位置，提高抢修效率。

二是通过GIS系统的用户关联分析，梳理总分表关系，为分区计量的水量分析工作提供了重要保障。若没有GIS系统提供准确的供水管线拓扑结构，分区计量无从谈起，若强行推广，其应用成效也将大打折扣。

三是通过GIS系统的建设，能够帮助营业抄收人员快速找到表位，提高工作效率。对于供水企业而言，也为营业抄收管理提供了基础。S市水务公司通过GIS系统，建立了高效的营业抄收制度，明确抄收人员的抄表日期、抄表时限和抄表线路，并基于准确的管线拓扑结构，实行了抄表区域的轮换，以此提升抄收数据质量，减少甚至杜绝了抄收人员的估表行为。

7. 管网资产管理

S市水务公司通过GIS系统的建设，实现了对供水管网设施设备的数字化管理。通过查询管网资产的基本信息和分布情况，实现了对管网设备资产的盘查，通过筛选统计管网资产，分析管网资产残值，有助于对管网资产的运维管理。相较于其他系统，GIS系统能够更直观地提供管网设备资产的位置信息、环境信息以及属性信息，为管网设备资产的管理提供参考依据。

思　考　题

1. 供水管线探测具备哪些特点？

2. 根据不同的探测任务可将管线探测分为哪几个类型？

3. 在进行管线探测作业前，应做好哪些技术准备？

4. 电磁法探测的基本原理是什么？其主要应用于哪些情况？

5. 当采用电磁法探测时，常见的信号激发方式有哪些？各有何优缺点？

6. 当采用电磁法探测时，管线平面定位方法有哪些？其基本原理是什么？

7. 地下管线的深度定位方法有哪些？

8. 探地雷达探测技术的基本原理是什么？其主要应用于哪些情况？

9. 非金属管线标记方法有哪些？

10. GIS系统建设应达到哪些目标？

9 管网漏损检测之声音探测法

9.1 声音探测法基本机理

当输配水管道发生泄漏时，管道内壁承压会相应发生变化。在一定压力作用下，水会自管道漏点处喷射而出，水流与管壁、周围介质（空气、土壤、砂土、混凝土等）产生摩擦、冲击，以及在周围介质互相碰撞等多种因素共同作用下，形成不同频率的振动，同时产生连续但不规则的泄漏噪声向周围传播、扩散，如图 9-1 所示。声音探测法即是检漏人员通过听音仪器设备对泄漏噪声进行捕捉、分辨，进而对管道漏点位置进行精确定位的方法。

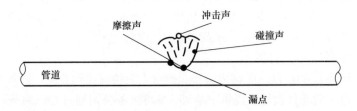

图 9-1 声音探测法基本机理

9.2 声音探测法干扰因素

1. 管网压力

供水管网的管网压力与漏水异常点声音强度呈正相关关系。经实践证明，当管网压力处于 0.10～0.40MPa 之间时，漏水异常点声音强度随管网压力的增大而增大，图 9-2 为漏水异常点声音强度与管网压力关系图。《城镇供水管网漏水探测技术规程》CJJ 159—2011 也提出，当采用声音探测法对供水管网进行探测时，管道供水压力不应小于 0.15MPa，因为当管道供水压力小于 0.15MPa 时，漏水异常点声音信号微弱，检漏人员使用听音仪器设备对漏水异常点声音信号进行听测时，难度较大，影响检漏工作效率。

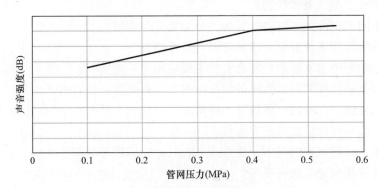

图 9-2 漏水异常点声音强度与管网压力关系图

2. 管道材质

因为当供水管道发生泄漏时，漏水异常点产生的声音信号有一部分是由水和管壁摩擦形成的，且该部分声音信号主要经由管壁传播，所以管道材质的弹性模量也是影响漏水异常点声音信号传播的重要因素。经研究表明，经非金属管道传播的声音信号，剩余声音信号能量相对较低，多为低频信号。经金属管道传播的声音信号，剩余声音信号能量相对较高，多为高频信号。该现象说明了声音信号经非金属管道传播时，声音衰减率较高，高频声音信号丢失较严重，检漏人员检测难度较大。声音信号经金属管道传播时，声音衰减率较低，声音信号较丰富，既有低频声音信号，又有高频声音信号，对有经验的检漏人员进行漏水异常点声音信号的探测、分析较为有利。不同管道材质的漏水异常点声音信号频率范围如图 9-3 所示。

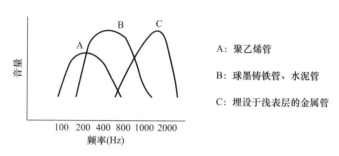

A：聚乙烯管

B：球墨铸铁管、水泥管

C：埋设于浅表层的金属管

图 9-3　不同管道材质的漏水异常点声音信号频率范围

3. 接口形式

供水管道的接口形式同样也是影响漏水异常点声音信号传播的重要因素。实践证明，相较于采用柔性接口的连接方式，当管道采用刚性接口连接时，声音信号衰减较慢。在实际案例中，钢管常用的连接形式为焊接，漏水异常点声音信号在钢管中传播，声音能量消耗较小，衰减较慢；铸铁管常用的连接形式为承插式、橡胶圈连接，漏水异常点声音信号在铸铁管中传播，声音能量消耗较大，衰减比钢管快。

4. 传声距离

漏水异常点声音信号向周围传播、扩散的过程中，随着传声距离的增加，声音信号会不断衰减。纵向传声距离即体现在管道埋深，当管道埋深过大时，传至地面的声音信号不易检测。此外，当管道埋深过大时，管道与地面所隔土壤介质更多且成分更复杂，对声音信号吸收更剧烈，漏水异常点声音信号衰减更明显，更难以被检漏人员探测。因此，《城镇供水管网漏水探测技术规程》CJJ 159—2011 提出，当采用地面听音法时，地下供水管道埋深不宜大于 2.0m。横向距离则体现在探测位置与管道漏点真实位置距离，一般情况下，探测位置离漏点位置越远，声音信号越弱。当检漏人员采用地面听音法听测时，也正是基于这一原理，实现漏点的精确定位。

5. 管道口径

如前文所述，当供水管道发生泄漏时，漏水异常点产生的声音信号有一部分是水流和管壁摩擦形成的，且该部分声音信号主要经管壁传播。因此，在相同的管道材质条件下，由于不同的管道口径声阻抗不同，所以造成漏水异常点声音信号的衰减程度也不同。一般情况下，管道口径越大，声阻抗越大，管道越难形成振动，振幅较小，声音信号衰减明显，更难以被检漏人员探测检出。反之，管道口径越小，声阻抗越小，越容易形成振动，声音信号衰减较慢，更容易被检漏人员探测检出。

6. 漏点形式

漏点形式与漏水异常点声音信号衰减也存在一定联系。漏点形式的不同主要可体现为漏点形状、漏点部位、漏点尺寸的不同。一般情况下，较规则的漏点形状，如点腐蚀、横纹、裂纹等，比不规则的漏点形状声音信号衰减快；管道接口处、阀门处的漏点比管壁处漏点声音信号衰减快；小尺寸漏点比大尺寸漏点声音信号衰减快。但漏水异常点声音信号由多种因素共同作用，以管道开裂为例，此时因漏点尺寸过大，引起管段失压，声音信号衰减会陡然加剧，这是因为此时声音信号衰减的主要影响因素为管道压力，而非漏点尺寸。

7. 地面介质

当地下供水管道发生泄漏时，漏水异常点产生的声音信号有一部分是水自管道漏点处喷射而出，与周围介质（空气、土壤、砂土、混凝土等）产生撞击、摩擦形成的，且该部分声音信号主要经由地面介质传播，地面介质包括管道周围土壤介质和路面介质。因此，路面介质的弹性模量是影响漏水异常点声音信号传播的重要因素。通常情况下，当路面介质为软质路面或多孔路面，如泥土路、绿化带、煤屑路等，漏水异常点声音信号受到吸收、反射的影响，衰减加剧，不易被检漏人员探测检出。当路面介质为硬质路面，如混凝土路面、沥青路面、水泥路面等，传声效果较好。此外，管道周围土壤介质也是影响漏水异常点声音信号传播的因素，一般情况下，干燥的地面传声效果优于潮湿的地面。因为当管道周围土壤湿度较高时，声音信号在传播时，受到土壤中水成分的影响，传声效果不佳。

8. 气阻现象、水包管

有压输配水管道在供水、排水过程中，均需排出或吸入同等体积空气，当管道内部空气未得到及时排放时，就会产生气阻现象，气阻现象会极大加剧漏水异常点声音信号衰减，提高探测难度。气阻现象通常见于过河拱形桥管、试压管等。一般情况下，为避免气阻现象导致检漏人员使用检漏仪器探测不到漏水异常点声音信号，检漏人员需先从管道高处将管内气体排出，方可进行探测。气阻现象如图9-4所示。

图9-4 气阻现象

"水包管"现象指管道漏水异常点因漏水量过大，导致漏水点位置被水浸没，此时虽然水与水之间的摩擦振动更为剧烈，但由于水介质的阻隔，声音信号衰减加剧，难以探测。

9. 管道附件干扰

声音探测法的应用成效由多种因素共同决定。上述因素为影响漏水异常点声音信号本身强度及传导过程的客观因素。以下将对影响漏水异常点声音信号的分辨甄别的主观因素展开讨论。

管道附件干扰是影响检漏人员分辨的重要因素。因为地下供水管网存在各种管道附件，如变径管件、变向管件、阀门、泵机等，当管网中水流经过变径管件、变向管件等管道附件时，会产生局部水头损失，进而产生较强烈的声音信号，干扰检漏人员分辨判断。因此，在某些情况下，水流经过弯头、三通的声音信号强度可能会大于漏水异常点声音信号强度，此时，就需要凭借经验分辨。

10. 环境噪声干扰

环境噪声干扰对检漏人员分辨漏水异常点也存在较大影响，可分为如下三种情况：

一是恶劣天气环境影响，如刮风、下雨天气等，由于该环境下的环境噪声声音信号强于漏水异常点声音信号，极大影响检漏人员工作效率，因此不宜开展检漏工作。

二是电力信号干扰，包括邻近地下供水管线的电力电缆、变压器和变电站等。因为上述设施产生的声音信号是一种连续性的声音信号干扰，与漏水异常点声音信号具备同一特性，所以对检漏人员分辨存在一定干扰。在实际工作中，可通过电力信号为50Hz工频，声音较为平稳这一特点，对声音进行滤波处理和分辨。

三是交通干扰噪声，因为轮胎与地面的摩擦、振动产生的声音信号频段与漏水异常点声音信号频段相近，所以也对检漏人员分辨漏水点声音存在干扰。不过，交通干扰噪声不具备连续性的特征，检漏人员可通过调整听测时间等方式，对此类噪声进行分辨。

9.3 声音探测法技术要点

根据漏水声产生的机理，漏水异常点的声音信号主要由三个部分组成。一是有压水流自管道漏点处喷射而出，水流与管道漏水口摩擦振动产生的漏口摩擦声。二是有压水流自管道漏点处喷射出，与周围介质（空气、土壤、砂土、混凝土等）产生撞击、摩擦形成的水头撞击声。三是由喷射出的水流带动的周围介质之间相互碰撞摩擦产生的介质摩擦声。由于这三种成分的声音信号成因各不相同，因此所产生的声音信号也各具特点，检漏人员可通过巧用三种声音信号各自的特点，应用科学合理的工作方法，实现供水管网漏水普查和漏水异常点精确定位的目的。

通常情况下，漏口摩擦声的声音频率在100～2500Hz之间，可沿管道进行较远距离传播，声音信号衰减程度主要与管道水压、管道口径、管道及接口材质、漏点形式有关。在一定范围内，检漏人员可以通过阀栓听音法的方式，在阀门、消火栓、水表、桥管等管道暴露点上听测到这种声音信号。通过巧用这种声音信号的特点，有助于提高检漏工作中供水管网漏水普查的效率，是发现漏水异常的重要途径。

水头撞击声的声音频率通常在100～800Hz之间，主要通过土壤介质、路面介质向地面传播，声音信号衰减程度主要与管道埋深、土壤介质密实度、土壤介质湿度、路面介质密实度、路面介质湿度、路面介质弹性模量等有关。一般情况下，水头撞击声以漏斗的形式，通过土壤向周围扩散，因此漏点正上方的声音信号强度最大，检漏人员可以通过地面听音法的方式，在地面听测这种声音信号，定位漏点。巧用这种声音信号的特点可以提高检漏工作中供水管网漏水异常点定位的精确度。

介质摩擦声是这三种声音成分中最难探测的，因为该声音信号主要成分为低频声音信号，且传播距离较近。声音信号衰减程度主要与管道水压、漏点形式有关。虽然介质摩擦声极难探测，有时并非每个漏点都能听测该种声音信号，但辩证地来看，若听测出该种声音信号，说明漏点就在近处。检漏人员可以通过钻孔听音法的方式，在漏水异常可疑点附近钻孔，将听音杆伸入听测。若有该种声音信号表现，则可将此作为漏水异常点精确定位最终确认的主要依据。巧用这种声音信号的特点可以进一步提高检漏工作中供水管网漏水异常点定位的精确度，减少不必要的开挖面积。

9.4　供水管道常见漏水分类说明

供水管道漏点形式种类繁多，可大体分为如下五类：

1. 孔洞漏水

产生原因：服役年限较长的金属管道出现腐蚀穿孔，供水管道在浇铸时施工质量出问题，如出现砂眼未及时发现，或工程施工时钻穿管道等现象均会产生孔洞形式的漏点。

水流形式：因漏点大小、尺寸不同，可能为集束状，亦可能为喷雾状。

声音表现：水流形式、孔洞位置的不同，导致漏点声音表现亦有所不同。

水流在管道压力作用下，自孔洞喷射出的水流形式称为集束状漏水。集束状水流具备连续性，其与孔洞摩擦产生的声音信号强度较大，释放的能量较大。

当孔洞较小时，自孔洞喷射出的水流将呈现喷雾状。因为喷雾状水流在喷射出管道时，受限于孔洞大小，水流已与孔洞接触摩擦，产生一定能量损失，所以产生的声音信号强度较小，释放的能量较小。

当孔洞位置处于管道上方时，声音信号强度较大，表现出清脆的"呲呲"声；当孔洞位置处于管道下方时，声音信号强度较小，表现出沉闷的"呲呲"声。

2. 裂缝漏水

产生原因：管材质量存在一定问题，地面荷载过大，供水温差产生的温度应力，水锤的破坏作用等因素均会导致管道出现裂缝。

3. 管道断裂

产生原因：管道基础不均匀沉降，地面荷载过大，造成管道受力不均，进而断裂，或因监管不到位，导致施工挖断。

水流形式：瀑布状喷射。

声音表现：因管道断裂方向、断裂形状、断裂程度不同，声音表现也不尽相同。

当管道完全断裂时，因为造成局部失压，射出的水流束较为分散，且能量较小，所以产生的漏点声音信号强度较小，探测难度较大。

当管道沿纵向断裂时，若裂口处在管道上方，则声音表现为清脆的"呲呲"声。若裂口处在管道下方，则声音表现为"咕噜"声。

当管道为横向环状断裂时，声音表现较为明显。

4. 接口漏水

产生原因：管道接口施工不当，如在承插接口施工时，油麻、石棉水泥没有严格按照操作规程作业，留有缺陷，或在管道重要节点处，一般为变向节点，防脱胶圈、卡箍未严格安装、甚至无安装。在管道基础不均匀沉降、荷载过大和水头压力等多重因素作用下，容易造成管道接口处漏水。

5. 焊缝漏水

产生原因：管道焊接时，可能存在未焊接好或焊接冷却时间不够等质量问题，从而导致焊缝漏水。

9.5 声音探测法应用模式

声音探测法是目前应用较为成熟的检漏方法。针对不同工况条件和工作目的，应采取不同探测模式，根据听测对象的不同，主要可分为阀栓听音法、地面听音法和钻孔听音法。

9.5.1 阀栓听音法

1. 基本机理

阀栓听音法是指检漏人员利用听音杆或传感器直接接触管道或管道附属设施（阀门、消火栓、水表、桥管等）进行声音探测的方法。因为管道裸露点之间存在一定距离，且当管网基础资料完备时，管道及管道附属设施较易寻找，所以阀栓听音法在实际应用中，是一种较为方便、快捷的方法。图 9-5 为阀栓听音法。

图 9-5　阀栓听音法

2. 适用范围

因为运用阀栓听音法时，听音杆或传感器直接接触供水管道裸露点，所以探测到的声音信号主要以漏口摩擦声、管道共振声为主，声音信号传播较远。因此，阀栓听音法多用于供水管网漏水普查，探测漏水异常的区域、范围和管道漏水异常点的方向判断和预定位。

3. 技术要点

当运用阀栓听音法对供水管网进行声音探测时，因为探测到的声音信号主要经由管壁传播，所以听测到声音信号相对容易，但是同时也意味着干扰噪声更容易被侦测。因此，运用阀栓听音法的技术要点在于对漏水异常点声音信号的分辨。当检漏人员运用阀栓听音法探测到管道异常时，不应过早断定管道泄漏，应做到"寻声觅迹，循声溯源"。

第一步可通过经验，对探测到的声音信号进行甄别分辨，初步判断声音来源、声源性质。

第二步应根据不同声源性质，做出相应举措。如初步判断为环境交通噪声，则可待干扰车辆行驶出较远距离后，再进行听音。如初步判断声源在管道上，则可对管道多点进行听测，比对分析声音信号，初步判断声源方向。

第三步追踪声源方向，如在追踪过程中，发现存在管道附件时，可重点听测并判断其是否为声源，若不是则继续寻找确定声源。尽量做到为每一次管道异常，找到一个合理的解释，形成漏水分析逻辑链的闭环。

9.5.2 地面听音法

1. 基本机理

地面听音法是指检漏人员利用听音杆或传感器紧密接触路面、人行道、绿化带等，对地下管网声音信号进行探测的方法。相较于阀栓听音法，地面听音法探测点更多，分布更广，也更容易进行探测。图9-6为地面听音法。

图 9-6　地面听音法

2. 适用范围

因为通过地面听音法听测到的声音信号是以漏斗形式，由土壤向四周传播，所以在一般情况下，管道漏水异常点附近声音信号较强烈，较易被探测。因此，地面听音法多用于供水管网漏水普查和管道漏点的精确定位。

3. 技术要点

因为地面听音法的应用成效受到很多因素制约，如管道埋深、土壤介质密实度、土壤介质湿度、路面介质密实度、路面介质湿度、路面介质弹性模量等，所以当探测条件较不利时，检漏人员需因地制宜，主动调整检漏模式和检漏方法：

（1）管道埋深大于2.0m时，不宜采用地面听音法。

（2）若地下管道为金属管道，测点间距不宜大于2.0m；若地下管道为非金属管道，测点间距不宜大于1.0m。当发现漏水异常可疑区时，探测点间距应适当加密，以小于0.5m为宜。

（3）当管道上方路面为硬质路面（混凝土路面、沥青路面、水泥路面）时，探测点间距宜采用1.0m；当管道上方路面为柔性路面（泥土路、绿化带、煤屑路）时，探测点间距宜采用0.5m。

此外，在采用地面听音法时，为增加探测面积，检漏人员宜沿管道走向呈"S"形推进听测，但为避免偏离距离过大，而导致漏点声音无法被测得，检漏人员在听测时，听音杆或传感器偏离管道中心线的最大距离宜小于管径的1/2。为提高定位的准确度，检漏人员需在相同工作环境下，多次对比分析听测到的声音信号。

9.5.3 钻孔听音法

1. 基本机理

钻孔听音法是指检漏人员在检测出供水管网漏水异常可疑点后，利用钻机或插钎等工具在漏水异常可疑点附近钻孔，然后用听音杆沿着钻孔伸入土壤，进行听测，是一种漏水异常点精确定位的方法。图9-7为钻孔听音法。

图9-7 钻孔听音法

2. 适用范围

如前文所述，因为漏水点导致的介质摩擦声以低频为主，且传播距离较近，极难探测，所以只有在漏水异常点附近方可探测检出，利用钻孔听音法在某种程度上，可以认为缩短了探测点与漏水点的距离，更便于听测介质摩擦声。因此，钻孔听音法适用于漏水异常点的精确定位。

此外，在实际工作中，当地下供水管道埋深较大时，若只采用地面听音法，可能难以听测到漏水声或声音信号强度微弱，此时可通过钻孔听音法辅助检测，可在一定程度上缓解该问题。

3. 技术要点

（1）施工准备

为避免安全事故的发生，检漏人员在钻孔作业前，应准确掌握异常管道附近的其他管线（如电力、电信、燃气、光缆等）及设施的相关资料（管道埋深、管道材质、管道口径等），还应使用管线定位设备探明钻孔点附近管线的准确位置，并确认无其他管线存在，在确定无人身安全隐患和不会损坏管道的前提下，方可进行钻孔作业。检漏人员在高级路面进行钻孔作业时，应尽量减少对路面的损坏；在交通密集区域进行钻孔作业时，应做好相应的安全防护措施。

（2）钻孔作业

在使用电锤进行钻孔作业时，应注意竖直把持电锤。宜采用一人操作，一人沿管线方向指导操作者的模式，以确保电锤竖直钻进路面。

在使用电锤进行钻孔作业时，不宜对电锤施加向下的压力，利用电锤自身的重力即可。当检漏人员在硬质路面采用钻孔听音法时，因为钻进刚性路面的电锤保持竖直，所以操作者应仅感受到频率均匀的上下振动，若感受到扭矩方向着力，则应暂停钻孔作业，及时调整方向。当检漏人员在黏性路面采用钻孔听音法时，需要格外谨慎，一旦感觉手柄受到扭力矩作用，应立即上提电锤，来回冲击，否则容易卡住钻头。若钻头被卡住，为避免对电锤造成损害，切不可用蛮力驱动电锤转动，正确的做法是取下电锤机身，用活动扳手或管子钳反方向把钻头旋出，旋出过程以一手保持钻头竖直，另一手转动以免扭力矩折断钻头为宜。

在使用电锤进行钻孔作业时，一般情况下，电锤钻头中的粉末会顺着钻头螺纹排出。当检漏人员使用电锤钻进深度较深时，粉末若不易排出可往钻孔内灌水，粉末遇水形成黏浆，黏浆容易顺螺纹排出。

（3）漏点定位

为进一步提升探测精度，需在漏水异常可疑点附近钻取至少 3 个探测点，且钻孔间距不宜大于 50cm，同时，还应对所有探测点的声音信号进行重复听测和对比，并仔细观察伸入的听音杆杆体是否有水渍。通常情况下，若有水渍，则说明该处为漏水异常点。

若通过其他方法可实现漏水异常点的精确定位，原则上不提倡采用钻孔听音法。因为电锤在钻穿路面的过程中可能会伤及其他管线，造成人身安全事故。

9.6 声音探测法常见设备

基于声音探测法进行漏水异常点检测的仪器设备可分为两类，一类是人工听音类仪器设备，如机械听音杆、听漏饼、电子听音杆、电子听漏仪、水听器、管道内置听漏仪等。另一类是相关分析类仪器设备，如相关仪。

9.6.1 机械听音杆

1. 基本机理

机械听音杆是一种传统的听音设备，主要由传声杆和听筒两个部分构成，听筒内置振动膜片。当杆体接触阀门、消火栓、管道、地面时，声音信号将沿传声杆传导至听筒谐振腔，引起膜片振动，人耳贴附于听筒上便能听测经机械结构放大后的声音。图 9-8 为机械听音杆。

2. 适用范围

因为机械听音杆操作简单易学，上手难度小，且具有便于携带、轻便灵活等特点，所以常用于供水管网漏水普查时的阀栓听音法和地面听音法，其中阀栓听音法尤为常用。又因为机械听音杆运用机械原理进行声音传导，所以声音保真度较高，

图 9-8　机械听音杆

音色纯正，所以亦可用于漏水异常点的精确定位、定位后的复核校验及抢修施工后尚未回填土时，通过机械听音杆听测管道修补位置，可用于对抢修质量的复核校验。

3. 技术要点

机械听音杆放大倍数有限，因此对检漏人员的工作经验、能力素质有较大要求。检漏人员使用机械听音杆时，耳朵与听筒宜保持在一个相对固定的位置，这个位置不宜过紧，因为当人耳与听筒贴附过紧时，会形成一个不完全密闭的空腔，根据声衍射原理，该空腔易放大外界干扰声，影响检漏人员声音判断；这个位置也不宜过松，因为当人耳与听筒贴附过松时，声音信号经由空气传导，会产生部分衰减，影响检漏人员探测效果。机械听音杆正确操作姿势如图 9-9 所示。

图 9-9　机械听音杆正确操作姿势

4. 设备选型

如前文所述，机械听音杆主要由传声杆和听筒两个部分构成，因此这两个构件的发展便贯穿了机械听音杆的发展历程。早期，国内部分供水企业曾经使用过的自制听音杆，杆体多为木制；而如今使用的听音杆，杆体多为金属材质。早期，国内部分供水企业还曾使用过无听筒构件的铁钎；而如今使用的听音杆多有听筒构件，且听筒材料也较为多样，有塑料材质，也有金属材质。因此，在选配机械听音杆时，对这两个构件也需格外关注。

首先，应考虑机械听音杆的传声效果。早期的传声杆多为木头材质，但传声效果不如金属材质。且检漏人员使用机械听音杆时，常常需要杆体弹性弯曲，而木头材质弹性弯曲恢复较慢，相比于金属听音杆，也略显笨重、不灵活。所以现在机械听音杆的传声杆多采用金属材质。表 9-1 为不同金属材质的声阻抗率。

不同金属材质的声阻抗率   表 9-1

材料	纵波阻抗率	切变波特性阻抗率
铝	17.3	8.3
铜	44.6	20.2
铁	37.8	21.35
黄铜（铜锌合金）	40.6	18.3
康铜（铜镍合金）	45.7	23.2
硬铝（铜铝合金）	17.1	8.5
钢	46.5	25.4
不锈钢	45.7	24.5

由表 9-1 可知，铝元素的声阻抗率较小，声音信号传播衰减较慢，传声效果较好。因此，传声杆或振动膜片的理想材料一般是含铝元素的金属，通常情况下为铝合金，以实现增加硬度的目的。

因为在实际应用中，杆体常常需要弹性弯曲，所以在选择杆体的材质时，除了传声效果，还应综合考虑杆体的强度，如不锈钢等。

其次，因为地下供水管道埋深不一，所以在选配机械听音杆时，还应适当配备一些延长机械听音杆，或是分体式加长杆，或是一体式加长杆。一般情况下，一体式加长杆的传声性能要优于分体式加长杆。值得注意的是，听音杆杆体越长，杆体越细，传声性能越好，但抗振性越差，因此，在选配延长听音杆时也需综合考虑杆体强度。

最后还应考虑机械听音杆的防腐蚀性，因为检漏人员使用机械听音杆的频率较高，而且环境较复杂，多为阀门井、泥土等，所以为了延长机械听音杆的使用寿命，应考虑机械听音杆的防腐蚀性。

配置建议：因为机械听音杆具备灵巧、轻便等特点，且使用机械听音杆时，漏水异常点声音信号的保真度极高，可以用于训练检漏人员对漏水声的探测感知，形成漏水声记忆库。并且机械听音杆性价比较高，因此建议有条件的供水企业、第三方检漏测漏公司为每位检漏人员配备 1 支机械听音杆，并根据当地情况，适当增配延长机械听音杆。

5. 应用案例分析

（1）S 市主干道绿化带下漏水点

漏水点详细信息如下：

管道口径：$DN600$；

管道埋深：1.5m；

漏点形式：球墨铸铁管和钢管连接处套筒小洞。

在一次供水管网漏水普查中，检漏人员通过电子听漏仪探测到主干道上一处阀门有微弱的漏水声，而该阀门所处路段为环线路段，属于交通密集区域，车流量频繁，且有一段管线穿过绿化带，不适合使用电子听漏仪进行听测。

因此检漏人员改用机械听音杆在绿化带进行听音，沿着管线每隔 20～30cm 就将机械听音杆插入绿化带进行听测，第二天开挖后，在距离阀门 20m 左右的绿化带中确定了漏水点的位置，该漏水点为 $DN600$ 球墨铸铁管和钢管连接处套筒小洞，漏量较小。现场开挖情况如图 9-10 所示。

图 9-10　S 市主干道绿化带下漏水点现场开挖情况

分析：本应用案例中主要体现了机械听音杆的灵活性。当管道漏水点在绿化带下的时候，如果电子听漏仪没有配备泥地专用传感器，那么电子听漏仪的听音效果将大打折扣，而机械听音杆的应用则更为灵活。此外，本案例中检漏人员的检漏技巧也值得学习。针对绿化带这一特殊路面材质，检漏人员应将探测间距适当缩短，如本例中的 20～30cm，能有效提高漏水点探测精度。

（2）D 市农村老旧管线漏水点预定位

漏水点详细信息如下：

管道口径：$DN200$；

管道埋深：3.0m；

漏点形式：铸铁管侧边小洞。

在一次供水管网漏水普查中，检漏人员通过机械听音杆探测到某农村附近一处阀门有极微弱的漏水声，检漏人员将阀门井打开后，观察到井内清水流动。因为附近缺少管道附属设施并且管道基础资料不全，所以无法使用相关仪进行定位。而且管道埋深达 3.0m，检漏人员采用地面听音法也探测不到漏水点的声音信号。因此,检漏人员改用延长机械听音杆,通过阀栓听音法判断漏水点方向,并沿可疑方向继续听测,对该漏水点进行预定位,最终用管道内置听漏仪对该漏水点进行精确定位。第二天开挖后,在距离阀门 10m 处确认漏水点位置,漏水点为 DN200 铸铁管侧边小洞,漏量较小。

分析:本应用案例中主要体现了机械听音杆的轻便、灵活两个特性。当工况环境不能满足相关仪的使用时,如管道附近缺少阀门、消火栓等管道附属设施,无法选取合适位置放置两个传感器。或当管道埋深过大时,地面听音法探测效果不佳,机械听音杆以其轻便性、灵活性可在复杂工况中发挥一定效用。此外,本案例中检漏人员的工作态度和工作方法均有一定借鉴意义,在采用阀栓听音法发现阀门有漏水声时,即使是较微弱的声音也没有草率处理,第一时间打开阀门井观察,最终查出声音来源,形成漏水分析逻辑链的闭环。如果该检漏人员没有这种认真负责的工作态度,该漏水点极有可能被忽略,造成不必要的水量损失。

9.6.2 电子听音杆

1. 基本机理

电子听音杆可以视为电子听漏仪的一种特殊的杆状传感器。检漏人员通过将电子听音杆接触阀门、消火栓、管道、地面,使探测点声音信号被电子听音杆捕捉。声音信号经电子放大电路处理,传输至主机,最终由耳机输出声音供检漏人员进行判断甄别。

由于使用电子听音杆时,电子放大电路可有效提高声音的放大倍数,因此电子听音杆可探测部分使用机械听音杆探测不到的声音信号,但电子放大后的声音信号保真度不如机械听音杆,所以一般较少应用于漏水异常点的精确定位。图 9-11 为电子听音杆应用图。

图 9-11 电子听音杆应用图

2. 适用范围

电子听音杆的外观构造与机械听音杆相似，同样具备灵活性，电子听音杆可用于供水管网漏水普查时的阀栓听音法和地面听音法。由于电子听音杆具备独特的杆状结构，且灵敏度优于机械听音杆，因此可用于一些特殊场景的检漏，如软质地面检漏、绿化带检漏、碎石路面检漏等。在上述场景中，受到地面材质的影响，在使用电子听漏仪时，传感器与地面接触不良，可能无法达到良好的听测效果。因此，在实际工作中，检漏人员多采用机械听音杆听测，但若该处漏水异常点声音信号强度微弱，机械听音杆的灵敏度又无法满足探测要求，此时，便可采用电子听音杆弥补这一缺陷。

3. 技术要点

因为电子听音杆探测到的声音信号经由电子放大电路处理，放大倍数较大，且杆状的传感器与外界的接触面积较大，极易受外界环境干扰，因此检漏人员在使用电子听音杆时，需着重加强对声音信号的分析甄别。

4. 应用案例分析

案例为 S 市主干道大管径小漏量漏水点。

漏水点详细信息如下：

管道口径：DN800；

管道埋深：1.2m；

漏点形式：铸铁管法兰接头渗漏。

在一次供水管网漏水普查中，检漏人员通过机械听音杆探测到一处桥管有极微弱的漏水声，检漏人员改用电子听音杆听测，探测到较为强烈的漏水异常点声音信号，随后采用地面听音法逐步听测，最终对该漏水点进行精确定位。第二天开挖后，在距离发现异常的桥管处 45m 左右确定了漏水点位置，漏水原因是 DN800 铸铁管法兰接头渗漏，漏量较小。

分析：本应用案例主要体现了电子听音杆高灵敏度的特点。当使用机械听音杆对漏水异常点进行听测时，部分声音信号微弱的漏水点不易被检漏人员探测，或被检漏人员忽略。因此，可改用电子听音杆、电子听漏仪等灵敏度较高的听音仪器设备，可极大提高检漏人员工作效率。

9.6.3 电子听漏仪

1. 基本机理

电子听漏仪的常见配置为主机、拾音器（传感器、探头）、耳机、连接线和仪器箱。当电子听漏仪拾音器接触地面探测点时，会将拾取到的声音信号转化为电信号，并通过线缆或蓝牙等方式传输至主机。主机通过对电信号进行放大、滤波等数据处理，最终通过耳机输出声音供检漏人员进行听测。图 9-12 为电子听漏仪。

2. 适用范围

电子听漏仪具备电子放大功能和滤波功能，灵敏度和抗干扰能力均优于机械听音杆，常用于供水管网漏水普查时的地面听音法和漏水异常点的精确定位。

3. 技术要点

在使用电子听漏仪对地下管网进行探测前，应先根据工作环境和管道参数调节仪器灵敏度。如工作环境较为嘈杂，为避免听力受损，宜调小灵敏度，并适当加密探测间距。如待探测管道埋深较大或管道材质为非金属管道时，为避免探测不到声音信号，宜调大灵敏度。灵敏度调节完成后，检漏人员在听测过程中，如发现针对某一路段的听测存在噪声异常，且灵敏度示数均为仪器上限值，此时可调小灵敏度，以区别出不同探测点的声音强度。

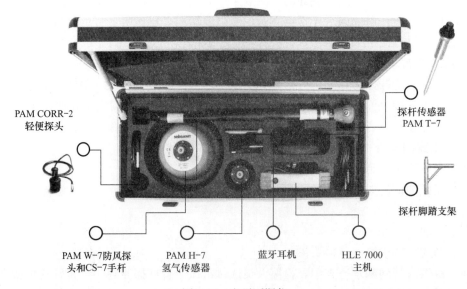

图 9-12 电子听漏仪

在使用电子听漏仪对地下管网进行探测前，应先根据工作环境和管道参数选择拾音器和频段。如工作环境风力较强时，为避免风声影响检漏人员对声音信号的判断，宜采用防风拾音器。如探测目的为供水管网漏水普查，则可选用较宽的频段范围进行听测。如探测目的为漏水异常点的精确定位，则需根据现场情况合理选择频段，若待探测管道为塑料管道，可选用中、低频段，如 $200 \sim 600 Hz$。若待探测管道为金属管道，可选用中、高频段。

由于漏点声音信号具备连续性和稳定性，因此在一般情况下，可通过电子听漏仪的最小值（有效值）检测功能，排除某些非连续、突发激增的环境干扰。但因为拾音器拾取到的声音信号是由漏点声音信号与环境干扰信号等多种声音信号复合形成的，所以最终仍是基于检漏人员的经验对声音进行分析研判，因此，不可盲目遵从电子听漏仪上最小值（有效值）的示数，仅可将其作为参考。

当使用电子听漏仪进行漏水异常点精确定位或对管径大于 300mm 的管道进行漏水普查探测时，宜沿管道走向呈"S"形推进听测，以提升电子听漏仪的探测面积，但偏离管道中心线的最大距离宜小于管径的 1/2。

采用基于声学原理的仪器设备探测漏水异常点时，有一个极为重要的技术要点，便是"多听测，多比较"，由于地下管网的情况十分复杂，因此需选取多个探测点，多番比较探测点的声音表现情况，方可进行漏水异常点的精确定位。如使用电子听漏仪进行漏水异常点精确定位时，可采用两步法进行探测定位，如图 9-13 所示。

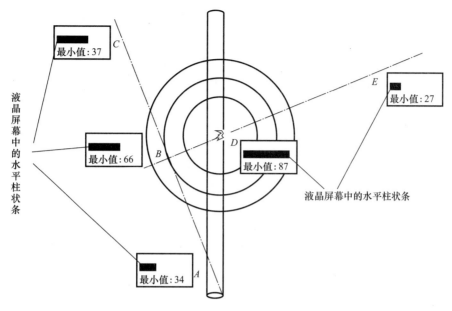

图 9-13　两步法探测定位示意图

如图 9-13 所示，检漏人员自 A 点开始探测，经"S"形推进探测至 B 点，探测得 B 点最小值（有效值）高于 A 点，则可沿 AB 的延长线方向探测至 C 点，若 A、B、C 三点的最小值（有效值）呈先增大后减小的趋势，则以 B 点为第二步的起点，沿垂直于 AC 方向进行探测，如图中 B、D、E。若 B、D、E 三点最小值亦呈先增大后减小的趋势，在一般情况下，若无管道附件干扰等影响，且听测到的声音存在漏水异常点的声音特性，则可判断 D 点为漏水异常点。

4. 设备选型

电子听漏仪的选型可从如下三个方面考虑。

（1）主机：如前文所述，电子听漏仪的主机主要具备两个功能：电子放大功能和滤波功能。因此，为保障电子放大倍数、灵敏度、可调节性，根据我国相关行业标准，主机信号增益应大于 40dB，并且信号增益的调节步进应以小于 5dB 为宜。由于地下供水管网条件复杂，漏水声存在极宽的频段范围，因此为确保滤波功能的有效性、可调节性，滤波范围应有效覆盖 80～4000Hz，且滤波频段应至少为 4 段。

电子听漏仪是供水管网漏水普查中较为常用的检漏仪器设备，因此为减轻检漏人员的工作疲劳度，电子听漏仪应具备静音功能，并且在静音模式下，主机输出至耳机的信号功率应为零，以免长时间的听音模式对检漏人员的听力产生损伤。同时，主机重量也不应过大，以小于 1.5kg 为宜。

（2）拾音器（传感器、探头）：拾音器是电子听漏仪直接接触探测点的重要构件，其性能直接影响了设备的输入数据，因此灵敏度应大于 60V/g，且在最低灵敏度时，频率响应范围仍应有效覆盖 80～4000Hz。

（3）耳机：为避免长时间的听测对检漏人员听力产生损伤，根据我国相关行业标准，在听音模式下，电子听漏仪音量最大输出功率范围应在 100～125MW，调节步进应小于 10MW。

配置建议：因为电子听漏仪具备灵敏度高、抗干扰性较强等特点，可以极大提高检漏人员的检漏工作效率，有效缩短供水管网漏水异常点普查周期，所以建议有条件的供水企业、第三方检漏测漏公司为每位检漏人员配备1台电子听漏仪，并根据当地情况，适当选配可兼容多种拾音器（传感器、探头）的电子听漏仪。如海滨城市，检漏工作受海风环境影响较大，可增配防风拾音器（传感器、探头）。如当地路面介质多为软质路面，地面听音难度较大时，可增配泥地拾音器（传感器、探头）。

此外，出于经济性的考虑，如果供水企业、第三方检漏测漏公司之前并无配置电子听漏仪，也可为2~3名检漏人员配备1台电子听漏仪，2~3名检漏人员共同探索电子听漏仪的使用方法、使用技巧，之后再普及至人手一台。

5. 应用案例分析

（1）S市工业园区道路小漏量漏水点

漏水点详细信息如下：

管道口径：DN300；

管道埋深：1.0m；

漏点形式：铸铁管套筒焊接处开裂。

在一次供水管网漏水普查中，检漏人员使用电子听漏仪在巡检S市某工业园区道路一段DN300铸铁管时，探测到了轻微的漏水声。而后检漏人员使用机械听音杆在声音信号较强的位置进行听测，但是效果不佳。于是检漏人员用机械听音杆听测距离可疑漏水声10m左右的消火栓，同样效果不佳。最终检漏人员使用电子听漏仪进行定位，第二天开挖后，发现漏水原因是DN300铸铁管套筒焊接处开裂，漏量非常小。现场开挖情况如图9-14所示。

图9-14　S市工业园区道路小漏量漏水点现场开挖情况

分析：本应用案例中主要体现了电子听漏仪的高灵敏度的特点。当使用机械听音杆探测不到声音时，不意味着地下供水管道没有漏水异常点，也有可能是声音信号微弱，难以探测。因此，本应用案例中检漏人员使用电子听漏仪对该路段进行漏水普查，意在利用电子听漏仪高灵敏度的优势，减少检漏盲区和漏水异常点漏检现象，提高检漏工作效率。此外，本案例中检漏人员使用电子听漏仪探测到声音信号后，也并未草率判定该管段存在漏水异常现象，而是改用机械听音杆进行复验校核，虽然案例中应用效果不佳，但该行为同样有可取之处，因为机械听音杆探测到的声音信号保真度较高，所以可以为检漏人员甄别、判断声音信号提供有力佐证。

（2）S市交通要道地下复杂管线漏水点

漏水点详细信息如下：

管道口径：DN150；

管道埋深：1.0m；

漏点形式：铸铁管断裂。

S市调度中心经分区计量系统多次观察，发现某营业所区域的供水量存在上升的趋势，在排除其他因素后，认为该区域可能存在漏水现象。因此，安排检漏人员加大了对该营业所片区的检漏力度，并将可疑范围缩小到一个十字路口处，由于该十字路口地处交通要道，车流量频繁，大型车辆多，地下管线复杂且管材多样，检漏难度较大，因此检漏人员只好选择晚上开展漏水检查工作。图 9-15 为检漏工作计划图。

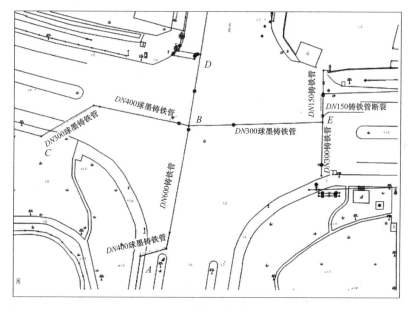

图 9-15　检漏工作计划图

检漏人员首先利用电子听漏仪排除了 A 点 DN400 球墨铸铁管，然后使用电子听漏仪逐步向路口中间管道四通位置处 B 点进行听测，均未发现异常。而后检漏人员兵分多路，向 C、D、E 方向同步进行排查。该地区的管道情况较为复杂，主要有 DN600 铸铁管、DN300 铸铁管、DN400 球墨铸铁管、DN400 钢管和 DN150 铸铁管等多种管材和管径。经过检漏人员几个小时排查，最终于 E 点附近确定有较强烈的漏水异常声音。由于在该工况环境下，漏水点精确定位难度极高，因此只好选择钻孔听音法。但该管道处于主干道三环线道路中间，埋设较深且地面介质密实度较高，钻孔听音法也存在一定难度。2 次钻孔至 30cm、40cm 处就无法继续进行。最终只好放弃钻孔听音法，改用地面听音法对该漏水点进行精确定位。针对车流量大这一不利环境，检漏人员只得利用红绿灯车流量间隙的几秒钟时间进行听音定位。第二天开挖后，发现漏水原因是 $DN150$ 铸铁管断裂，漏量适中，但是因为该路段工况环境较差，不利于检漏工作开展，所以探测该漏水点消耗较大的人力物力。

分析：本应用案例是一个典型的综合运用多种检漏技术方法的案例。首先是分区计量法（DMA），该供水企业通过分析 DMA 的流量数据，发现漏损异常现象并将范围缩小至一个有效的探测范围。

其次是地面听音法，因为本案例区域探测难度较大，所以检漏人员选用了灵敏度较高的电子听漏仪。在复杂的检测环境条件下，如不同地面材质、不同管材、不同管径，检漏人员使用电子听漏仪进行听测时，科学利用了电子听漏仪的滤波功能，选用合适的频段范围，有效提高了检漏效率和检漏精度，将范围进一步缩小。

最后是漏水异常点的精确定位，由于该漏水点定位难度较大，检漏人员先是考虑了钻孔听音法，但因地面介质密实度较高，管道埋设较深，所以未能奏效，只得改用地面听音法。而在采用地面听音法时，因为环境噪声对检漏人员地面听音影响较大，所以可适当调整利用时间差，设法减轻环境噪声的干扰。

9.6.4 相关仪

1. 基本机理

相关仪的常见配置为主机、发射机、传感器和仪器箱。因为当漏水异常点的声音信号在同一管段上（管道材质相同、管道口径相等）传播时，其声音衰减程度可大致认定为相同水平，声音传播速度相等。所以若在待探测管段两端阀门或消火栓安装布放传感器采集接收漏点声音信号，应存在一定时间差，发射机将传感器采集接收到的声音数据信息传输至主机，由主机对声音信号进行滤波、频率分析，即可计算出漏点位置。相关分析原理如图 9-16 所示。

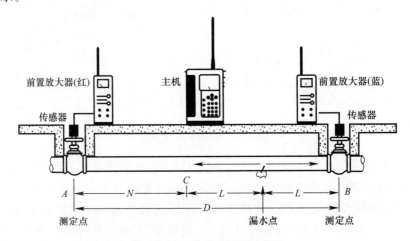

图 9-16　相关分析原理示意图

如图 9-16 所示，假设待测管段长度为 D，声音传播速度为 v。当管道漏水点声音信号传播至 B 点，被 B 点所在位置传感器接收时，声音信号应同时传播至反向相等间距 L 的 C 点，之后声音继续沿管道传播至 A 点，被 A 点所在位置的传感器接收。假设从 C 点传播至 A 点所需延迟时间为 T_d，则 C 点与 A 点的间距 N：

$$N = v \cdot T_d \tag{9-1}$$

则可得出漏水点与 B 的间距 L：

$$L = (D - N)/2 = (D - v \cdot T_d)/2 \tag{9-2}$$

2. 适用范围

以相关仪为重要技术支撑和依托的相关分析法是用于漏水异常点预定位和精确定位的有效方法。漏水异常点的定位问题是检漏工作的一个重点与难点问题。常用的漏水异常点定位方法主要有如下两种：

一是检漏人员使用听音杆或电子听漏仪等仪器设备进行地面听音探测，通过捕捉拾取、比对甄别声音信号，对漏水异常点进行精确定位。

二是检漏人员通过阀栓听音法、地面听音法等方式对漏水异常点进行预定位，然后使用钻孔听音法在漏水异常可疑点附近进行钻孔作业，通过将听音杆伸入钻孔直接听测管壁等方式对漏水异常点进行精确定位。

上述两种方式均能有效实现漏水异常点的精确定位，虽然具备一定优势，但也均存在一定局限性。通过地面听音法进行地下供水管网漏水异常点精确定位时，工作模式简单方便，探测点位置多且易得。但地面听音法受限于声音信号呈漏斗式的衰减，如管道埋深、管道材质、地面介质等均会对地面听音法的听音效果产生影响，并且当管道穿越建筑物或河流时，地面听音法不具备探测环境。通过钻孔听音法进行漏水异常点的精确定位，准确度高，但需对地面产生破坏，并且对地下其他管道存在破坏风险。

而相关分析法则是通过相关仪对同一管段上不同探测点所接收到的声音信号进行相关分析，从而分析计算出声源位置的方法。相关分析法是一种较为先进、有效的检漏方法，得益于上述工作原理和工作模式，相关分析法具备较强的抗干扰能力，且不受管道埋深限制，针对穿越建筑物或河流、管道埋设于柔性地面以下等特殊环境均有良好表现，是地面听音法的有力补充，并且相较之下，相关分析法在一定程度上减少了人为经验因素的影响。但是相关分析法同样也存在局限，如式（9-2）所示，相关分析法的使用效果在很大程度上取决于管道信息的准确性，如待测管道的口径、材质、管长等参数不应与实际情况有较大偏离。若输入管长 L 与实际管长有 1m 的偏差，则计算出的结果便会有 0.5m 的偏差。此外，若待测管道两端的阀门间距过远，可能会导致一端的传感器无法接收到声音信号，则相关分析同样无法进行。

3. 技术要点

（1）因为相关仪在进行相关分析计算时所采用的速度根据检漏人员输入的管材、管径等参数计算得出，所以供水企业应准确掌握待测管段参数（管道口径、管道材质），以免影响检测精度。

（2）传感器的安装布设应符合下列规定：

1）应确保两个传感器放置在同一管段上。

2）传感器宜保持竖直。

3）管道和管件表面应清理干净，尤其是传感器与管道的接触点位置不宜有淤泥等其他介质，应确保传感器与管道接触良好。

4）传感器宜安装布设于金属管道的管背或阀门、水表、消火栓等管道附属设施的金属部分。

5）当两个传感器安装布放完毕后，应准确测量并输入两个传感器之间的实际距离。

6）直管段上两个传感器的最大布设间距宜参考表9-2。

直管段上两个传感器最大布设间距参考表 表9-2

管材	管道压力	最大布设间距（m）
钢管	0.15MPa≤水压≤0.3MPa	150
	水压≥0.3MPa	240
灰口铸铁管	0.15MPa≤水压≤0.3MPa	120
	水压≥0.3MPa	180
球墨铸铁管	0.15MPa≤水压≤0.3MPa	70
	水压≥0.3MPa	100
水泥管	0.15MPa≤水压≤0.3MPa	80
	水压≥0.3MPa	120
塑料管	0.15MPa≤水压≤0.3MPa	50
	水压≥0.3MPa	80

（3）在得出第一组相关结果后，可互换两个传感器位置，多测量几组数据，观察相关结果情况，如多组相关结果均在相同位置，仍需结合管道情况进行分析：

1）若相关结果定位于待测管道的变向管件处，如支管弯头，则可在支管处选取一处管道裸露位置作为测点，以原测点位置作为另一测点，分别做相关分析，若两组相关结果均定位于支管弯头处，说明可能是管件干扰，相关结果不可信，可再通过地面听音法或钻孔听音法听测。

2）若相关结果定位于相同位置，且该位置并非待测管道的变向管件，说明相关结果应为真实结果，可通过地面听音法或钻孔听音法确认。

（4）当相关结果处于两个测点中心时，应挪动其中一个传感器的位置，再次进行相关分析。若结果仍在测点中心，说明是中心相关的假象，相关结果不可信，若结果显示与另一未移动传感器的距离不变，说明相关结果为真实结果。

（5）当采用相关分析法探测时，应根据管道材质、管径设置相应的滤波器频率范围：金属管道设置的最低频率不宜小于200Hz；非金属管道设置的最高频率不宜大于1000Hz。

（6）因为相关分析法仍是基于声学原理的检漏技术方法，所以在进行相关分析时，管网压力不应小于0.15MPa。

4. 设备选型

相关仪的选型可以从如下方面考虑：

（1）主机：由于相关仪在应用中，会受到部分环境噪声和管道噪声的干扰，因此相关仪的主机应具备滤波、频率分析、声速测量等功能，以提高相关仪的抗干扰能力和定位精度。各功能的基本性能要求如下：

1）滤波功能：滤波功能主要用于选择漏水声波的频率范围，可采用自动滤波或手动滤波。如果所选滤波范围还有干扰，应采用陷波去除干扰，可保证较好的相关结果。

2）频率分析：频率分析用于显示各传感器频率信号，以便选择最佳滤波。

3）声速测量：相关仪内存的理论声速与实际声速存在偏差，使漏水点定位也存在偏差，现场实测管道的声速可提高漏水点定位精度。

（2）传感器：由于相关仪的传感器直接接触于金属管道或管件，通过感知管道的振动量，得出管道噪声信号，因此传感器的灵敏度和性能直接影响了设备品质，根据国内相关标准规定，传感器的频率响应范围宜为 $0\sim5000\mathrm{Hz}$，电压灵敏度应大于 $100\mathrm{mV/(m \cdot s^{-2})}$。

配置建议：由于相关仪在漏水异常点的精确定位中，具备抗干扰性强、精度高等特点。尤其是在管道埋深较大的地区，通过地面听音法可能难以听测到声音，而通过钻孔听音法又存在一定施工难度和安全风险，因此相关分析法的应用对于供水企业而言，是十分必要的。

考虑目前国内市场的相关仪仍以进口为主，价格较高，因此供水企业、第三方检漏测漏公司可按 $5\sim10$ 名检漏人员配备一台。如果是大、中型供水企业，建议选配多探头相关仪。

5. 应用案例分析

（1）S市农村老旧管线漏水点

漏水点详细信息如下：

管道口径：$DN80$；

管道埋深：1.0m；

漏点形式：管道伸缩节脱落。

在一次供水管网漏水普查中，检漏人员在某农村内 $DN100$ 桥管上探测到可疑漏水声，但因该区域管线长、范围广，检漏难度较大，所以S市曾针对该区域派出多个检漏班组进行排查，但未找到漏水点。图9-17为检漏工作计划图。

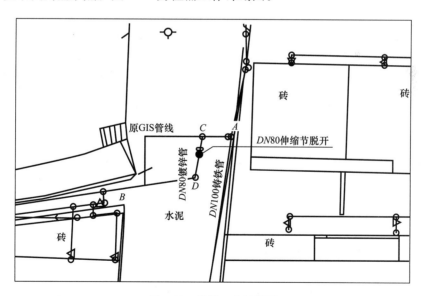

图9-17　检漏工作计划图

因为S市GIS系统建设较为健全，该村管道基础信息齐全，于是检漏人员通过对 A 点的三通位置和 B 点的表前阀门进行相关分析，判断漏水点应在路中间，但检漏人员通过钻孔听音法，并未探测到漏水声音信号和漏水痕迹。

最后检漏人员使用管线探测仪，再次对管线进行定位，探测到 C 点和 D 点的两个弯头转角，与原有 GIS 系统的管线情况不符。在查清管线真实情况后，检漏人员再用相关仪进行定位，最终找到漏水点。第二天开挖后，发现漏水原因是DN80管道伸缩节脱落，漏量较小。

分析：本应用案例主要体现了相关仪用于定位的精确性，但是需有准确翔实的管线信息为基础。另外，本应用案例还体现了相关仪的抗干扰能力，该农村因道路拓宽和建设桥梁，在原有的水泥路面上又覆盖一层40～50cm的混凝土路面，漏水异常点的声音信号传播经由多层介质而剧烈衰减，导致检漏人员无法通过地面听音法和钻孔听音法对漏水点进行听测定位，而相关仪的应用是直接将传感器吸附于管道或管件上，路面介质和管道埋深对相关仪的干扰基本无影响。

（2）D市农村供水支线泥土路下漏水点

漏水点详细信息如下：

管道口径：DN200；

管道埋深：3.5m；

漏点形式：铸铁管环向断裂。

在一次供水管网漏水普查中，检漏人员通过机械听音杆探测到该农村附近阀门有可疑漏水声。检漏人员通过阀栓听音法将漏水排查区域缩小。但是因为该区域路面材质为泥土，且管道埋深较大，地面听音法效果不佳，又因为该管线基础信息较齐全，所以检漏人员最终选择使用相关仪对漏水点进行精确定位，最终找到漏水点。第二天开挖后，发现漏水原因是DN200铸铁管环向断裂，漏量适中。

9.6.5　水听器

1. 基本机理

水听器，又称为水声换能器，通过利用传感器的压电效应或磁致伸缩效应等物理效应接收水中的声音信号，并将其转化为电信号。因为当供水管网产生泄漏时，漏水异常点的声音信号部分会经水介质传播，所以水听器可利用传感器的压电效应或磁致伸缩效应感知振动量。

2. 适用范围

由于水听器探测到的漏水异常点声音信号是经水介质传播的，因此受到管道制约的影响较小，如大口径管道、非金属管道的检漏，均可考虑使用水听器。在实际应用中，水听器可以单独使用，如水音监测仪，还可以作为相关仪的传感器进行使用。图9-18为水音监测仪。

图9-18　水音监测仪

9.6.6　管道内置听漏仪

1. 基本机理

管道内置听漏仪的常见配置为玻璃纤维绳（上有水听传感器）、主机、蓝牙耳机或防水音响、仪器箱等。通过将玻璃纤维绳伸进管道内部，使纤维绳上的水听传感器接收经水介质传播的声音信号，并通过蓝牙传输的方式，将声音信号传输至主机，经声音处理后，由主机传输至耳机或音响，供检漏人员听测甄别。图9-19为管道内置听漏仪。

2. 适用范围

因为仪器操作过程较为烦琐，所以不适用于日常的供水管网漏水普查，可用于供水管网漏水异常点的精确定位，尤其是大口径管道或非金属管道的疑难漏点定位。

3. 技术要点

（1）在沿水流方向推进线缆的过程中，可能会产生刮线噪声，此时可用主机的静音功能消除该声音，以免损害听力。在开启静音功能后，应密切关注主机上的噪声指示灯，当噪声强度下降后，可关闭静音功能，以免错过漏水点。每次推进长度宜保持在 30~50cm，且需保持一定时间的听测。

图 9-19　管道内置听漏仪

（2）由于管道内置听漏仪的水听传感器采集到的声音是经水介质传播的，因此灵敏度极高，可以听测出极小的声音信号，而管件干扰声也更明显。与地面听音法类似，当水听传感器接近漏水异常点时，其接收的声音信号强度也呈现由小到大的趋势，但由于灵敏度较高，故而需仔细甄别声音强度的差异，应在可疑点附近推拉数次，反复对比声音表现情况，最后根据推进的线缆长度，确认漏水异常点的距离和位置。

（3）除了管道漏损检测以外，对于植入金属线的管道内置听漏仪，还可以通过加载电磁信号到金属线的方式，在地面上测量信号的大小，从而实现测量塑料管线走向和深度的目的。在定位水听传感器时，可采用接收机和线缆走向平行测量的方式；在线缆走向定位时，可采用接收机和线缆走向垂直测量的方式。

4. 注意事项

（1）由于使用管道内置听漏仪时，需将玻璃纤维绳伸入待测管道，因此需要严格做好消毒措施，确保伸入的水听传感器和线缆不会影响水质安全。

在操作前，应佩戴防护手套，将消毒气雾剂喷淋至水听传感器和管道接口处，消毒过程需至少持续 5min。然后倒入适量消毒药剂于线缆前端的消毒筒中，以确保伸入管道的玻璃纤维绳能得到充分的浸润。

（2）由于管道内置听漏仪的水听传感器需通过线缆伸入，因此为防止线缆被卡在管道内或被折断，需均匀缓慢地将线缆推进管道。此外，若需线缆转弯，也应缓慢推进，且转弯角度不应大于 90°，以小角度或直管段为宜。若线缆被卡住，应轻轻推拉线缆，使其脱离卡缝。

（3）为避免管道压力过大，水流流速过快，对水听传感器造成损坏，在使用管道内置听漏仪进行检测时，管网压力可适当减小，宜在 1.0~1.5MPa 之间，若听测效果不佳，可适当增压。

（4）为预防线缆卷进，形成死结，引起卡在管道的事故。待测管道管径不宜过大，需在 DN1500 以下。

（5）在使用前应检查线缆初始长度，确保在测量前清零，以免测量距离时产生误差。

5. 应用案例分析

案例为 S 市钢套管桥管疑难漏水点定位。

漏水点详细信息如下：

管道口径：DN200；

漏点形式：铸铁管侧边纵向裂缝。

S市调度中心经分区计量系统多次观察，发现某三级分区供水流量同比偏高 200m³，在排除其他可能后，判断存在漏水现象，因此安排检漏人员加大对该片区的检漏力度。检漏人员在与应急抢修人员的协同合作后，将可疑范围缩小到一个桥管处。但是因为此处桥管漏水点漏量过大且桥管外包裹钢制套管，已经形成"水包套管"现象，又遇到冬雨等不利的环境因素，所以检漏人员通过电子听漏仪及相关仪已无法精确定位。

为此S市水务集团组织检漏专家会审，最终决定采用管道内置听漏仪进行漏点的精确定位。第二天开挖后，发现漏水原因为 DN200 铸铁管侧边纵向裂缝，漏量偏大，但因为外包裹钢制套管且已形成"水包套管"现象，所以检漏难度极大，属于疑难漏水点。现场设备应用情况如图 9-20 所示。

图 9-20　S市钢套管桥管疑难漏水点现场设备应用情况

分析：本应用案例主要体现了管道内置听漏仪的抗干扰能力。因为管道内置听漏仪的传感器为水听传感器，漏水异常点声音信号经水介质传播，所以减轻了管道套管的干扰作用。不过同样值得注意的是，水听传感器灵敏度较高，对检漏人员工作经验和能力素质有更高的要求。而且由于管道内置听漏仪可能对待测管道产生破坏性损伤，因此一般情况下，不宜优先考虑。

思 考 题

1. 利用声音探测法检漏的干扰因素有哪些？
2. 声音探测法常用的应用模式有哪些？
3. 地面听音法易受哪些因素干扰？采用钻孔听音法时，有哪些注意事项？
4. 机械听音杆有哪些特点？其主要应用于哪些场景的检漏工作？

5. 电子听音杆和机械听音杆有哪些异同？使用电子听音杆时，有哪些技术要点？

6. 电子听漏仪有哪些特点？其主要应用于哪些场景的检漏工作？电子听漏仪的选型应考虑哪几个方面？

7. 相关仪的工作原理是什么？

8. 管道内置听漏仪的工作原理是什么？在使用管道内置听漏仪时，有哪些注意事项？

10 管网漏损检测之渗漏预警法

10.1 渗漏预警法基本机理

渗漏预警法是一种新型的管网漏损检测方法，其基本机理与声音探测法相同，同样是检漏人员通过听音仪器设备对漏水异常点泄漏噪声进行捕捉、分辨，进而对管道漏水异常点位置进行预定位和精确定位的方法。

10.2 渗漏预警法与传统声音探测法

虽然渗漏预警法同样基于漏损噪声检测技术对管道漏水异常点进行探测、定位，但有别于传统声音探测法，渗漏预警法依托于智慧物联网远传技术和云计算大数据分析平台，发展出传统声音探测法所不具备的独特优势。

一是应用模式上的优势，在应用渗漏预警法进行管网漏损检测时，渗漏预警法以其独到的应用模式，可实现对输配水管网的重要节点及薄弱环节的长久监测。当输配水管网产生新的漏水异常点或漏量较小的漏水异常点时，渗漏预警法可及时监测预警，防微杜渐，避免漏水异常点进一步扩大恶化，产生大漏量漏点，乃至发生管道爆管事故，为管网安全运行提供有力保障。而在应用传统声音探测法进行管网漏损检测时，由于检漏人员数量有限，存在较长时间的人工检漏周期，未能及时检出输配水管网的漏水异常点。并且对于漏量较小的漏水异常点的检测，也需有一定工作经验和能力素质的检漏人员方可检出，这就导致部分疑难漏点需要经过较长时间方可检出，不利于降低管网真实漏失水量。

二是科技创新上的优势，在应用渗漏预警法进行管网漏损检测时，渗漏预警法终端设备及渗漏预警平台可依托于漏损噪声检测算法和云计算大数据分析平台，对漏水异常可疑点进行初步分析和评估，在一定程度上，能降低检漏人员对漏水异常点甄别判断的主观影响。而在采用传统声音探测法时，管网漏损检测工作的工作成效很大程度上取决于检漏人员的工作经验和能力素质。而当今，供水企业、第三方检漏测漏公司均存在检漏人员能力良莠不齐、年龄层断档、培养周期长等问题。

此外，除了上述软件优势之外，渗漏预警法还具备硬件优势。在应用渗漏预警法进行管网漏损检测时，因为渗漏预警法终端设备安装位置在金属供水管道或者非金属供水管道的金属管件上，与管道直接接触，所以管道埋深、地面介质等影响因素的干扰相对较小。并且在恶劣天气的环境下，渗漏预警法终端设备仍可进行管网漏损检测工作。对于北方部分城市，可在一定程度上减轻狂风、沙尘暴等恶劣环境的影响；对于南方部分城市，可在一定程度上减轻梅雨季节、台风天气等恶劣环境的影响。

三是平台服务上的优势，渗漏预警法可利用智慧物联网远传技术将终端设备捕捉采集到的噪声数据自动上传至渗漏预警数据系统平台，检漏人员可通过该平台实现输配水管网的漏损检测和分析，指导检漏工作的开展，有的放矢，减少检漏人员不必要的工作，减轻检漏工作强度，提升工作效率。此外，供水企业也可根据长期的监测分析结果，评估管网健康度，为管网管理工作，如压力调控、漏损检测、管网改造计划排定等提供科学依据。

不过，相较于传统声音探测法和相关分析法，渗漏预警法也存在一定弊端。一是渗漏预警法前期部署所投入的经济成本较大。虽然随着设备数量的上升和时间的推移，渗漏预警法的应用成效会逐渐显现，为供水企业带来可观的节水效益、经济效益和社会效益，并在一定程度上，节约人力资源成本，但是由于考虑前期投入的经济成本较大，部分供水企业可能会放弃使用渗漏预警法。二是现阶段，对于漏水异常点的精确定位，相关分析法的定位精度仍优于渗漏预警法。

10.3 渗漏预警法终端设备

10.3.1 基本机理

渗漏预警法终端设备（又称渗漏预警仪、噪声记录仪、噪声监测仪等）可通过底部强磁的吸力作用，吸附在金属供水管道或者非金属供水管道的金属管件上，在设定时段内（根据《城镇供水管网漏水探测技术规程》CJJ 159—2011 要求，为减轻环境干扰对漏水异常探测的不利影响，以夜间 2：00～4：00 为宜），终端设备内置的高灵敏度拾音传感器会对管道振动噪声数据进行捕捉、采集和保存，并且终端设备会对管道振动噪声数据进行快速傅里叶变换（fast Fourier transform，FFT）分析处理，并在初步漏损识别后形成每日特征值（0～99）。

渗漏预警法终端设备通过智慧物联网远传技术，将每日的监测结果以数字量的形式上传至渗漏预警云平台、巡检平板电脑、巡检手机。当终端设备识别到漏水异常可疑点，就会进入报警状态，发送指示"漏损"的报警信息，检漏人员可通过 PC 端或 APP 进行查看。终端设备还可通过远传技术，将采集的管道振动噪声音频文件上传至 PC 端和 APP，检漏人员可播放上传的音频文件进行甄别，也可对音频文件进行频谱分析。渗漏预警技术内置算法、音频和频谱共同为检漏人员甄别判断管道振动噪声的声音信号提供数字技术支撑。渗漏预警法终端设备外观及组成如图 10-1 所示。

10.3.2 适用范围

通过将渗漏预警终端设备安装吸附于金属管道或管件上，可实现对设备布防区域内的管线漏水普查和渗漏预警，若在布防区域内发现漏水异常点，可实现漏水点的预定位或精确定位。

10.3.3 发展历程

随着社会节水意识的不断加强，漏损控制工作不断深入。同时，特殊环境下大口径供水管道、老旧管道等薄弱环节安全隐患问题日益突出，传统声音探测法的弊端和局限性也日益凸显。因此，寻求一种高效科学、智能有效的新型检漏技术势在必行。20 世纪末，国外多家设备技术研发商相继成功研发供水管道渗漏预警技术，该技术可促进人工与科技检漏无缝衔接，检出 DMA 区域内难以解决的小背景漏失和人工难以听测到的疑难漏点，保障管网安全运行。

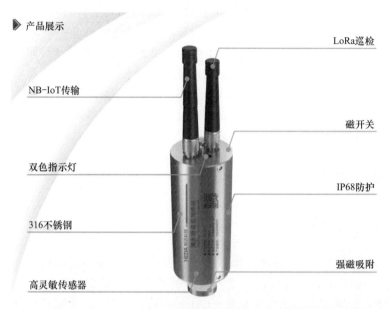

图 10-1　渗漏预警法终端设备外观及组成

供水管道渗漏预警技术的发展主要以下述两点为目标导向。一是提高渗漏预警技术的精确度，通过提高渗漏预警终端设备的性能和优化渗漏预警数据系统平台算法，降低终端设备误报率、漏报率，提升渗漏预警技术的精确度，提高检漏人员工作效率。二是优化用户体验，因为渗漏预警技术的应用规模普遍较大，所以对于渗漏预警终端设备的应用管理需方便高效。

早期的渗漏预警技术所采用的终端设备需先将捕捉采集到的管道振动噪声数据传输至发射机，然后再由发射机传输至计算机供检漏人员甄别判断。并且受限于当时的通信技术，发射机不可远离终端设备，管理难度极大，甚至可能出现发射机失窃现象。因此，早期的渗漏预警技术从检测到分析的周期较长，且操作过程较烦琐，经济性和精确度也受到质疑，因此在国内供水企业中并未得到有效推广。

之后，随着通信技术的发展，设备技术研发商也对渗漏预警技术进行相应改良，为终端设备研发配置了基于 PDA（Personal Digital Assistant，掌上电脑）技术的巡检仪。检漏人员可携带巡检仪进行"开车巡检"，通过巡检仪的蓝牙功能，对终端设备捕捉采集到的管道振动噪声数据进行接收下载，缩短了渗漏预警技术从检测到分析的周期。因此，渗漏预警技术开始在国内部分水务公司得到应用。

基于智慧物联网远传技术和云计算大数据分析平台的飞速发展，为进一步提高渗漏预警技术的精确度，优化用户体验，设备技术研发商又对渗漏预警技术进行优化提质，为终端设备研发配置远传功能模块，实现应用模式上的跃迁，自此终端设备可将捕捉采集到的管道振动噪声数据上传至渗漏预警数据系统平台进行分析，这一革新将智慧物联网远传技术、云计算大数据分析和漏损噪声检测技术有机结合，为渗漏预警技术插上数字化、智能化的翅膀，"巡检模式"和"远传模式"双管齐下，极大减轻检漏人员的工作强度，进一步缩短渗漏预警技术从检测到分析的周期，安装操作也无需发射机等中间元件，管理、应用更为便捷高效。

除了依托于智慧物联网远传技术和云计算大数据分析平台，设备技术研发商还改进了终端设备的性能，优化了渗漏预警数据系统平台的算法，以进一步实现渗漏预警技术的更新迭代。设备技术研发商对于终端设备性能的改进，主要有两个方向，一是在原有的终端设备基础上，提高内置传感器的灵敏度。二是研发应用水音监测仪等新型终端设备。因为现有的终端设备是通过吸附安装于金属供水管道或者非金属供水管道的金属管件上对漏水点进行听测，受管道材质的制约较大，通常情况下，与金属管道相比，非金属管道的漏水噪声信号探测较困难，当漏水噪声信号通过非金属管道传播时，会出现显著衰减，尤其是噪声中的高频成分，因此非金属管道漏水点的探测一直是管网漏损检测的重要课题。而水音监测仪相较于现有的终端设备，受管道材质的制约较小，捕捉采集到的声音信号经水介质传播，因此设备技术研发商为进一步提高终端设备灵敏度，研发应用如水音监测仪等水听设备。设备技术研发商对于渗漏预警数据系统平台算法的优化，主要体现在为渗漏预警技术研发相关定位功能，实现漏水异常点从预警到定位的全流程一体化应用管理。

10.3.4 技术要点

（1）应根据待探测管道的管道材质、管道口径等管道参数初步设计终端设备的布设间距。终端设备的布设间距应符合如下6点原则：

一是终端设备的布设间距应随管道口径的增大而相应递减。因为管道口径越大，声阻抗越大，管道越难形成振动，振幅较小，声音信号衰减明显，难以被终端设备捕捉采集，所以终端设备的布设间距应适当减小。

二是终端设备的布设间距应随管网水压的降低而相应递减。因为管网水压与漏水异常点声音强度呈正相关关系。在供水管网水压较低的区域所产生的漏水异常点，声音信号强度较小，难以被终端设备捕捉采集，所以终端设备的布设间距应适当减小。

三是终端设备的布设间距应随接头、三通等管道附件的增多而相应递减。因为当管网中水流经过变径管件、变向管件等管道附件时，会产生局部水头损失，进而产生较强烈的声音信号，所以需要适当缩小终端设备的布设间距，通过同一管段上终端设备捕捉采集的声音信号进行综合分析判断，可在一定程度上，降低管道附件干扰的影响。

四是当采用渗漏预警法用于漏水异常点预定位时，检漏人员应根据阀栓密度进行加密测量，并相应地减小终端设备的布设间距，以确保定位精确度。

五是针对不同管道材质的直管段，终端设备最大布设间距不应超过表10-1的规定。表10-1中间列参考行业标准制定，右列为国内部分水务公司的实践经验推荐值。

不同管材终端设备最大布设间距　　　　　　　　　　　　　　　　表10-1

管材	最大布设间距（m） （参考 CJJ 159—2011 标准）	最大布设间距（m） （国内水务公司实践经验值）
钢	200	150
灰口铸铁	150	100

管材	最大布设间距（m） （参考 CJJ 159—2011 标准）	最大布设间距（m） （国内水务公司实践经验值）
球墨铸铁	100	80
水泥	80	60
塑料	60	40

六是针对不同管道口径的球墨铸铁管、铸铁管、钢管直管段，终端设备最大布设间距不应超过表 10-2 的规定。表 10-2 为国内部分水务公司的实践经验推荐值。

不同管径终端设备最大布设间距 表 10-2

管道口径	最大布设间距（m）
≤DN300	150
DN300~DN600	100
DN600~DN800	80
DN800~DN1000	60
≥DN1000	40

（2）为确保终端设备安全稳定运作，终端设备的布设安装应符合如下 5 点规定：

一是终端设备宜布设于分支点的干管阀栓。因为分支点的干管阀栓处是供水管网连接干管与支管的关键节点，将终端设备布设于此，可极大提高终端设备的综合利用率。

二是终端设备宜优先布设吸附在供水管道的管背上，因为当终端设备吸附于供水管道的管背上时，受到的管道附件干扰较小。若管道材质为非金属管道，终端设备也可吸附在阀门金属件上，因为阀门芯吸附面积较小且容易掉落，所以终端设备可优先吸附在阀门盘上，以确保终端设备安装布设稳定可靠，若阀门盘与阀门芯连接较松动，可将终端设备吸附在阀门芯上，保证传声良好。安装位置如图 10-2 所示。

主管道的管背上　　　　阀门盘　　　　阀门壁　　　　阀门芯

图 10-2　渗漏预警终端设备安装位置

三是在布设安装终端设备前，应将管道吸附处清理干净，保证终端设备吸附可靠，有利于防止终端设备脱落，确保设备的漏损检测效果。

四是终端设备应处于竖直状态，因为终端设备内置传感器是纵向检测，设备布放时应优先保证竖直状态，且天线朝上，如果安装条件不允许可适当倾斜，但仍应保持天线向上。

五是终端设备的布设安装信息应及时记录存储。由于渗漏预警法终端设备数量较多，如果没做好设备管理工作，将极大影响设备综合利用率及渗漏预警体系运作。因此，检漏人员在到达预定布设地点后，应先使用巡检平板电脑录入终端设备编号及定位安装布设位置，以便后期终端设备管理。检漏人员将终端设备安装完毕后，还需拍摄现场安装照片及附近标识物照片，以免定位不准确。GIS系统建设较为健全的水务公司，阀门井宜做好编号工作，并在终端设备安装时，将阀门井编号一并录入巡检平板电脑，以精确定位终端设备安装位置，为终端设备应用管理提供多重保障。

（3）检漏人员应通过渗漏预警数据系统平台对每个报警的终端设备的噪声数据进行初步分析，亦可到现场巡检，查看现场情况，甄别判断是否为漏水异常，若不是漏水异常，应查明终端设备报警原因，若为漏水异常则可根据同一管段上相邻终端设备的数据分析结果，最终实现确定漏水异常区域或管段的目的。若渗漏预警设备具备相关分析功能，可借助此功能定位漏水点。

（4）终端设备可使用外置延长天线方案，实现信号增强的目的。当终端设备作为固定点安装时，若安装环境存在以下特点，可使用延长天线。一是终端设备安装深度大于2.5m；二是安装深度大于1.5m且积水没过设备天线；三是信号覆盖较差的地区，检漏人员可根据平台上终端设备信号状态值判断是否更换延长天线。

10.3.5 设备选型

（1）为了确保渗漏预警技术的精确度，终端设备内置传感器的灵敏度不应低于1dB。

（2）为了降低渗漏预警技术的误报率，减轻检漏人员不必要的工作负担，也为了辅助检漏人员对管道振动噪声数据的甄别判断，终端设备应能记录至少2种噪声参数。

（3）为了在复杂工况下，保障渗漏预警技术的应用成效，渗漏预警终端设备应具备稳定的工作性能，且测定结果应具有良好的重复性。

（4）由于终端设备常见的安装环境为阀门井内，因此终端设备可能较长时间需放置于井里，为确保阀门井中的积水现象不会对终端设备的使用产生不利影响，终端设备应具有良好的防水性能，应符合IP68标准。

10.4 渗漏预警法应用方案

10.4.1 渗漏预警法应用流程

图10-3为渗漏预警法基本应用流程。

如图10-3所示，渗漏预警法第一步工作为设置终端设备的工作参数，主要为IP和端口设置，以确保终端设备通信功能运作良好。

第二步工作为设计终端设备的布设地点。终端设备的布设地点应满足两个要求。一是能够记录到探测区域内管道漏水产生噪声。二是为了避免人为导致的误报情况，终端设备布设的检测点附近不应有持续的干扰噪声，如流量计、电力电缆、变压器、变电站和泵站等。此外，管道口径、管道材质等因素是影响渗漏预警技术应用成效的主要因素，终端设备的布设间距应符合上述规定。

第三步工作是实地勘探。在终端设备安装布设前，检漏人员需到实地查看情况，观察监测点附近有无持续的干扰噪声。此外，还需对当地信号进行测试，如果当地信号测试情况不佳，则安装时检漏人员可携带外置延长NB天线。最后，还需观察监测点所在阀门井井内情况，如若阀门井积水过多，且地势较低，容易积水，为避免终端设备天线长时间浸没

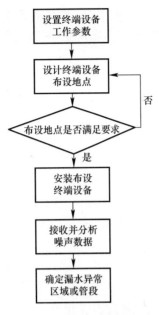

设置终端设备
工作参数

↓

设计终端设备
布设地点

↓

布设地点是否满足要求 —否→（返回设计终端设备布设地点）

↓是

安装布设
终端设备

↓

接收并分析
噪声数据

↓

确定漏水异常
区域或管段

图 10-3　渗漏预警法
基本应用流程

在水中，影响信号传输，安装时亦需携带外置延长 NB 天线。

第四步工作是安装布设终端设备。检漏人员在确定终端设备的布设地点后，首先应将终端设备进行激活唤醒，然后需认真检查终端设备天线是否松动以及底部强磁的磁性。在完成上述准备工作后，即可在终端设备上端挂钩处系上绳索，用于终端设备的取放。在检漏人员到达预定布设地点后，应先使用巡检平板电脑录入终端设备编号及定位布设位置，以便后期终端设备管理。检漏人员将终端设备安装完毕后，还应拍摄现场安装照片及附近标识物照片，以免定位不准确。若供水企业有阀门井编号，也需将阀门井编号一并录入巡检平板电脑，以精确定位终端设备安装位置，为终端设备应用管理提供依据。终端设备安装位置应参考上述要求。

第五步工作是接收并分析终端设备的管道振动噪声数据。通常情况下，终端设备的噪声数据可通过远传模式和巡检模式两种模式接收。当终端设备运行良好时，检漏人员可分析上传至渗漏预警数据系统平台的噪声数据。当终端设备远传模式异常时，检漏人员可通过渗漏预警数据系统平台发现出现异常的终端设备，之后可根据设备编号和安装时录入的信息，到设备安装位置查看情况。如可通过常规技术手段解决，检漏人员应先自行解决。如无法通过常规技术手段解决，检漏人员应及时联系厂商进行处理。常规技术手段解决方案见下文。

第六步工作是确定漏水异常区域或管段。检漏人员可通过对渗漏预警数据系统平台的噪声数据进行初步分析，亦可到现场巡检，分析数据，甄别判断是否为漏水异常，若不是漏水异常，应查明终端设备报警原因，若为漏水异常则可根据同一管段上相邻终端设备的数据分析结果，最终确定漏水异常区域或管段。

10.4.2　渗漏预警法应用模式

经过国内多家水务公司对渗漏预警法应用模式的探索，现已逐渐形成"固定＋流动＋临时"三种应用模式布防。针对不同的应用场景、需求目的，水务公司可结合自身管理水平、设备规模，选择科学合理的应用模式，有效提高设备综合利用率，使渗漏预警体系发挥其最大效用。

一是固定模式，即检漏人员将终端设备固定布放在重要管线、交通要道、薄弱管线、老旧管线上，通过渗漏预警数据系统平台每日监控管网运行状态，分析安全隐患点，及时处置。其优点是预警及时，覆盖面广，可有效地对重要管线、薄弱管线进行长期监测，并且还可降低人工检漏工作强度，提升管理信息化水平，提质增效，保障供水安全。其缺点是所需终端设备数量较多，经济成本较高。因此，水务公司常先采用流动模式布点，待设备规模逐步成型后，再以固定模式为主进行布防。

二是流动模式，即检漏人员将终端设备流动布放在供水干管、老旧管线以及夜间流量偏高的 DMA 区域。其优点是可结合分区计量，用较少量设备即可实现大面积供水区域的巡检。其缺点是为确保渗漏预警技术发挥成效，需有较高的设备流转率，增加检漏人员工作强度，并且管网漏损检测工作仍存在一定检漏周期。

三是临时模式，即针对特殊区域，检漏人员进行终端设备临时布防，常见临时布防的特殊区域有如下两类：第一类是地块施工、地铁施工、打桩作业、道路施工等容易发生安全事故的区域。第二类是重大赛事、重要会议和重要活动等需要进行安全保障的区域。针对这两类特殊区域，检漏人员可用少量终端设备实现特殊区域的保障，及时预警、及时响应，实现控漏损、保安全的目的。

当水务公司构建渗漏预警体系时，可灵活运用三种模式，形成符合当地特色的部署方案，根据国内多家水务公司共同摸索，归纳出 3 种常用部署方案，表 10-3 为 3 种常见部署方案适用条件及方案说明。

3 种常见部署方案适用条件及方案说明 表 10-3

部署模式	设备数量（参考值）	方案说明
经济检漏	50～200	使用设备进行流动布放，对管网进行轮巡检查；使用设备对漏水异常可疑点附近进行布放盘查，人机结合，提高漏水异常点盘查效率
管网保安全	200～800	针对重要管线、薄弱管线进行设备固定布放，管网漏损状态每日一查，其他管线流动点轮巡，遵循"保大顾小"原则，在保障重要管线、薄弱管线安全的基础上，兼顾其他管线
管网全覆盖	≥800	DN300 及以上管线实行设备全覆盖，结合 DMA 分区计量，建立漏损控制预警体系

10.5 渗漏预警法管理方案

10.5.1 "四个一"管理核心

经过国内多家水务公司对渗漏预警法管理方案的探索，最终形成了一套健全的分区渗漏预警管理体系。依托于该体系"四个一"的设计理念实现了"地图＋数据＋业务"的一体化管理和可视化展现。

（1）"一张图"统筹指检漏管理人员通过渗漏预警云平台，对管网状况、人员分布、设备分布、数据展示、历史漏点分布进行全方位跟踪监测，为检漏管理人员统筹制订工作计划提供数据支撑。图 10-4 为渗漏预警云平台"一张图"。

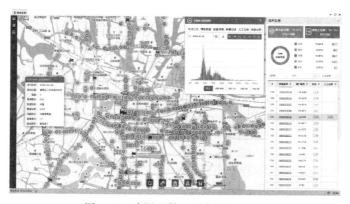

图 10-4 渗漏预警云平台"一张图"

（2）"一流程"管理指检漏管理人员通过渗漏预警云平台，实现从渗漏预警工作计划制订到渗漏预警工作任务分派，再到漏点修复和信息归档的全流程检漏工作闭环，帮助检漏管理人员梳理工作思路，进而实现渗漏预警工作的精细化管理。图 10-5 为渗漏预警云平台"一流程"。

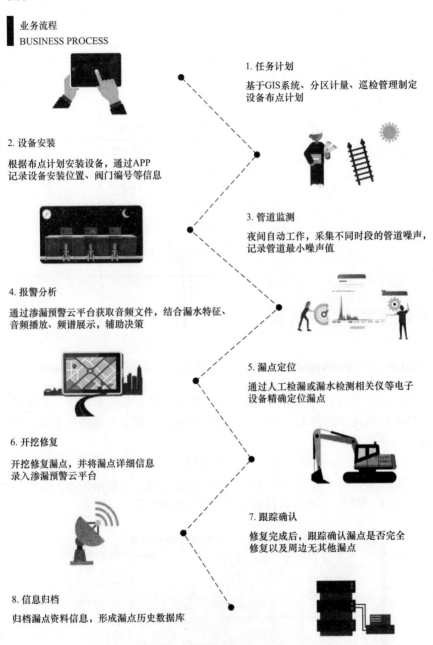

业务流程
BUSINESS PROCESS

1. 任务计划
基于GIS系统、分区计量、巡检管理制定设备布点计划

2. 设备安装
根据布点计划安装设备，通过APP记录设备安装位置、阀门编号等信息

3. 管道监测
夜间自动工作，采集不同时段的管道噪声，记录管道最小噪声值

4. 报警分析
通过渗漏预警云平台获取音频文件，结合漏水特征、音频播放、频谱展示、辅助决策

5. 漏点定位
通过人工检漏或漏水检测相关仪等电子设备精确定位漏点

6. 开挖修复
开挖修复漏点，并将漏点详细信息录入渗漏预警云平台

7. 跟踪确认
修复完成后，跟踪确认漏点是否完全修复以及周边无其他漏点

8. 信息归档
归档漏点资料信息，形成漏点历史数据库

图 10-5　渗漏预警云平台"一流程"

（3）"一报表"考核指检漏管理人员通过渗漏预警云平台记录统计漏点情况和具体工作情况，实现漏损控制工作量化考核，为检漏管理人员人力资源管理决策提供依据，进而实现人力资源集约化管理。图 10-6 为渗漏预警云平台"一报表"。

（4）"一台账"归档指检漏管理人员通过渗漏预警云平台记录终端设备安装维护信息，实现设备全生命周期管理，帮助检漏管理人员优化终端设备管理方案，进一步提高设备综合利用效率。图 10-7 为渗漏预警云平台"一台账"。

图 10-6　渗漏预警云平台"一报表"　　图 10-7　渗漏预警云平台"一台账"

10.5.2　应用管理模式

供水管网渗漏预警技术是一个跨学科、跨领域的复合型前沿技术，为了充分发挥渗漏预警技术在漏损控制中的效用，减少真实漏失水量，保障供水管网安全稳定运行，需构建相应的渗漏预警管理体系。经国内多家供水企业长期的实践探索与研究，渗漏预警体系已成功与国际先进漏损控制理念技术结合，形成成熟的应用管理模式。

一是基于 DMA 的分区渗漏预警模式。供水企业通过 DMA 的实施，监测 DMA 区域内的流量、压力、水质等管网运行参数，通过观察夜间最小流量的变化趋势和流量变化幅度，可及时发现区域内的漏损异常现象。若 DMA 区域较大，可能存在灵敏度不足或定位精度不高等问题，因此需将 DMA 与检漏技术相结合，以进一步解决上述问题。但传统检漏模式受限于检漏人员数量、人员素质、天气气候、时间地理条件等因素，未能有效缓解上述问题。尤其是检漏人员数量和能力素质，若发现异常的 DMA 区域过大，需投入大量人力物力，势必会影响其他区域检漏工作的开展，同时由于检漏人员经验水平参差不齐，可能在投入大量人力物力之后，仍未能发现漏水点。

为解决传统检漏模式的弊端，供水企业可以通过构建渗漏预警体系，在发现异常的 DMA 区域内布放渗漏预警设备，通过观察设备的报警情况，分析报警设备的音频、频谱，最终可实现漏水点的预定位和精确定位。由于该应用模式为人机结合模式，因此对日常检漏工作影响较小。

二是冬季检漏模式。随着冬季的来临，气温不断下降，城市供水管网漏损和爆管的情况逐渐增多。造成冬季供水管网漏点增加的原因，一方面是由于冬季气温温差较大，加剧了管道热胀冷缩，导致管道尤其是接口处受损，产生漏水点；另一方面是当气温降至0℃以下时，在夜间用水量少或不用水的情况下，由于水停止流动，管内的水容易结冰，体积增大，当扩张力大于管道抗拉强度时，造成管道破裂。冬季尤其是冰冻天气后，供水设施往往容易出现不同程度的损坏。

冬季检漏一直是困扰供水行业的难题，短时间内漏水点的激增、管道的破裂、供水设施的损坏等现象使供水企业处于十分被动的局面。为解决这一问题，国内部分水务公司通过构建渗漏预警体系，明确并固化冰冻季节设备检漏的管线，通过布防渗漏预警设备，及时发现管道异常现象，大幅缩短人工检漏周期，提高检漏效率，为供水企业抗冰冻留出充裕的时间，打破了时间和空间的限制，减轻冰冻季节对供水管网的影响。

三是特殊区域的无人巡检模式。由于供水企业的服务面积普遍较大，服务区域内不可避免地存在一些难以巡检的特殊区域，如各类施工地块、倒虹管等，而这些区域或因无法进入，或因地处偏僻，或因探测条件不佳，管线巡检工作往往被检漏人员忽略，并产生漏损现象。供水企业可以通过构建渗漏预警体系，在特殊区域内布放渗漏预警设备，以机器巡检替代人工巡检。若特殊区域内管线的阀门间距较远，可通过开设简易人工井的方式，缩短探测点间距，加密探测点密度。

10.5.3 人才队伍建设

渗漏预警体系的实施，应有专门人员落实渗漏预警云平台的分析工作。分析人员应符合如下4点要求：

（1）分析人员需有一定检漏基础，掌握漏水噪声的基本辨识能力。因为渗漏预警技术仍是基于声学原理，所以若要分析渗漏预警设备上传的音频数据和频谱数据，应要求分析人员对漏水噪声声音特性有一定了解。

（2）分析人员需每日观测已安装设备状态，对报警的终端设备进行数据分析、音频分析和频谱分析等初步分析。并对漏水异常可疑点进行筛选，形成一份台账，并组织协调相关人员到现场进行问题排查。

（3）针对未能及时上传数据至渗漏预警云平台的终端设备，分析人员应组织协调相关人员进行现场数据巡检收集，必要时可采取更换外置延长NB天线等增强信号的措施，以确保信号回收率处于较高水平。

（4）分析人员需对渗漏预警法查出的漏水异常点进行案例汇总，形成案例库，亦可上传至渗漏预警云平台进行案例分享，通过平台将漏点信息录入漏点台账中，便于后期分析管网的健康状况和异常情况。

10.5.4 终端设备维护保养

1. 维护保养原则

为保障终端设备稳定运行，满足供水管网漏损监测的需求，检漏人员需严格按照设备操作规程，正确使用设备。此外，检漏人员还需严格对终端设备进行维护、保养，确保终端设备始终处于最佳的工作状态，实现延长设备使用寿命的目的。终端设备维护和保养的原则有如下4点：

（1）管理原则

水务公司或第三方检漏测漏公司发放到各班组的渗漏预警终端设备，班组组长和组员要建立包人包机制度，不得乱借、乱用，保证设备、附件完好无损，清洁整齐。尤其是设备回收后，检漏人员应及时将设备表面和磁铁清理干净，定期或不定期对设备进行维护和保养。水务公司或第三方检漏测漏公司需通过包人包机制度，实现分工明确、责任到人。

（2）使用原则

检漏人员需遵守设备操作规程，规范使用设备，应熟悉设备的使用条件、工作环境，如温度、湿度等相关技术参数，减少设备故障率。检漏人员在现场使用时，要仔细看管设备，防止设备意外磕碰、摔伤和丢失。由于渗漏预警终端设备布放时间较长，所以在布放时应考虑隐蔽性，注意防盗，并定期去安装现场盘点。当布放位置在施工现场时，检漏人员应随时关注现场状况，防止因施工导致的设备丢失或掩埋。

（3）维修原则

针对设备老化严重、部件损伤等问题，检漏人员要及时安排维修计划，常规技术问题可自行解决，若无法解决，可及时联系设备厂商进行维修和更换部件。如果设备老化导致功能性故障或超过使用年限，或即将报废的设备，要及时上报更新或添置计划，以免影响正常的检漏工作。

（4）保存原则

任何电子产品都难免受到湿度、温度的影响。因此，当检漏人员将终端设备回收至仓库，或终端设备尚未启封时，应做好仓储管理工作，应保障仓库空气干燥，温度适宜，避免设备受潮腐蚀。

2. 维护保养办法

渗漏预警终端设备维护保养办法有如下 3 点：

（1）设备回收后保养、仓储

通常情况下，渗漏预警终端设备安装在阀门井里，设备回收时，检漏人员应及时将设备表面和磁铁底部清理干净，并保持设备干燥，将设备放入收纳箱中存放。

（2）设备性能检查

检漏人员应每隔两个月对仓库内设备进行性能检查，检查项目应包括：配件完整性、电池电量、终端设备采集功能、终端设备噪声存储和分析功能、终端设备远传功能，遇到设备异常时，若能自行解决则自行解决，如不能应及时联系设备厂商进行维修和更换部件。

（3）设备安装盘查

针对安装的渗漏预警终端设备，检漏人员应每隔三个月进行设备盘查，盘查项目应包括：终端设备安装位置检查，如果终端设备掉落或即将掉落，应及时更正安装位置；阀门井下环境检查，如阀门井积水现象严重，应及时抽水，必要时可考虑更换外置延长 NB 天线；配件完整性；电池电量；终端设备采集功能；终端设备噪声存储和分析功能；终端设备远传功能。

10.6　渗漏预警法常见问题和解决方案

10.6.1　巡检功能异常

异常现象：当检漏人员在使用巡检平板电脑进行巡检时，接收不到终端设备信号。

解决方案：

（1）如果是因巡检平板电脑与终端设备相距过远，导致信号接收不良的情况，检漏人员可在确认终端设备位置后，在离终端设备较近距离处重新启用巡检功能。

（2）如果是因周围终端设备数量较多引起的通信冲突，导致信号接收不良的情况，检漏人员可使用单点抄收功能对终端设备进行数据读取。

（3）如果是因设备处于休眠状态，导致信号无法接收的情况，检漏人员可对终端设备进行唤醒，方式为使用设备底部磁铁对设备进行长吸唤醒。

（4）当发现巡检异常时，检漏人员可重启巡检平板 APP 和接收器电源，重新启用巡检功能。

（5）如果上述原因均已排查，仍未解决终端设备信号接收问题，检漏人员可检查 Lo-Ra 天线，确保天线拧紧。若仍未能解决，应及时联系厂家进行处理。

10.6.2 远传功能异常

异常现象：当检漏人员发现终端设备数据未能成功远传至渗漏预警云平台。

解决方案：

（1）检查终端设备上发的 IP 和端口设置是否正确。

（2）检查设备实时上报功能是否正常，若异常请及时将问题上报，联系厂家进行处理。

（3）检查终端设备 NB 远传信号，若终端设备所处区域信号较差，建议更换外置延长 NB 天线。

（4）到终端设备安装现场，检查安装环境，若终端设备是因井内积水没过天线导致的远传功能异常，应及时抽水；若终端设备是因阀门井被掩埋导致的远传功能异常，应及时联系相关人员处理。

10.7 渗漏预警体系项目案例分析

10.7.1 S 市渗漏预警体系应用成效

S 市地处中国华东地区，是一座典型的江南城市。S 市水务公司主要承担主城区供水排水设施建设、运行和供水排水服务职能。S 市水务公司的服务面积为 498km²，服务人口为 98 万，用户为 46 万，管网总长约 5300km，年售水和排水量均为 1 亿 m³。S 市水务公司通过开展智慧供水管网建设，将 DMA 分区计量、水力模型等信息化系统有机结合，实现漏损控制的长效治理，漏损率已连续十余年处于低位。

但是随着漏损控制工作的不断深入，S 市水务公司也面临着大漏点数量越来越少、单点漏量越来越小、管道埋设越来越深等问题，无疑给常规人工听音检漏模式带来极大冲击。同时，特殊环境下大管道、老旧管道等薄弱环节安全隐患问题日益突出，加之随着供水面积的不断扩大，也面临着人工听音检测盲区较多，检漏人员断档，检漏人员培养难度大等诸多问题。因此，寻求一种高效科学、智能有效的检漏技术，检出分区计量难以解决的小背景漏失和人工难以听到的疑难漏点，保持漏损率能长久稳定于较低水平，保障管网安全运行，成了 S 市水务公司漏损控制的重要工作。

近几年，S 市水务公司着手构建供水管网渗漏预警体系，结合 DMA、PMA 的管理应用，完成对于管网漏水噪声、管道流量、管网压力的全方位综合监测，建立了精细化的主动控漏工作机制，对保障城市安全供水发挥了积极作用。

渗漏预警体系投入使用一年后，S 市已部署近 2000 处终端设备预警点位，运行成效显著，既促进人工与技术检漏无缝衔接，又实现了保安全与控漏损双管齐下：

（1）依托渗漏预警体系已成功检出近 200 处有效暗漏点，年节水量达 218 万 m³，创造经济效益达 392 万元。

（2）成功消除了 33 处特重大隐患点，全年无爆管事故发生。

（3）创新了工作模式，将以往以人为主的工作模式，转变为人机结合的智能检漏模式，S 市多个区域已经实现日间检漏模式。

10.7.2　D 市渗漏预警体系应用成效

D 市地处中国东北地区，是一座极具北方特点的副省级城市。D 市自来水集团是一个以城市供水为主，工程设计、工程施工、水表制造和塑料管制造等为支柱产业的城市供水企业。其中某分公司供水面积为 124km²，DN75 及以上管网长度为 1100km，用户数约 46 万，年供水总量约 1 亿 m³。受地理环境和客观因素的制约，该分公司供水管网整体漏损率偏高，基于政府要求和集团发展实际，降漏控漏工作需求迫切。

根据《室外给水设计标准》GB 50013—2018，地下管道埋深设计应考虑防冻，需根据北方各地冻土厚度，将地下管线埋设在冰冻线以下。D 市地处中国东北地区，冻土层厚度较大，因此地下供水管道埋深普遍较深，采用传统声音探测法的检漏难度极大。此外，因为 D 市的地形地势特点为山地丘陵较多，平原低地较少，所以供水管网压力管控存在一定难度，部分区域因管网压力过小，给传统声音探测法的检漏效率带来诸多不利影响。同时，地下管线安全问题日益严峻，供水管线作为城市主要生命线之一，应减少甚至杜绝管道爆管现象的发生。而北方城市气温较低，漏水一旦渗出地面将迅速冻结，若导致爆管将极大危害人民群众生命财产安全。

因此近几年，D 市自来水集团致力于构建行业领先，具有当地特色的"分区计量＋渗漏预警"的降漏控漏体系，打造智能检漏新模式、新机制，以面带点实现供水管网漏损的在线预警、高效处置、快速修复，缩短管道漏损检测周期，及时处置修复，以降低供水管网漏损率和减少地下供水管道爆管现象的发生，保障管网安全稳定运行。

渗漏预警体系投入使用半年后，该分公司已部署 500 余处渗漏预警设备点位，已成功检出近 400 处有效暗漏点，同比增长 1 倍，折合漏量约 6 万 m³/d，漏点数量和质量均大幅提升；通过渗漏预警体系的应用，该分公司大口径主干管的检漏周期已由过去的 6 个月缩短到 2 个月，漏点从发生到发现再到定位的时间极大缩短。同时该分公司通过增设检查井，对之前未列入排查范围的管线进行了排查，减少了检漏巡检盲区，人工检漏效率较之前提高了 3 倍。

10.7.3　G 市渗漏预警体系应用成效

G 市地处中国华南地区，是一座极具南方特色的省会城市、特大城市。G 市自来水公司是一家集自来水生产、销售、服务多种经营为一体的特大型供水企业。其中 D 片区面积约 3.5km²，日供水量约 3.34 万 m³，漏损率高；F 片区面积约 45km²，日供水量约 22.2 万 m³，漏损率较高。基于政府要求和集团发展战略，降漏控漏工作迫在眉睫。

因为 G 市拥有规模较大的供水管网，所以管网建设、管理具备一定复杂性。且 G 市土质和管网基础也不利于漏损控制管理。G 市地下淤泥层多，管道基础较差，导致管道与基础极易形成不均匀沉降，产生漏水异常现象，甚至爆管现象。同时，G 市地下水位高，导致土壤电导率也处于较高的水平，易腐蚀金属管道，产生漏损，影响管道使用寿命。若采用塑料管道，则会存在较多检漏盲区，检漏难度大。

因此近几年，G 市自来水公司针对漏损率高的 D 片区、F 片区供水区域，根据管网基础条件和漏损管控需要，确立"物理控漏为主，计量控漏、管理控漏相辅"的技术路线。G 市自来水公司通过全面建设点、线、面结合的漏损控制系统，构建"分区计量＋渗漏预警＋智能巡检"一体化预警和监控体系，将信息化技术与漏损管理紧密结合，逐步转向智能精细管控，降低漏损率，提升安全保障，减少经济损失。

渗漏预警体系投入使用半年后，D 片区和 F 片区共部署 1000 余处渗漏预警设备点位，已成功检出近 900 处有效暗漏点，折合漏量约 13000m³/d。

10.8　渗漏预警具体应用案例分析

10.8.1　S 市大口径、深埋设供水管道漏水点预定位

漏水点详细信息如下：

管道口径：DN500；

管道埋深：4.8m；

漏点形式：铸铁管上方漏洞。

在一次供水管网渗漏预警分析中，S 市检漏人员通过渗漏预警云平台发现主干道一处大口径、深埋设供水管道的渗漏预警设备已持续多天报警，如图 10-8 所示。

#	设备编号	时间	状态	增益	特征值	...	安装地址	坐标位置
1	1906100148	2019-07-15	渗漏	低	44		浙江省绍兴市越城区钱陶公路3号靠近箕家北桥	120.67398410373264,30.06...
2	1906100148	2019-07-16	渗漏	低	34		浙江省绍兴市越城区钱陶公路3号靠近箕家北桥	120.67398410373264,30.06...
3	1906100148	2019-07-17	渗漏	低	42		浙江省绍兴市越城区钱陶公路3号靠近箕家北桥	120.67398410373264,30.06...

图 10-8　大口径、深埋设供水管道案例渗漏预警云平台分析图

由于该设备预警的管道埋设深度较大，达 4.8m，且管道口径为 DN500，管径较大，具备一定探测难度，S 市检漏人员经过多个周期的供水管网漏水异常点普查，仍未能发现该漏水点。根据设备报警情况，S 市检漏人员加大该区的检漏力度，最终发现该漏水点。开挖后，发现该漏水点为 DN500 铸铁管上方漏洞，漏量适中。现场开挖情况如图 10-9 所示。

分析：本应用案例主要体现了渗漏预警设备的抗干扰能力。因为渗漏预警设备直接吸附于金属材质的管道或管道附件上，所以管道埋深对渗漏预警设备的干扰较小。针对大口径、深埋设供水管道，因为一方面管道口径过大，导致漏水点声音信号产生时便较为微

弱，另一方面又因较大的管道埋深，地面听音法极难探测，所以人工检漏存在诸多不利因素，而渗漏预警技术可在一定程度上减少或避免因管道埋深带来的不利影响。

10.8.2　S市小漏量漏水点预定位

漏水点详细信息如下：

管道口径：DN200；

管道埋深：1.0m；

漏点形式：铸铁管套筒小洞。

在一次供水管网渗漏预警分析中，S市检漏人员通过渗漏预警云平台发现一处DN200铸铁管的渗漏预警设备报警，检漏人员通过分析渗漏预警设备上传的频谱和音频，初步判断为漏水点，经数日观察后，发现渗漏预警设备仍处于报警状态，漏损概率较高。最终S市检漏人员在该处渗漏预警设备附近发现小漏量漏水点，漏量仅 0.2m³/h，漏水点为DN200铸铁管套筒小洞，漏量极小。现场开挖情况如图10-10所示。

图10-9　S市大口径、深埋设　　　　图10-10　S市小漏量漏水点现场开挖情况
供水管道漏水点现场开挖情况

分析：本应用案例主要体现了渗漏预警设备的高灵敏度。因为本案例中的漏水点漏量极小，所以通过人工检漏的方式，探测难度较大。而渗漏预警设备内置高灵敏度传感器，又直接吸附于金属材质的管道或管道附件上，所以探测灵敏度较高，可探测出该漏水点。

10.8.3　S市老旧小区新增漏水点预警

漏水点详细信息如下：

管道口径：DN100；

管道埋深：0.5m；

漏点形式：铸铁管支管被压断。

S市某老旧小区进行翻新改造，为及时发现施工作业对地下供水管道的破坏，实现及时预警、及时响应的目的，检漏人员通过采取临时模式布设渗漏预警设备对该特殊区域进行全天候的实时监测预警。

在设备布放后的前一段时间内，设备无报警现象。但突然有一天，S市检漏人员发现该处的渗漏预警设备报警，通过渗漏预警云平台上的频谱和音频初步分析后，判断为漏水点。经过一天的观察，设备仍为报警状态，于是S市检漏人员立即到达现场检漏，最终发现该漏水点。开挖后，发现漏水原因是DN100铸铁管上的DN50弯头被施工压断，漏量适中。图10-11为本案例的渗漏预警云平台特征值报警图，图10-12为该漏水点现场开挖情况。

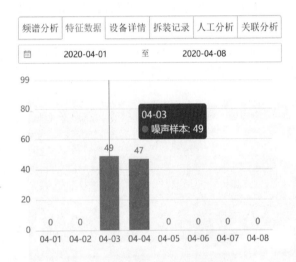 

图10-11　S市老旧小区新增漏水点渗漏预警云平台特征值报警图

图10-12　S市老旧小区新增漏水点现场开挖情况

分析：本应用案例展现了渗漏预警技术应用模式中的临时模式的应用场景及应用成效。随着城市的发展，不可避免地存在许多地块施工、地铁施工、打桩作业、道路施工等容易发生安全事故的区域，也可能存在举办重大赛事、重要会议和重要活动等需要进行安全保障的区域。通常情况下，针对这类特殊区域，当地水务公司可以通过采用巡检的方式发现隐患，但是因为巡检效率较低，且漏水点多为新增漏水点，具备突发性和偶然性，所以人工巡检的方式极难取得较为显著的效果。S市通过渗漏预警体系，将渗漏预警设备临时布设于管道上，可及时发现特殊区域的新增漏水点，做到及时处置，快速修复，避免事故进一步扩大恶化。

10.8.4　D市管道深埋设、重大隐患漏水点预定位

漏水点详细信息如下：

管道口径：DN400；

管道埋深：3.0m；

漏点形式：铸铁管管体开裂。

在一次供水管网渗漏预警分析中，D市检漏人员通过渗漏预警云平台发现某加油站附

近 $DN400$ 铸铁管上的渗漏预警设备报警，检漏人员通过渗漏预警云平台初步判断为漏水点，经过一天的观察，发现该设备仍处于报警状态，漏损概率较高。由于怀疑的漏损异常区域靠近加油站，事故风险极大，因此 D 市检漏人员立即加大该区域的检漏力度，最终发现加油站出口一处管道深埋设、大漏量漏水点，消除了重大安全隐患，保障城市供水安全。现场开挖情况如图 10-13 所示。

分析：本应用案例展现了渗漏预警技术应用模式中的固定模式的应用场景及应用成效。针对不同的应用场景、需求目的，当地水务公司应根据各自的管网情况、设备规模，选择科学合理的应用模式，设计渗漏预警设备的布设方案，以提高设备综合利用率，使渗漏预警体系发挥其最大效用。如本案例中，D 市检漏人员将渗漏预警设备长期布设于加油站旁等存在重大安全隐患的位置，及时发现漏水点，消除安全隐患，为城市安全发展提供坚实保障。

图 10-13　D 市管道深埋设、
重大隐患漏水点现场开挖情况

思 考 题

1. 渗漏预警设备的检测时段以哪个区间为宜？

2. 渗漏预警法与传统声音探测法相比，具备哪些优势？哪些劣势？

3. 渗漏预警设备的部署间距应考虑哪些因素？根据《城镇供水管网漏水探测技术规程》CJJ 159—2011，不同管材的参考布放间距是多少？

4. 渗漏预警设备有哪三种应用模式？谈谈您对三种应用模式的理解？

5. 渗漏预警设备的维护和保养原则包括哪些？

11 管网漏损检测其他新型方法

城镇供水管网漏损检测是水务行业的重要课题，也是世界性难题。因此，必须综合运用多学科方法，结合先进前沿的技术理念，针对供水管网漏水异常点的特性，全方位开展高质高效的管网漏损检测工作。本书第9章、第10章阐述的管网漏损检测技术——声音探测法和渗漏预警法均属于声学检漏的范畴，而本章将重点介绍基于其他原理的管网漏损检测新型方法，内容包括：

（1）基于水量平衡原理的流量监测法；

（2）基于压力变化原理的压力监测法；

（3）基于气体浓度变化原理的气体示踪法；

（4）基于闭路电视成像原理的管道内窥法；

（5）基于电磁波探测原理的探地雷达法；

（6）基于红外热成像原理的地表温度测量法；

（7）基于电磁波探测原理的雷达卫星成像法；

（8）基于声学、闭路电视成像、光缆通信、温感等原理的管道带压内检测技术；

编者希望通过本章的阐述，帮助读者树立对国际先进前沿的管网漏损检测方法和科学技术的认识，为管网漏损检测提供多元化的解决方案。

11.1 流量监测法

11.1.1 基本机理

流量监测法利用流量测量仪表监测输配水管道的流量变化情况，通过水量平衡分析开展供水系统漏水异常诊断评估（是否存在漏水现象、漏水程度、漏水在系统中分布情况），是管网漏损检测的一种重要方法，是确定经济控漏水平的重要手段，也是进行漏水探测的基础，可分为区域装表法和分区计量法。

11.1.2 适用范围

流量监测法可用于判断探测区域是否存在漏水现象，可确定漏水异常发生的范围，还可用于评估其他方法的漏水探测效果。其中，分区计量法已在本书第6章详细阐述，此处不再赘述。

11.1.3 技术要点

（1）应结合供水管道实际条件，设定流量测量区域。

（2）为了满足流量测量区流量测定的要求，探测区域内及其边界处的管道阀门均应能有效关闭。

（3）为更好发挥流量监测法应用成效，流量监测法应根据需要选择区域装表法或分区计量法。

（4）当采用区域装表法时，应符合如下规定：

1）单管进水的居民区，以及除一至两个进水管外，其他与外区相关联的阀门均可关闭的区域可采用区域装表法。

2）单管进水的区域应在区域进水管段安装计量水表，水表应符合如下规定：一是水表应能连续记录累计量；二是水表应能满足区域内用水高峰时的最大流量；三是应考虑水表在小流量时仍有较高精度。

3）多管进水的区域采用区域装表法时，除主要进水管外，其他与本区域连接管道的阀门均应严密关闭。主要进水管段均应安装计量水表。

4）当采用区域装表法进行漏水探测时，为避免不同时间读取带来的误差，应在同一时间段读抄该区域全部用户水表和主要进水管水表，并分别计算其流量总和。当两者之差小于5％时，可不再进行漏水探测。当两者之差超过5％时，可初步判定存在漏水异常现象，并应采用其他方法探测漏水点。

（5）流量监测法可采用的流量仪表包括机械水表、电磁流量计、远传超声流量计或插入式涡轮流量计等，其计量精度应符合《饮用冷水水表和热水水表第1部分：计量要求和技术要求》GB/T 778.1—2018、《电磁流量计》JB/T 9248—2015 和《超声波水表》CJ/T 434—2013 的有关规定。

11.1.4 应用设备

1. 电磁流量计

（1）电磁流量计构成及基本原理

电磁流量计主要由传感器和转换器构成，其中转换器的主要功能有如下两点：一是向传感器提供励磁线圈的励磁电流；二是对流量信号进行放大、转换和显示，并输出为其他装置能接收的信号。

电磁流量计的基本原理是法拉第电磁感应定律，通过励磁电流产生感应磁场，导电流体在磁场中运动产生感应电动势，通过测量感应电动势，将其换算成导电流体流量，之后经转换器将流量信号进行成比例的毫伏信号放大，并转换成标准直流电流输出，以便接到电动单元组合仪表，进而实现指示、记录、流量计算和调节等功能。

（2）技术要点

1）在使用电磁流量计时，为避免因气泡现象导致测量准确度较低，应防止待测管道内混入气泡。

2）因为电磁流量计的基本原理是法拉第电磁感应定律，为避免外界磁场对测量准确度的干扰，传感器和转换器的安装位置应尽量远离较强的交流磁场和直流磁场。

3）为了保障待测流体流速分布均匀，提升电磁流量计的测量准确度，流量计的上游及下游应设置直管段。直管段长度应包括传感器测量管的长度，应从电极中心开始计算，上游存在锥角不大于15°的渐缩管时亦可视为直管段。图11-1为电磁流量计不同工况直管段长度推荐值。

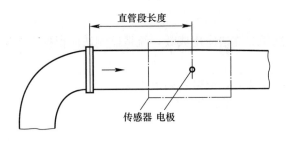

传感器 电极

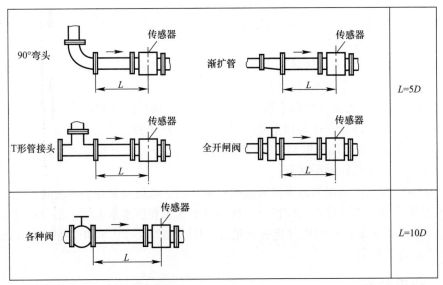

注：直管段长度L以公称通径D的倍数表示。

图 11-1　电磁流量计不同工况直管段长度推荐值

2. 超声流量计

（1）超声流量计构成及基本原理

超声流量计主要由流量计表体、超声换能器及其安装部件、信号处理单元和（或）流量计算机组成。流量计按换能器安装方式可分为接触式和外夹式两种形式。接触式流量计根据换能器的数目不同，分为单声道流量计、双声道流量计和多声道流量计。流量计的输出方式分为脉冲输出、模拟量输出和数字通信输出等。

超声流量计的基本原理是基于超声波在流体中的传播特性，通过测量声波在流动介质中传播的时间，将其换算成单位时间内的流体流量。通常情况下，该原理的应用可分为两种方法。第一种方法是传播时间差法，如图 11-2 所示。

传感器，即超声换能器从上游和下游沿斜线发射超声波脉冲信号，因为上游传感器发射的超声波脉冲信号与水流方向相同，所以下游传感器接收信号的时间早于上游传感器接收信号的时间，通过检测超声波脉冲信号传播时间差，进而实现测量流量的目的。

第二种方法是脉冲多普勒法，如图 11-3 所示。

若待测管道内气泡较多，为降低气泡对流量计测量准确度的不利影响，超声流量计可基于多普勒效应，对测量原理进行优化。当传感器将超声波脉冲信号发射至待测液体中时，待测液体中的气泡或颗粒物会反射脉冲信号，通过反射波的多普勒效率随流速变化的特性，对待测流体流速进行测算，进而实现测量流量的目的。

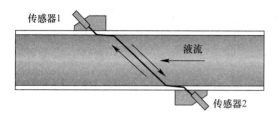

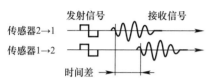

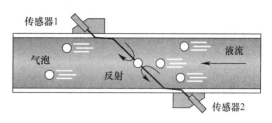

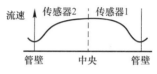

图 11-2　超声流量计传播时间差法原理示意图　　　图 11-3　超声流量计脉冲多普勒法原理示意图

（2）技术要点

1）为确保超声流量计的测量准确度，应根据工况条件选择合适的超声换能器。当待测流体中，气泡或颗粒物过多时，需慎重选用，不宜采用基于传播时间差法原理的超声换能器。

2）为提高超声流量计的测量准确度，在超声流量计安装前，应尽量掌握管道口径、管道材质、管道厚度、管道内衬材质、管道内衬厚度等管道参数。并应根据现场条件，选择合适的安装方式，如图 11-2 的安装方式为"Z"法安装，图 11-4 为"V"法安装示意图。

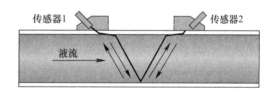

图 11-4　超声流量计"V"法安装示意图

3）超声流量计宜采用水平安装的方式，当采用其他方式安装时，宜将流量计安装于管道上升段内，以保证待测流体充满管道。

4）对于具备双向计量能力的超声流量计，流量计安装位置两侧的管道均应视为流量计上游管道，故而均需达到流量计上游管道的标准。

5）为提升超声流量计的测量准确度，流量计上游及下游的直管段范围内，宜保障管道内壁清洁，无明显凹痕、锈蚀、结垢和起皮等现象。除取压孔、温度计等插孔外，上游及下游直管段应无其他障碍及连接支管。

6）当超声流量计安装位置无法满足直管段要求，或流量计上游存在 T 形弯头、阀门或泵等易对流体状态产生较大影响的扰流构件时，可在流量计上游安装流动调整器。

7）在不安装流动调整器的情况下，多声道超声流量计上游直管段应不小于 10DN，下游直管段长度应不小于 5DN（DN 为流量计内径）。单声道超声流量计的上游及下游直管段长度应以表 11-1 为参考值。

单声道超声流量计上、下游直管段长度参考值　　　　　　　　　　表 11-1

阻流件形式	单个 90°弯头或三通	同一平面内的两个或多个 90°弯头	不同平面内的两个或多个 90°弯头	渐缩管（在 1.5D～3D 的长度内由 2D 变为 D）
上游直管段长度	36D	42D	70D	22D

阻流件形式	单个90°弯头或三通	同一平面内的两个或多个90°弯头	不同平面内的两个或多个90°弯头	渐缩管（在1.5D~3D的长度内由2D变为D）
下游直管段长度	8D			

阻流件形式	渐扩管（在1D~2D的长度内由0.5D变为D）	全开球阀	全开全孔球阀或闸阀	其他形式
上游直管段长度	38D	36D	24D	145D
下游直管段长度	8D			

11.1.5 应用案例分析

1. S市小区塑料管疑难漏水点预警

漏水点详细信息如下：

管道口径：DN150；

管道埋深：1.0m；

漏点形式：PE管直套筒漏水。

S市一处邻近公园的住宅小区外，安装有一只DN100考核水表，小区内只有8幢住宅楼。抄表后，检漏人员经过总分表水量分析，发现水量异常达到50%~60%，检漏人员初步判断该区域内存在漏水异常现象。但经过检漏人员多个周期的排查后均未查出漏点，且附近所有阀门及消防栓均无法探测到漏水异常声。该小区的3幢与4幢间有一根DN200管，该管道经过该小区通往邻近小区，所以检漏人员初步怀疑存在连通管接出小区导致考核计量分析不准。

于是检漏人员以摸排连通管及小区附近公园进水管（该表月用水量1600t）为主要目标，开展重点排查工作。检漏人员首先对阀门及消防栓等管道裸露点进行直接听音，并查看公园水表计量情况，结果仍未探测到声音信号，水表也未走动，查看小区考核表匀速转动，每小时为7t流量。此时，检漏人员分析该老小区场内管为塑料管，经实地查看，发现表后果然是一支DN150的PE管，管长40余米。于是检漏人员在调整电子听漏仪频率后，重新进行排查，最终查得漏点。第二天开挖后，发现DN150 PE管直套筒漏水，漏量较大。现场开挖情况如图11-5所示。

分析：本应用案例中，检漏人员通过流量监测法，发现该处小区可能存在漏水异常现象，提高了检漏人员工作效率，减少了检漏盲区。该小区附近地下供水管网较为复杂，因此可能存在较多连通管，而本案例中检漏人员通过综合运用阀栓听音法和流量监测法，最终将漏水异常区域缩小，并凭借多年检漏经验，完成对小区塑料管疑难漏水点的探测定位。小区塑料管漏水点的探测及定位一直是业界内的难题，因为塑料管道的特性，漏水异常点声音信号极难探测，所以仅采用声音探测法进行漏水异常检测的难度较大，需综合运用其他方法。

2. S市老旧小区漏水点

漏水点详细信息如下：

管道口径：DN100；

图 11-5　S 市小区塑料管疑难漏水点现场开挖情况

管道埋深：1.0m；

漏点形式：PE 管与铸铁管直套筒头连接处漏水。

为了改善小区居民的水质，S 市水务公司斥资对老旧小区场外管进行改造。改造结束后发现一处老旧小区总分表水量存在异常。检漏人员多次对该小区进行全面排查，但均未发现漏水异常情况。检漏人员经过总分表分析，发现仍有 55％的漏损率，分析讨论后，检漏人员决定对该小区进行关阀检查试验，缩小漏点区域范围。关阀检查试验成效显著，检漏人员马上将漏损异常区域锁定在 3 幢住宅楼范围内，但这 3 幢住宅并未列入小区改造范围内，且没有详细的管线信息，检漏人员只能对该区域范围内进行地毯式监听，经过较长时间的排查，最终发现该漏水点。第二天开挖后，发现 DN100 PE 管与铸铁管直套筒头连接处漏水，漏量较小。现场开挖情况如图 11-6 所示。

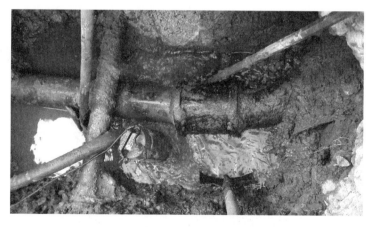

图 11-6　S 市老旧小区漏水点现场开挖情况

分析：本应用案例采用了流量监测法和关阀检查试验法，检漏人员通过关闭小区支管的阀门缩小范围，为检漏提供了便利条件。由于小区场内管道材质以塑料管材为主，漏水异常点声音信号传播衰减明显，采用阀栓听音法时，极有可能探测不到声音信号，因此检漏人员在小区检漏时，需格外注意，不应草率忽略。

11.2 压力监测法

11.2.1 基本机理

压力监测法是利用压力计量仪表监测输配水管道压力变化情况，进而开展供水系统漏水异常诊断分析的方法，通过压力监测法可以分析出是否存在漏水现象、漏水程度、漏水在系统中分布情况，是一种为管网检漏工作提供方向的重要方法。

11.2.2 适用范围

压力监测法适用于判断供水管网是否发生漏水，并可确定漏水发生的范围。

11.2.3 技术要点

为保障压力监测法的应用成效，压力监测法宜采用数字仪表，采用的压力计量仪表计量精度应优于 1.0 级。

为便于压力监测法的建设、管理，应根据供水管道条件布设压力测试点并编号，压力测试点宜布设在需要测试的管线上或消火栓上。

为提高压力监测法的应用水平，应测量每一个压力测试点的大气压或高程，并应根据供水管道输水和用水条件计算探测管段的理论压力坡降，绘制理论压力坡降曲线。

为确保压力监测法的测量准确度，当在压力测试点上安装压力计量仪表时，应排尽仪表前的管内空气，并应保证压力计量仪表与管道连接处不漏水。

当采用压力监测法时，宜避开用水高峰期，选择管道供水压力相对稳定的时段观测，并记录各测试点的管道供水压力值，为确保实时监测管网压力数据，宜采用具备数据远传功能的压力监测仪表。

在探测区域地形变化较大的情况下，当采用压力法探测时，应将各测试点实测的管道供水压力值换算为绝对压力值或同一基准高程的可比压力值，并绘制该管段的实测压力坡降曲线。绝对压力值应按式（11-1）换算。

$$P_a = P + P_t \tag{11-1}$$

式中　P_a——绝对压力值，MPa；

　　　P——压力测试点的大气压，MPa，当供水管道所处地形较平坦时，P 值可以忽略；

　　　P_t——测试压力值，MPa。

当采用压力监测法判定管段存在漏水异常及确定漏水异常范围时，应对比管段实测压力坡降曲线和理论压力坡降曲线的差异，判定是否发生漏水。当某测试点的实测压力值突变，且压力低于理论压力值时，可判定该测试点附近为漏水异常区域。

11.2.4 应用案例分析

案例为 S 市小区施工突发漏水点。

漏水点详细信息如下：

管道口径：$DN100$；

管道埋深：0.7m；

漏点形式：PE管被施工挖破。

在一次压力监测分析中，S市调度值班人员发现一处小区压力监测点压力值从0.298MPa突降至0.119MPa，调度值班人员当即通知分公司现场查看，同步查看热线，发现有施工方反映该小区11幢1单元附件管道在施工时被挖破。调度值班人员告知抢修于当天修复，修复后压力恢复正常。案例压力报表如图11-7所示。

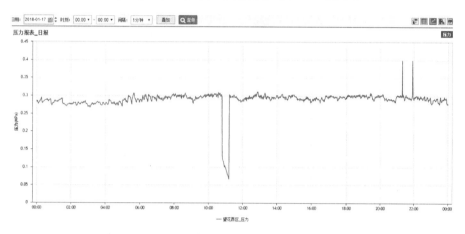

图 11-7　S市小区施工突发漏水点压力报表

分析：本应用案例体现了压力监测法用于供水管道渗漏预警的及时性、高效性。当供水管道突然产生较大的漏水异常现象时，供水压力在短时间内便会产生显著变化，工作人员可通过分析压力数据，及时发现漏水异常现象，快速确定漏水异常范围，及时修复漏水点。此外，本应用案例还体现了协同工作、系统联动的重要性。调度值班人员通过压力监测系统发现漏水异常现象后，及时与分公司、热线系统协同配合，最终在短时间内完成对漏水点的修复。

11.3　气体示踪法

11.3.1　基本机理

气体示踪法是使示踪气体充满待测供水管道，检漏人员通过使用气体传感器沿管道上方探测示踪气体浓度，进而探测漏水点位置的方法。因为示踪气体的相对分子质量较小，所以经过一段时间后，示踪气体会从供水管道泄漏处逸出，并扩散至地面，通常情况下，示踪气体浓度最大位置的下方即为漏水点位置。

11.3.2　适用范围

因为气体示踪法操作流程相对烦琐，所以气体示踪法不宜用于供水管网漏水普查，而适用于漏水异常点的精确定位和新装供水管道的检漏。此外，针对小漏量漏水异常点、塑料管道漏水异常点等声音探测法较难以解决的漏水异常现象，气体示踪法以其独到的作用机理，可以作为漏水探测的一项有力补充技术。

11.3.3 技术要点

1. 示踪气体的选择应满足如下要求：

一是为避免示踪气体影响水质和供水管道使用寿命，示踪气体应无毒、无色、无味、无腐蚀性，不易燃易爆；

二是为确保示踪气体能被探测检出，示踪气体应具备稳定性，且不易被土壤等管道周围介质所吸收；

三是为提高气体示踪法的检测效率，示踪气体应具有相对密度小，可向上游离，穿透性强，易被检出的特性；

四是示踪气体密度与空气的密度差不宜过大，以确保不会出现示踪气体浓度垂直分布明显分层现象；

五是为避免大气成分的干扰，示踪气体在大气中的背景浓度宜处于较低水平；

六是示踪气体获取难度不宜过大，获取成本不宜过高。通常情况下，可采用5%氢气和95%氮气的混合气体作为示踪气体。

2. 当采用气体示踪法进行探测前，应根据式（11-2）计算待测供水管道的容积，并备足示踪气体。

$$P_{气瓶} \cdot V_{气瓶} = P_{管道} \cdot V_{管道} \tag{11-2}$$

3. 向待测供水管道内注入示踪气体前，应关闭相应阀门，并应确保阀体及阀门螺杆和相关接口密封无泄漏。

4. 为提高气体示踪法的应用成效，当采用气体示踪法时，可先观察路面性质，主要查看地面材质和地面干湿程度。因为地面材质、干湿程度等因素，均会影响地面透气性，进而影响示踪气体逸出时间和探测气体浓度。若待测供水管道上方为多种地面材质，或待测供水管道埋设较深，条件许可时，宜沿管道走向上方钻孔取样检测示踪介质浓度，钻孔时不得破坏待测供水管道。

5. 应根据管道埋深、管道周围介质类型、路面性质、示踪介质从漏点逸出至地表的时间等因素确定气体示踪法的最佳探测时段。

6. 为避免恶劣环境对气体示踪法带来的不利影响，不宜在风雨天气条件下采用气体示踪法。

7. 应用气体示踪法时，采用的仪器传感器的灵敏度应优于1mg/L。

11.3.4 应用流程及注意事项

1. 应用流程

通过开孔、排气阀、水表或消防栓等接口点，将示踪气体导入待测管道内。示踪气体应沿着水流方向注入，建议用导入杆将示踪气体在管道中间或底部注入管内。

2. 注意事项

（1）当采用5%的氢气和95%的氮气混合气体作为示踪气体时，可选配40L容积且输出压力为10MPa的气罐，外置0～2.5MPa的减压阀。

（2）为确保示踪气体在待测管道内能正常传播到远端，应实时检测管道末端的示踪气体浓度。

（3）当待测供水管道上方存在多种地面材质时，应注意地面材质的变化，由于不同地面材质存在透气性差异，示踪气体优先从松软路面逸出，若贸然将漏水点位置定于气体浓度较高的地方，可能会产生较大偏差。

（4）当待测供水管道内流体流速较高，且通过其他探测方法得知该漏水异常点漏量较大时，可以考虑加入示踪气体气泡，以节省大量示踪气体。

（5）采用气体示踪法探测前，应检测供水管道的密闭性。在测量气体浓度前，应检查仪器传感器的状态是否正常。

11.3.5 应用案例分析

案例为 S 市主干道小漏量疑难漏水点定位。

漏水点详细信息如下：

管道口径：$DN300$；

管道埋深：2.5m；

漏点形式：钢管下口小洞。

在一次供水管网漏水普查中，S 市检漏人员发现一处主干道存在漏水异常可疑点，但因为声音信号强度较小，用地面听音法极难精确定位漏水异常点，所以检漏人员决定通过相关分析法对漏水异常点进行精确定位，但经过现场盘查后，发现待测供水管道两端阀门间距较远，不适宜采用相关分析法。于是，经过开会研讨后，检漏人员决定采用气体示踪法，最终对漏水异常点成功进行精确定位。第二天开挖后，发现该漏水点为 $DN300$ 钢管下口小洞，漏量较小。气体示踪法现场操作如图 11-8 所示。

图 11-8　S 市主干道小漏量疑难漏水点气体示踪法现场操作

分析：本应用案例中主要体现了气体示踪法的通用性。因为本案例中漏水异常现象发生的位置环境复杂，且阀门间距较远，不适宜采用相关分析法。并且漏水异常点漏量较小、管道埋深大等不利因素也不利于声音探测法的开展。而气体示踪法在声音探测法未能取得良好工作进展时，可作为有力补充，为供水管网漏损检测提供新思路。此外，气体示踪法对于检漏人员的听音技巧依赖性较低，可在一定程度上减少人为因素对漏水异常点精确定位带来的干扰。

11.4 管道内窥法

11.4.1 基本机理

管道内窥法是一种采用管道机器人搭载或人工推入，以及采用其他装置拖曳闭路电视摄像系统（Closed Circuit Television，CCTV），通过光学影像查视供水管道内部缺陷，推断漏水异常点的方法。

11.4.2 适用范围

因为管道内窥法操作流程相对烦琐，且需要停水作业，所以不适用于供水管网漏水普查，而较宜用于供水管网漏水异常点精确定位，尤其适用于探测非金属管道、大口径管道、长距离管道等声音探测法、相关分析法探测效果受限的场景，是漏水探测技术的一项有力补充。

11.4.3 技术要点

当采用管道内窥法探测时，应符合下列规定：一是待测供水管道应停止运行，且需排放待测供水管道中流体，直至流体无法淹没摄像头；二是应用管道内窥法前，应校准设备电缆长度，测量起始长度应归零；三是在探测仪行进过程中，可能出现局部被淹没的现象，为保证图像清晰度，检漏人员应结合探测图像，即时调整探测仪的行进速度。此外，观测探测仪行进时，还应观察探测仪前方是否有障碍物遮挡，以避免探测仪卡在管道内的事故发生。

11.4.4 应用设备

管道内窥法的探测仪可采用推杆式或爬行器式，当采用推杆式探测仪探测时，应具备下列条件：一是两个相邻出入口（井）的距离不宜大于150m；二是待测供水管道管径和管道弯曲度不得影响探测仪的行进。当采用爬行器式探测仪探测时，应具备下列条件：一是两个相邻出入口（井）的距离不宜大于500m；二是待测供水管道管径、管道弯曲度和坡度不得影响探测仪爬行器在管道内的行进。

闭路电视摄像系统（CCTV）的主要技术指标应满足下列条件：一是摄像机感光灵敏度不应大于3lx；二是摄像机分辨率不应小于30万像素，或水平分辨率不应小于450TVL；三是图像变形应控制在±5％范围内。

11.4.5 应用流程

（1）收集待测管道资料，应包括待测管道平面图、剖面图、竣工图等技术资料及待测管道历史检测记录。

（2）**现场勘察工况环境。**一是应察看待测管道周围地理条件、交通情况和管道分布情况；二是应打开窨井盖，目视水位、积泥支管及水流等；三是应核对待测管道资料中的管位、管径、管材。

（3）**编制检测技术方案。**一是应明确检测目的、范围、期限；二是应结合现有资料及现场勘查情况，分析、确定检测技术方案，技术方案应至少包括如下 3 点内容：待测管道的封堵方法、待测管道的清洗方法和安全保障措施。

（4）当采用管道内窥法进行检测前，应排放待测供水管道中流体，直至流体无法淹没摄像头，如有支管流水应先将其封堵或关闭阀门。

（5）当采用管道内窥法进行检测时，应根据影像反馈情况适当调节灯光强度。探测仪行进过程中，镜头宜在管道中心位置，如遇管道异常情况可近距离观测。

（6）检测后，应根据管道内窥情况，形成初步分析报告。

11.4.6　应用案例分析

案例为 S 市过河倒虹管疑难漏水点定位。

漏水点详细信息如下：

管道口径：DN600；

管道埋深：2.0m；

漏点形式：铸铁管上口环向裂缝。

S 市调度中心经分区计量系统观察发现某三级分区供水流量同比偏高 300m³，可能存在漏水现象。因此，检漏人员根据实际情况，加大了对该片区的检漏力度，将可疑范围缩小到一处过河倒虹管。因为采用传统声音探测法，极难检测过河倒虹管的漏损情况，所以检漏人员首先考虑采用相关分析法。但是由于此处倒虹管外包裹套管，导致相关仪也无法实现精确定位。

因此，S 市水务集团组织检漏专家会审，最终决定采用管道内窥法对该漏点进行定位。第二天开挖后，发现漏水原因是 DN600 铸铁管上口环向裂缝，漏量偏大，但因为铸铁管外包裹套管，所以检漏难度极大，属于疑难漏水点。案例管道内窥情况如图 11-9 所示。

图 11-9　S 市过河倒虹管疑难漏水点管道内窥情况

分析：本应用案例主要体现了管道内窥法的抗干扰能力。因为管道内窥法通过闭路电视摄像系统，查视供水管道内部缺陷及漏水异常点，所以如遇大管径管道、非金属管材管道、深埋设管道等情况时，声音探测法的应用成效可能会受到较大影响。此时检漏人员可考虑采用管道内窥法对供水管道进行漏损检测，但因为应用管道内窥法时，需停止运行待测管道，所以不适宜用于供水管网漏水普查，可用于供水管网疑难漏水点的精确定位。

11.5 探地雷达法

11.5.1 基本机理

探地雷达是利用天线发射和接收高频电磁波来探测介质内部物质特性和分布规律的一种地球物理方法。超高频短脉冲电磁波在介质中传播时，其传播路径、电磁场强度和波形与通过介质的电性质和几何形态有关，探地雷达法即是通过接收到的反射波数据分析判断地下结构特征或人造结构特征，进而推断漏水点的方法。

11.5.2 适用范围

探地雷达法可用于已形成浸湿区域或脱空区域的管道漏水点的探测。不过若供水管道位于地下水位以下，或供水管道周围介质严重不均匀时，不适宜采用探地雷达法。

11.5.3 技术要点

采用探地雷达法应具备下列条件：一是漏水点形成的浸湿区域或脱空区域与周围介质存在明显的电性差异；二是浸湿区域或脱空区域界面产生的异常能在干扰背景场中分辨。

探地雷达探测设备应符合下列规定：一是应严格按照规定进行仪器设备的保养和校验；二是探测设备发射功率和抗干扰能力应满足探测要求；三是探测设备采用的天线频率应与管道埋深相匹配。

为保证探地雷达法的应用效率，探测前应在探测区或邻近的已知漏水点上进行方法试验，确定探测方法的有效性，并确定外业最佳工作参数。工作参数应包括工作频率、介电常数、时窗、采样间距等。

当采用探地雷达法探测时，测点和测线布置应符合下列规定：一是测线宜垂直于待测供水管道走向进行布置，并应保证至少3条测线通过漏水异常区；二是测点间距选择应保证有效识别漏水异常区域的反射波异常及其分界面；三是在漏水异常区应加密布置测线，必要时可采用网格状布置测线并精确测定漏水浸湿区域或脱空区域的范围。因为地下介质电性差异变化极大，有时微调雷达剖面图位置，雷达波形就会相应产生较大变化，所以必要时可采用网格状布置测线，以提高探地雷达法的探测准确度。

当采用探地雷达法进行探测时，探地雷达系统应采用通过方法试验确定的工作频率、介电常数、传播速度等工作参数，并应根据现场情况的变化及时调整工作参数。当探测条件复杂时，应选择两种或两种以上不同频率的天线进行探测，并根据干扰情况及图像效果及时调整工作参数。

现场地球物理条件可能影响外业记录数据的质量，通过必要的数据处理方法进行处理可提高图像的质量，便于目标异常的识别。数据处理方法可选取删除无用道、水平比例归一化、增益调整、地形校正、频率滤波、f-K倾角滤波、反褶积、偏移归位、空间滤波、点平均等。

在分析各项参数资料的基础上进行资料解释时，应符合下列规定：一是应按照从已知到未知、先易后难、点面结合、定性指导定量的原则进行；二是应根据管道周围介质的情况、漏水可能的泄水通道及规模进行综合分析；三是参与解释的雷达图像应清晰，解释成果资料应包括雷达剖面图像，管道的位置、深度及漏水形成的浸湿或脱空区域范围图。

11.5.4　应用案例分析

案例为P市主干道大口径漏水点预定位。

漏水点详细信息如下：

管道口径：DN600；

管道埋深：2.0m；

漏点形式：铸铁管侧边环向裂缝。

在一次供水管网漏水普查中，P市检漏人员发现一处主干道可能存在漏水异常现象。但是该处供水管道口径较大，且阀门间距较远，采用声音探测法和相关分析法难以对该漏水点进行精确定位。P市检漏人员在开会研讨后，决定采用探地雷达法对该漏水点进行定位。检漏人员通过探地雷达法发现一处含水量较高的区域，实现了漏水异常点的预定位。而后检漏人员采用钻孔听音法对该区域进行听测，最终成功发现漏水点。第二天开挖后，发现漏水原因是DN600铸铁管侧边环向裂缝，漏量较小。图11-10为案例探地雷达波形图。

图11-10　P市主干道大口径漏水点
预定位探地雷达波形图

11.6　地表温度测量法

11.6.1　基本机理

地表温度测量法是一种通过测温设备检测因地面或浅孔中供水管道漏水引起的温度变化，进而推断漏水异常点的方法。

11.6.2　适用范围

地表温度测量法可用于因管道漏水引起漏水点与周围介质之间有明显温度差异的漏水探测。

11.6.3　技术要点

当采用地表温度测量法探测供水管道漏水时，应具备下列条件：一是探测环境温度应相对稳定；二是为保障地表温度测量法的应用成效，应根据工况环境合理选择是否采取地表温度测量法。因为当供水管道埋深较大时，漏水无法对地表温度造成影响或影响较小，所以探测难度较大且效果不明显。经实践经验证明，供水管道埋深不应大于1.5m。

采用地表温度测量法探测前，应进行方法试验，并确定方法和测量仪器的有效性、精度和工作参数。

地表温度测量法的测点和测线布置应符合下列规定：一是测线应垂直于管道走向布置，每条测线上位于管道外的测点数每侧不少于3个；二是测点应避开对测量精度有直接影响的热源体；三是为减轻太阳光、气温等环境因素对地表温度测量法的干扰，宜采用地面打孔测量方式，孔深不应小于30cm。

当采用地表温度测量法探测时，应符合下列规定：一是为保障地表温度测量法能发现管道不同部位漏水引起的温度异常现象，应保证每条测线管道上方的测点不少于3个；二是当发现观测数据异常时，对异常点重复观测不得少于2次，并应取算术平均值作为观测值，以降低探测方法的随机干扰及误差；三是应根据观测成果编绘温度测量曲线或温度平面图，确定漏水异常点。

11.6.4　应用设备

地表温度测量法的测量仪器可选用精密温度计或红外测温仪，应符合下列规定：一是温度测量范围应满足-20~50℃；二是温度测量分辨率应达到0.1℃；三是温度测量相对误差不应大于0.5℃。

11.7　雷达卫星成像法

11.7.1　基本机理

雷达卫星成像法是一种采用长波段雷达卫星对目标区域进行大范围拍摄，分析全极化影像数据，经滤波处理后，提取介电常数来分析土壤含水量，进而推断漏损异常区域的方法。因为当供水管道产生漏水异常时，漏水点周围介质含水量增加，其介电常数也会产生相应变化，且在自然情况下，该介电常数识别度较高，所以雷达卫星成像法可通过提取分析介电常数值，发现漏水异常可疑区域，进而发现供水管道的漏水异常可疑点，并可将漏水异常可疑区域缩小到50~100m半径范围内。

11.7.2　适用范围

雷达卫星成像法适用于供水管网漏水普查。并且雷达卫星成像法因其独有的作用机理，具备如下功能特点：一是采用雷达卫星成像法可实现大范围、周期短的供水管网漏水普查；二是雷达卫星可穿透硬质地面（水泥路、柏油马路等）获取地下供水管网漏水信息；三是雷达卫星成像法受天气、管材、地面材质等环境对供水管网漏损检测带来的不利影响较小。当遇到恶劣天气、非金属管道、管道埋深大等声音探测法难以解决的工况环境时，雷达卫星成像法可作为一种技术补充手段。通过雷达卫星成像法可为人工检漏缩小排查范围，提高检漏效率。此外，针对小漏量漏水点的探测，只要该处漏水点周围介质的含水量增加，存在一定电性差异，雷达卫星成像法也能尽早发现。

11.7.3 技术要点

采用雷达卫星成像法应具备下列条件：一是漏水点形成的浸湿区域或脱空区域与周围介质存在明显的电性差异；二是浸湿区域或脱空区域界面产生的异常能在干扰背景场中分辨。

因为雷达卫星拍摄时，存在一定角度（通常情况下，为 $26°\sim39°$），而这可能会导致由于楼宇的遮挡使雷达卫星获取的地面土壤信息不全，有可能因此而遗漏部分漏水异常区域的探测。此外，由于雷达卫星成像法通常在深夜零点拍摄，城市道路上停放的车辆和地面堆积物可能会遮挡雷达卫星的信息获取。因此，为提高雷达卫星成像法的检测效率和准确度，可隔一定周期，对同一区域进行多次雷达卫星成像。同时，还应加强日常巡检工作，以确保井盖及其周围不能搭建和堆砌摆放杂物，以免影响雷达卫星探测效果。

11.7.4 应用流程

雷达卫星成像法的应用流程如图 11-11 所示。

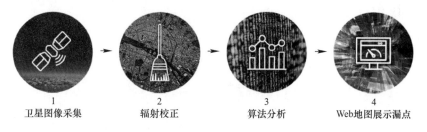

| 1 | 2 | 3 | 4 |
| 卫星图像采集 | 辐射校正 | 算法分析 | Web地图展示漏点 |

图 11-11　雷达卫星成像法应用流程图

雷达卫星成像法第一步是卫星图像采集。通常情况下，需 $0.5\sim1$ 个月时间，调用雷达卫星对指定区域进行拍摄，采集获取该区域的原始卫星图像。

雷达卫星成像法第二步是辐射校正。通过辐射校正，可过滤建筑物及其他人造物的反射波，也可降低植被、水文对雷达卫星成像法的干扰影响。

雷达卫星成像法第三步是算法分析。通过算法分析，可甄别出指定区域置信概率较高的漏水异常可疑区域。

雷达卫星成像法第四步是 Web 地图展示漏点。通过在手机和电子地图上显示漏点位置（地址），形成位置报告，为检漏工作提供方向，可有效缩小供水管网漏损盘查范围，提升漏损检测效率。图 11-12 为漏水异常可疑区域报告图。

通常情况下，雷达卫星成像法应用流程，自卫星图像采集起至提交漏水异常可疑区域报告图，需 2 周时间。检漏人员可通过报告图提供的信息，采用声音探测法、相关分析法等其他漏损检测方法对漏水异常点进行精确定位。

11.7.5 应用成效

1. B 市应用成效

B市地处中国华北地区，是一座极具北方特色、人口密度较大的超大城市。B 市项目试点区域供水管网长度约为3000km，在某卫星探漏项目中，采用雷达卫星成像法探测的区域管网总长度约为44km，共探测出95个漏水异常可疑区域。检漏人员通过声音探测法、相关分析法等其他供水管网漏损检测方法对95个漏水异常可疑区域进行盘查，在21个工作日后，最终于95个漏水异常可疑区域发现61个区域存在128个漏水异常点。

图11-12　漏水异常可疑区域报告图

在该卫星探漏项目中，通过雷达卫星成像法探测到的漏水异常可疑区域准确率达64%。检漏人员在卫星探漏的帮助下，平均每个工作日可发现6个漏水异常点，极大提高了漏损检测的效率，且该项目卫星探测区域内的供水管网长度仅为44km，即能探测到128个漏水异常点，足见雷达卫星成像法可有效应用于早期识别供水管网的漏水异常现象。供水管网产生漏水异常现象之初，因为通过声音探测法、相关分析法等其他检测方法较难检测到异常现象，所以漏水异常现象极有可能被忽略，而此时如果采用雷达卫星成像法，卫星过境拍摄，就有可能发现土壤的电性异常，进而发现小漏量漏水点的漏水异常现象，尽早修复漏水点，节省大量漏失水量。

2. H市应用成效

H市地处中国华东地区，是一座极具江南特色的省会城市、副省级城市。H市试点区域Y区供水管网长度约为1600km，漏损率约为17%。雷达卫星探测面积约为500km²，共探测出漏水异常区域631处。检漏人员通过声音探测法、相关分析法等其他供水管网漏损检测方法对其中172个漏水异常可疑区域进行盘查，准确率约为50%，项目预计可核查出约300个漏水异常点，每年可为试点区域节约400万t水，经济效益高达千万，漏损率预计下降3%。

3. 雷达卫星成像法应用于供水管网漏水普查

B市在一次供水管网漏水普查中，通过雷达卫星成像法发现一处200m半径的圆形区域内可能存在漏水异常现象。最终B市检漏人员通过听音杆、电子听漏仪、相关仪等检漏仪器设备在该区域发现两处漏水异常点。案例报告图如图11-13所示。

图 11-13　B市供水管网漏水普查报告图

11.8　管道带压内检测技术

11.8.1　基本机理

管道带压内检测技术是一种在带压管道中投入检测装置，通过检测分析漏水声波信号，确定漏水点位置的方法，按检测装置投放方式不同，分为无缆作业模式和有缆作业模式。

11.8.2　适用范围

管道带压内检测技术适用于供水管网较大口径管道（DN300 以上）的漏水异常点精确定位，同时还可以查视管道内部缺陷情况，评估管道健康度。

11.8.3　应用设备

1. 系缆式内检测设备

（1）基本介绍

系缆式内检测设备的主要配置包含传感器（包括声学和视频元件以及 LED 照明装置）、传感器跟踪系统、传感器插入运营管道组件、光缆卷筒、音频/视频处理控制台、流速仪等组成部分。

检漏人员通过使用插入组件将带有牵引伞的传感器通过不小于 DN100 的套管、闸阀或球阀，将其插入带压的供水管道中，传感器通过光缆与地面上的光缆卷筒连接，传感器前置的牵引伞在水流的推动下，将推动传感器在供水管道中行进，控制台操作人员可通过声波信号处理设备，实时监测和分析供水管道中的声音信号，发现漏水异常点和气囊。同时，也可通过 CCTV 视频检查识别供水管道内特征物及结构缺陷，并通过传感器跟踪定位器确认具体位置。

（2）技术要点

1）管网压力

经实践证明，系缆式内检测设备适用于管网运行压力范围为 0.1～1.7MPa 的带压管道检测。

2）水流流速

由于传感器在管道内的行进是通过水流推动传感器前置的牵引伞实现的，因此为将传感器的行进速度控制在一个合理可控的范围，同时确保传感器的听测时间，待测管道内的水流流速不宜低于 0.3m/s，宜在 0.6～1.2m/s 的范围内，不宜大于 3m/s。此外，因为传感器前置牵引伞的选型需参考待测供水管道内水流的流速，所以流速波动不宜过大。

3）传感器行进

待测管道内不应有影响检测设备通过的管道附件。由于传感器前置的牵引伞在回拉过程中通过蝶阀时可能出现缠绕、卡阻等异常现象，影响检测设备正常行进。经实践证明，传感器前置的牵引伞可通过全开的闸阀，因此在实际应用中，可以蝶阀为界，分成两段分别进行检测，并应在蝶阀的下游带压开孔安装闸阀，以确保传感器可顺利通行。

当传感器在直管段行进时，单次行进的最大距离可达 2km。不过如果传感器在行进时，遇到变向管件，单次检测长度应适当减小。此外，传感器在行进时，需尽量避免过弯，检测区域范围内单个管道弯度应小于 90°。若待测管道为金属管，弯管累加角度不应超过 270°；若待测管道为混凝土管，弯管累加角度不应超过 130°。

为避免供水管道内因水流形成的漩涡对传感器行进产生不利影响，当传感器经过管道支管时，需要短暂关闭支管阀门。

4）注意事项

为避免传感器定位仪无法追踪到待测管道内的检测设备，管顶覆土深度不应过大，应小于 10m。为确保充足的作业空间，投放点外部作业高度不应小于 2m。

（3）应用流程

1）现场踏勘，确定插入口位置，并打开窨井盖进行通风，利用流速仪、压力仪表等计量仪表测定插入口的供水管道内流速及压力，若流速、压力不满足探测要求，应及时进行预调节，然后在插入口安装套管，准备检测。

2）测试传感器状态，确保其工作性能良好，根据待测管道测定的管径、流速及压力，选择传感器前置牵引伞的型号规格，并将牵引伞及传感器进行装配、消毒，然后插入套管中，并安装线缆推送装置。

3）打开插入口阀门，将检测设备沿套管送入待测管道，并安装好液压绞盘。

4）按要求将光缆在待测管道内展开，进行检测。在进行检测时，控制台操作人员应严格按要求控制检测设备，开展检测工作。检漏人员应根据指示，利用定位仪追踪检测器，并在地面定位标记漏水异常点和管道异常情况。图 11-14 为实时摄像观测图。

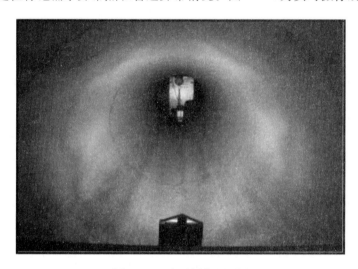

图 11-14　实时摄像观测图

5）将光缆定期回拉，当检测设备达到检测极限距离后，应及时回拉光缆，为避免对光缆造成机械性损伤，应在评估确定拉应力后进行缓慢回拉，并拆除检测装置。

6）根据检测情况，初步形成分析报告。

2. 无缆式内检测设备——智能球（Smart Ball）

（1）基本介绍

智能球检测技术是一项基于声学原理，同时综合其他多种感知手段的新型检漏技术。智能球系统包括智能球、声接收器、GPS 接收器。而智能球主要配置包含声波发射器、声音传感器、旋转传感器、温度传感器、微处理器、板式内存、能量供应等组成部分。智能球结构组成如图 11-15 所示。

当采用智能球检测技术进行检测时，检漏人员首先将智能球放置于中空套球内部，套球

图 11-15　智能球结构组成图

一般为聚酯泡沫材质，具备一定的可压缩性，然后将智能球放入待测管道，智能球随水流带动，自行在供水管道内滚动行进。

若待测管道内存在漏水异常点，则漏水异常点将持续发出特征声音信号，智能球在行进过程中，通过高灵敏的声音传感器不断采集供水管道内的声波信息，当智能球经过漏水异常点的位置时，由于智能球与漏水点的空间关系是由远及近，在经过漏水点后，又逐渐远离漏水点位置的，因此智能球采集到的声音信号将呈现波峰状。除了声学原理之外，智能球综合了其他多种类型传感器的感知数据，可综合分析供水管道是否存在漏水异常现象，并可初步估算漏失水量。

（2）技术要点

1）管网压力

因为智能球的声音传感器灵敏度较高，所以相较于传统声音探测法而言，对于管网压力的要求可适当下降，但仍应不小于 0.1MPa。

2）水流流速

由于智能球在待测管道内的行进是由水流推动的，因此水流流速应在一个合理范围内，水流流速过大，将导致智能球对管内探测点位的探测时间较短，影响探测精度，同时还可能导致智能球丢失等；水流流速过小，将导致智能球无法在管内通行，因此水流流速宜处于 0.15～1.8m/s 的范围内。

3）传感器行进

相较于系缆式内检测设备，智能球更为灵活，行进不受变向管件变截面的约束，可顺利通过开启的直通阀（包括蝶阀）、渐缩管等多种管件。但待测管道不宜有分支，以免无法追踪到智能球的走向，造成智能球丢失。

此外，在条件允许的情况下，可在待测管道上以 500～1000m 的间距加装跟踪器，以接收智能球发出的声波信号，避免智能球丢失。

4）注意事项

由于智能球在待测管道内的行进受水流影响，不具备可控性，因此智能球较适用于管道拓扑属性简单，支管较少的管网区域检测，如长距离无支管的输水管道检测。

为确保智能球在投入和回收时，均有充足的作业空间，投放点外部最小作业高度不应小于 1.2m，回收点外部最小作业高度不应小于 4.0m。

智能球中的微处理器可通过编程的方式，实现延迟记录功能，即智能球在行进一段时间后，才开始采集记录声音信号。可通过该技术手段，在多次对长距离管道检测后，将数据进行拼接。

（3）应用流程

1）现场勘察，制订检测方案。测定待测管道水流流速和管网压力，若压力和流速不满足探测要求，应在检测前进行预调节。

2）测试智能球状态，确保其性能良好，并做好消毒工作。

3）在检测管道上加装跟踪器，布置间距为 500～1000m。

4）在插入口安装好插入装置，放入检测器，打开闸阀充水。

5）在智能球完成预定长度的探测后，采用专用装置将智能球从待测管道内回收。

6）导出智能球存储的传感器数据，进行数据分析，确定漏水点位置，初步估算漏失水量。

7）根据检测情况，整理并出具检测报告。

11.8.4 应用案例分析

1. S市老旧供水管网改造

S市地处中国华东地区，是一座历史悠久，人口规模较大的超大城市。因此S市中心城区老旧管网周边情况极为复杂，且位于车流量较大的交通要道，管网漏损检测难度较大。为提高管网漏损检测效率，实现老旧管网的精准高效施工改造，S市引入系缆式检测技术用以检测供水管网健康度。最终，S市检漏人员通过该检测技术，在短时间内发现中心城区多处老旧管网异常情况，如管壁有管瘤、锈蚀，管壁水泥砂浆剥落等，为老旧管网改造提供有力支撑。图11-16为控制台操作图。

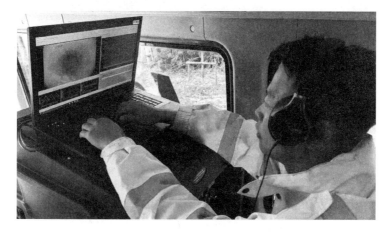

图 11-16　控制台操作图

2. Z市供水干管漏损检测

由于供水干管管径较大，且普遍为深埋管，因此采用传统声音探测法较难探测供水干管的漏水异常现象，但同时，供水干管通常无复杂支路，Z市检漏人员利用该特点，选择采用管道带压内检测技术进行供水干管漏损检测。

试点项目在Z市一处 $DN600$ 的供水干管开展漏损检测，最终检漏人员通过系缆式检测技术发现3处漏水异常点及1处管道管瘤现象。图11-17为案例中一处漏水异常点现场开挖情况。

3. M市大口径输水干管检测

M市地处意大利北部，是一座人口规模较大的超大城市。M市供水服务商运营管理着长度约2300km的管网。其中M市中心地带存在一条 $DN1200$ 输水干管。在一次管网检测中，M市供水服务商采用智能球检测技术对此处输水干管进行漏损检测。M市检漏人员通过此次智能球检测项目，发现该干管存在23处大漏量漏水异常点，并且存在一个范围为240m的高泄漏密度区域，通过及时修复该干管漏水异常点，有效避免了一次重大爆管事故。

4. W市大口径老旧管线检测

W市地处加拿大东南部，是加拿大一座历史文化悠久的重要城市。在一次供水管网管线检测中，W市采用智能球检测技术对一处老旧输水干管进行漏损检测和气囊检测。该输水干管建成于 20 世纪 70 年代，为 DN1200 混凝土管，管道使用年限较长，风险等级较高。最终 W 市通过智能球检测技术，成功发现一处漏水异常点。

图 11-17　Z 市供水干管漏损检测一处漏水异常点现场开挖情况

思 考 题

1. 区域装表法和分区计量法是流量监测法检漏的两种重要方法。当采用区域装表法时，应满足哪些要求？当采用分区计量法时，应满足哪些要求？

2. 当探测区域地形变化较大时，采用压力监测法，可将各测试点实测的管道供水压力值换算为绝对压力值。绝对压力值的换算公式是什么？

3. 气体示踪法检漏的作业流程是什么？示踪气体的选择应遵循哪些规定？

4. 管道内窥法检漏的作业流程是什么？当采用推杆式探测仪探测时，应具备哪些条件？当采用爬行器式探测仪探测时，应具备哪些条件？

5. 当采用探地雷达法探测时，测点和测线布置应符合哪些规定？

6. 地表温度测量法的适用范围有哪些？

7. 雷达卫星成像法的基本机理是什么？

8. 管道带压内检测技术的作业流程是什么？

9. 智能球的结构组成包含哪些部分？

12 管网漏损管理制度与绩效考核

管理水平是供水企业的软实力的体现，只有通过管理才能将劳动者、劳动资料和劳动对象这三个要素合理地组织起来，加速生产力的发展。对于漏损控制项目而言，供水企业需要围绕漏损管理，结合自身实际，做好顶层设计，明确各责任部门的职能，细化分工。各个漏损控制与管理责任主体是管网漏损控制项目的重要环节和关键节点，每个环节环环相扣，才能形成合力，实现漏损控制的管理效益，形成可持续发展的漏损控制长效管理机制。

对于企业而言，任何管理制度的实施和革新归根到底都需要靠人力执行落实，因此只有充分发挥人力资源管理的高效性，才能推动管理制度的实施。而其中绩效考核体系的构建是人力资源管理的重要组成部分。通过建立一套科学高效的绩效考核体系，可以检查和评定职工的履职能力、工作结果和职工个人的发展情况、发展潜力等，并以此作为人力资源管理的基本依据，指导薪酬体系构建、人事调动、职业技能开发、激励、辞退等相关工作。

编者希望通过本章的阐述，帮助读者提高对管网漏损管理制度和绩效考核的重视程度，并通过结合国内某些供水企业的实际案例，向读者阐述相关内容。

12.1 管网漏损管理制度

12.1.1 管网运维作业流程

管网运维项目是一个综合性项目，需协调调度、检漏、抢修、巡检、普查等多个管网运维相关部门。因为市政管网规模大、范围广，投入的人力、物力多，所以应制订一个科学合理的检漏作业流程，最大限度发挥各个部门的效能，提高管网运维工作效率，缩短漏点检出及修复时间。以下为我国华东地区某供水企业的管网运维作业流程，以供参考。

1. 漏损事件报警及指挥排查

漏损事件报警及指挥排查的主要责任部门为调度部门。

漏损事件报警是检漏作业的第一个步骤。调度人员通过分析夜间最小流量，发现异常水量分区，在判断确认状况后，将异常信息告知管网运维相关部门，同时内部向领导报告，使领导知晓相关情况。

当管网运维人员到达现场后，由调度人员负责指挥排查。调度人员结合智慧管网信息系统，规划安排查找路线，帮助管网运维人员高效准确定位异常地点。

2. 漏损异常修复

漏损异常修复的主要责任部门为检漏部门和抢修部门，调度部门、客服部门需协调配合。

漏损异常修复是管网运维作业的核心步骤。检漏人员和抢修人员到达现场后，需进一步分析现场情况，确认异常地点后，需将信息反馈至调度部门。

调度部门结合系统信息和现场反馈信息，进行应急调度，制订应急调度方案，配合客服部门事先发布停水信息，以免造成不必要的用户投诉、纠纷等。

抢修人员在接到调度人员的通知后，现场围护跟进，做好安全措施，减少次生影响。然后抢修人员根据调度人员的指令，核实关阀信息，缓慢关阀止水。关阀操作后，抢修人员开挖漏损事故地点，制订修理方案并进行管道修理，同时，还应将管道漏损异常原因上报。待管道修复完成后，由抢修人员落实并网排放工作，以确保水质安全、可靠。

3. 管网信息复核

管网信息复核的主要责任部门为抢修部门和普查部门，调度部门、检漏部门和信息管理部门需协调配合。

管网信息复核是管网运维作业流程的最后一个环节，是实现供水企业精细化管理的重要体现。在管道修复作业中，抢修人员应结合 GIS 系统，核对现场管道属性，若 GIS 系统上的管道信息参数有误，应及时上报，实现 GIS 系统的动态更新。

在管道修复后，调度人员应通过智慧管网系统，核对异常分区水量，确保水量回落。同时，检漏人员还应对现场进行后续跟进检漏，确保安全供水。

12.1.2 管网管理执行部门

如前文所述，管网运维项目是一个综合性项目，需多个部门协调配合，因此项目管理不应仅着眼于眼前，更应考虑供水企业后续发展，在保障管网运维工作安全有序进行的前提下，兼顾公司战略发展。

1. 部门职能

管理制度的设计以组织形式为基础，首要问题是明确组织部门职能，设置组织架构。管网管理执行部门的主要工作职责是维护供水管网安全稳定运行，通过日常巡检、检漏等措施，解决阀门及管道跑、冒、滴、漏等问题，通过及时修复管道漏点，减少爆管事故的发生，提高服务水平和应急处置能力。同时，如前文所述，供水企业在设置组织架构时，应结合智慧水务发展趋势，因此管网运维部门在开展相关工作时，还应做好信息数据整理上报工作，为管线普查工作、GIS 系统动态更新等工作提供支持。

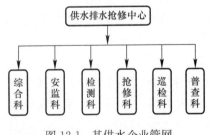

图 12-1 某供水企业管网
运维部门组织架构图

图 12-1 为我国华东地区某供水企业管网运维部门组织架构图，供参考。

根据图 12-1 可知，该供水企业的管网管理执行部门共设立综合科、安监科、检测科、抢修科、巡检科、普查科 6 个科室，各科室具体职能如下：

综合科：开展单位内部各项行政管理、业务支持、后勤事务等各项综合管理工作，成为部门联系内外和上传下达的纽带，为管网抢修、巡线、检漏等各项经营工作提供支持。

安监科：开展供水排水管网抢修、维修的安全管理和视频监管等工作，并负责组织开展综合稽查工作，确保管网安全运行和抢修及时，保障供水安全。

综合稽查内容包括供水排水抢修服务情况、工作质量、工作核算、材料管理等。视频监管的主要内容为管网关键节点的运行情况和重要施工点的现场情况，确保管网安全平稳运行。

检测科（检漏科）：开展管网漏损检测工作，并组织检漏人员在每日夜间结束工作后，对计划路线的人工步行检漏填写检漏日志；同时，做好检漏班组安全管理、现场管理各项工作，确保检漏相关指标的达成。

抢修科：开展 DN100 以上供水排水管道的抢修、运维工作，24h 应急值班，有效处置应急突发事件，保障各分公司（营业所）供水排水设施的安全运行，解决各类复杂工况下的维修任务，为生产提供保障。

巡检科：开展供水排水管网及阀门等附属设施的巡检（DN400 及以上）工作和管线征询工作，确保公司供水排水主管道安全运行。

普查科：开展管网普查与数据录入工作，为供水排水管线信息化建设提供坚实基础。

2. 检漏管理机制

在明确各部门职能后，为确保各部门能高效稳定运行，应制订相关管理机制。管理机制应包含运行机制、动力机制和约束机制。

运行机制是实现组织部门基本职能的主要活动方式，包括责任明晰、人员安排、工作组织、应急预案等内容。

动力机制是指管理系统动力的产生与运作的机理，主要由三方面构成：一是经济驱动，通过贯彻"按劳分配，效率优先"的分配原则，调动员工的工作积极性和责任心，提高工作效率和质量；二是政令驱动，管理者通过下达命令的方式，要求员工完成工作；三是社会心理驱动，管理者通过价值观教育、人生观教育，调动员工的积极性。

约束机制是指对管理系统行为进行限定与修正的功能与机理。

下文笔者将以该供水企业检测科（检漏科）的管理机制为例，向读者分析检漏管理机制的制订方法。

（1）班长责任制

该供水企业将检漏人员分为四个班组，每个班组均设立一个班长，每个班长作为片区主要责任人，负责所辖区域的管理。

区域检漏采取二级管理模式。一级为公司检测科（检漏科）层面，检漏人员集中负责主城区市政管网检漏。通过提升主城区的检漏频率和强度，加强对主城区内重要管段漏损情况的控制，进而使漏失水量和检出漏点数均占大半的主城区得到成效显著的长效治理。此外，为避免"养漏"现象的发生，该供水企业依据一条东西走向的主道路和一条南北走向的主道路，将一级层面的主城区分为四个区域，由四个班组按一定检漏周期进行检漏轮换。

二级为分公司（营业所）层面，主要采取区域检漏班长责任制。班长责任制以一年为周期，四个班组各负责一个分公司（营业所）区域的检漏工作。班长应根据所辖片区的漏损情况及班组检漏人员的本身技能状况，每月派出班组检漏人员进驻分公司，协助开展检漏工作，便于分公司（营业所）及时掌握、控制区域管线漏损情况，并进一步减少各分公司（营业所）的漏水量，从而起到漏损管控的目的。

为保证检漏人员的工作积极性，供水企业将该年分公司（营业所）区域的漏损控制情况与该班组成员特别是班长的年终漏损考核"挂钩"，通过经济驱动的动力机制激励各相关人员最大限度地发挥工作效能，降低所辖片区的漏损率。

此外，各班组负责的分公司（营业所）区域采用"一年一定"，该做法实现了各区域检漏人员的轮换，可减少因检漏人员工作经验不同导致的主观误差。同时，也可在一定程度上制约"养漏"行为。

（2）工作例会制

通过每日召开班前会的形式，总结每天检漏工作，了解检漏过程中的问题，对排查到的疑难漏点进行确认，通过班长会诊制度进行专项分析，对疑难漏点进行逐个突破，同时对一些注意事项进行宣讲强调。

每天通过查看公司各区域间的流量情况，分析各区域间管网用水情况和规律，并做好与分公司（营业所）的信息沟通，明确检漏重点，对检漏结果进行实时总结并予以完善落实，并在工作例会上将当日的检漏排查线路告诉各班班长。

每月召开漏损例会，将上月漏损情况向各检漏班组进行传达，同时对检漏过程中的经验进行交流。

（3）劳模工作制

劳模工作组成员由检测科（检漏科）和抢修科骨干人员组成，每年申报 1～2 个攻关项目，明确实施目标、主要措施和效益预测，年底上报课题或攻关成果。每季度集中开展活动（会议、培训），做好活动（会议、培训）记录，深入实践调研，根据课题研究内容和技术需要，经常安排技术交流或攻关活动，做好台账记录，不断提高人员的业务能力，在攻克生产中的难题同时，为供水企业的人才梯队建设提供重要支撑。

（4）冬季检漏模式

该供水企业结合多年检漏、抢修经验发现，漏失水量突增的时间一般出现在每年的 1～3 月，这意味着如果控制好这三个月的漏损，将对全年的漏损控制起决定性的作用。根据分析，气温突变及冬季管网漏点多，检出及时性差是主要原因。

针对以上两个主要原因，该供水企业采取了相关措施：

一是建立水量异常应急响应机制，异常天气情况下，若检漏区域内发现分公司水量异常的情况，及时增加检漏频率。

二是增加白天检漏工作的力度，充分利用每天适合检漏环境的条件进行巡检检漏。

三是加大对 DN300 口径以下管道检漏频率和次数。

四是列出冬季易出现漏水情况的管道情况表，以每天一次的频率对危险管段和重点关注管线加强检漏以提高漏点检出及时性。

五是在气温出现突然升高、降低、持续低温或当日温差变化较大的极端情况时，采取调整休息时间，有针对性地加强检漏频率和次数等措施。

六是抽调检漏技术较高的检漏人员，利用白天休息时间或以晚上加班的形式对重点区域有的放矢地进行地毯式巡查以应对突变的气温。

该供水企业通过构建上述检漏管理机制，同时结合不同工况的特点，采用更具针对性的检漏模式，有效降低管网漏损发生率，缩短漏点检出时间。

12.1.3 项目质量控制

项目质量控制工作应先设立质量目标，通过采取一系列作业技术和活动，达到质量要求的行为才能称为项目质量控制。

管网运维项目的质量目标应不仅落眼于发现并修复管道漏损异常，还应立足于整个项目，对项目整体作业流程进行进度、质量把控。事故预警及时性、检漏准确性、定位精度、检漏周期、漏失水量认定、修复速度、修复质量、修复材料、项目工时等均应作为质量控制对象，具体质量目标见下。

1. 检漏质量目标

（1）漏水普查到位率：检漏人员应严格按照检漏计划进行漏水普查。

（2）检漏准确性和定位精度：检漏准确性应在90％以上，且定位精度应小于或等于±1.0m。

（3）检漏日志：检漏日志应详细记录当日检漏工作情况，如有疑难漏点应及时记录。在填报检漏日志时，应规范、统一报告术语。

2. 抢修质量目标

如上文所述，漏损异常修复是检漏作业的核心步骤。其中抢修工作的开展情况直接对项目进度、工期、漏量统计、查证、验收等环节产生重大影响。

在供水企业的传统认知中，抢修工作的质量目标仅局限于开挖精度和修复速度，对其他指标关注甚少，如修复质量复查、抢修所用材料、漏损异常原因、漏点信息、管道信息复验等。因此，为保障管网运维工作高效有序，供水管网安全稳定运行，在抢修工作中应赋予更多符合现代供水企业发展的质量目标：

（1）开挖精度：应严格遵守当地市政部门规定，原则上，不应过度开挖、破坏路面。

（2）修复速度和修复质量：修复速度应结合管道漏损情况和工程量而定。漏损管道修复后，检漏人员应及时跟进，对修复点进行复测。

复测工作具备两个意义，一是通过复测，可以对管道修复质量进行评估；二是通过复测，可以检查漏损管道附近是否还有漏损异常情况。因为在实际项目中，漏损管道附近可能还有漏损点，但之前修复的漏点漏损情况更严重，而导致检漏人员忽视了该漏损点。

（3）阀门超关率：抢修开挖后，该供水企业会及时复盘抢修作业过程，对于阀门超关率进行监督考核。阀门超关率是计划关闭阀门数与实际关闭阀门数的比值，若存在阀门超关现象，执行部门应予以解释。通过对于阀门超关率的监管，一方面可以保障GIS系统的实际应用水平和管理流程的规范性，另一方面可以避免不必要的用户投诉、用户纠纷等。

（4）记录存档：抢修开挖后，抢修人员应及时拍摄照片，对开挖出的管道情况、漏损原因进行记录。在条件允许的情况下，还应拍摄漏孔的大小、形状及漏孔截面积，以便于对检漏人员检漏准确度、定位精度、漏量评定等进行考核。

修复完成后，抢修人员还应拍摄修复照片，一方面是记录管道修复情况，另一方面是记录抢修所用材料，以便于对抢修人员修复质量、抢修材料管理等进行考核监管。此外，还应利用本次抢修开挖的机会，对地下管道信息进行复核，如GIS系统上管道信息有误，应及时上报。最后，抢修人员还需及时分析管道漏损原因，记录存档相关报告。

3. 项目安全目标

虽然市政管网运维项目不属于高危项目，但管网运维作业中会涉及大量的受限空间作业、道路施工作业以及阀门操作等。为符合项目安全生产的要求，应设立目标如下：

（1）人身伤亡率：0％；

（2）设备损伤率：0％；

（3）管网设施（阀门、消防）损伤率：0％；

（4）井盖复位率：100％；

（5）交通意外伤亡率：0％。

项目安全目标是项目顺利竣工的重要保障，体现了每项相关工作的规范性。如果不设立并考核项目安全目标，工作开展就会混乱无序，并埋下事故安全隐患。

4. 项目质量控制措施

（1）检漏周期

人工检漏是现如今供水企业常见的检漏模式，而人工检漏存在一定问题。一是由于每位检漏人员存在工作经验、检漏技术、责任心、细心程度等个性差异，因此对于漏水点的定位，尤其是疑难漏水点的定位，往往会存在检漏实时性的问题。如果检漏人员负责的片区没有轮换，即没有检漏周期的话，那该片区的漏水点能否及时检出，就取决于检漏人员的个人素质，若检漏人员缺乏工作积极性、缺少工作经验或检漏技术较差，则会直接影响漏水点的检出时间。二是"养漏"问题。虽然有些供水企业建立相应的绩效考核机制，激励检漏人员工作积极性，但是若无配套检漏周期轮换的话，则可能会发生"养漏"事件，虽然检漏人员能及时发现小漏量漏水点，但不及时上报，待漏水点逐渐变大后才上报公司。对供水企业而言，"养漏"问题违背了建立绩效考核制度的初衷，经济效益和节水效益亦无法完全实现。

检漏周期可根据检漏人员数量、管网重要程度、管网服役年限、管网自然老化规律、漏水点自然增长速度而规划设计。检漏周期的制订应充分考虑资源配置的合理性、成本核算的经济性和投入产出比等。供水企业可结合自身情况，探索合适的检漏周期，并于实践中动态调整。

（2）人员定位和轨迹监控

缺少管控手段和绩效考核，往往导致管网运维外业人员缺乏积极性、主动性，影响工作效率和工作质量。

为有效监管外业人员工作质量，可采取以下措施。一是可通过装有 GIS 系统的智能手机，实现管网外业人员的实时定位，并形成从计划的制订、分派，到事件处理上报等工作流程的电子化管控；二是可通过历史轨迹回放，监控外业人员行动轨迹及行动速度，判断外业人员是否按时按量完成计划工作；三是建立相关绩效考核制度，对作风散漫、工作质量较差的职工予以惩罚，对工作积极的职工予以奖励。人员定位和轨迹监控系统如图 12-2所示。

（3）施工点监控

如前文所述，项目安全目标是项目顺利竣工的重要保障。为保障安全施工，从管理上应对各类特种作业进行事前申报、事中监管、事后追溯的流程化管理，技术上可通过架设摄像头或配置头盔式摄像机等方式，实现对现场施工人员的安全监管，或利用 AI 图像识别技术，对现场穿戴进行识别（安全帽、安全绳、塑胶手套等），如图 12-3 所示。

（4）成果报告

每项管网运维工作结束后，应出具相应成果报告。成果报告是管网运维工作的重要环节，当工作结束后，追溯事故来源及应急措施等相关内容，均需要成果报告作为依据，因此，供水企业需要格外重视成果报告的建档归档工作。流程是否完整，内容是否准确，是否有相关图片、影像资料作为佐证，纸质档案和电子档案是否一致等均为该项工作的基本考察要求。表 12-1 为某供水企业在供水管网漏水探测作业结束后，检漏人员应出具的成果报告，仅供参考。

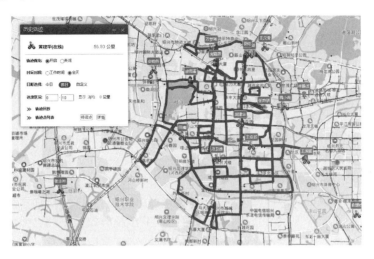

图 12-2　人员定位和轨迹监控系统

图 12-3　AI 图像识别系统

供水管网漏水探测成果报告　　　　　　　　　　　　　　　　表 12-1

填表日期　年　月　日

漏点编号		漏点位置	
管材		管径（mm）	
管道埋深（m）		管道埋设年代	
地面介质		管道破损形态	

探测方法和使用仪器简要说明：

漏水异常点简要说明（附位置示意图）：

开挖验证相关说明（漏水点照片、漏水点定位误差、计算漏水量等）：

开挖验证日期　年　月　日
探测人（签名）：　　　　　　复核人（签名）：

（5）项目成果分析

管网运维工作的项目成果可分为两个层面进行分析。一是微观层面，即通过管网运维工作发现的管道漏损异常现象及修复，是管网运维工作经济效益、社会效益和节水效益的直接体现；二是宏观层面，通过管网运维工作的开展实施，后续应总结归纳各种规范、标准和管控体系。从宏观层面分析，可将该项目成果固化为技术成果、管理成果和科研成果。

具体成果应包含下述内容：

一是应统计漏点检出数量、节约水量和经济效益。

二是应对管网运维工作中应用的技术设备进行效益分析，对于先进高效的技术设备应大力推广应用。

三是应对检出漏点进行特征分析，结合地面材质、管材、管径、漏量、漏点形式等因素，对检出漏点进行分类统计，可有效指导后续管网改造工作的开展。

四是在管网运维工作后，可逐步开展对地下管网情况的总体评价工作，如管道服役年限统计、管道材质统计、管道口径统计、管道修饰情况统计等。并为后续管网运维工作的开展提供合理化建议。

五是逐步修订管网运维工作规范，构建相关体系及标准流程，并于实际工作中不断完善，动态更新，最终固化形成标准化、规范化、专业化、精细化流程。

六是在管网运维工作结束后，应对相关人员能力水平进行评定，并基于评定结果，指导人事调动。同时，也可为追溯机制、绩效考核制度等相关制度建设工作提供依据。

12.2　绩效考核体系

供水企业的人力资源管理是支撑管网漏损控制高效实施的重要环节。任何管理制度的实施和技术革新归根到底都要靠人力执行落实。只有充分调动与发挥人员的主观能动性和创造力，才能进一步地挖掘技术的潜力，增加企业的效益。

随着知识经济的到来和市场竞争的加剧，人力资源成为企业生产的第一资源，也是企业的核心竞争力，针对漏损控制问题，围绕着漏损控制管理的合理组织机构固然重要，而高效的人力管理是促使这些机构进行高效运转的动力来源，其中绩效考核管理是企业人力资源管理的有效方法。

除此之外，绩效考核管理还有助于提高企业中人力资源的能力素质。企业在人力资源开发与管理中任何环节的运转都与绩效管理有着直接或间接联系。绩效考核是通过系统的方法、原理量化和评定员工在职务上的工作行为和工作效果。在企业中，职工工作绩效具体表现为完成工作的数量、质量、成本费用以及为企业作出的其他贡献等。绩效考核的目的是通过考核提高每个个体的效率，最终实现企业的战略发展目标。下文，笔者将通过华东地区某供水企业绩效考核体系构建的实际案例，向读者分享绩效考核体系的总体思路、构建原则及步骤、构建内容和过程，并深入分析该供水企业的管网运维岗位的绩效考核方法和成效，希望以此帮助读者深化对绩效考核的认识。

12.2.1 绩效考核体系构建的总体思路

构建绩效考核体系是实现漏损管控体系长效化治理的有力保障。绩效考核通过建立企业内部经济责任制，使用科学原理和系统方法评定和量化员工的工作行为和工作成效。通过考核提高部门和个体的工作效率，最终实现企业的目标。

绩效考核通过将供水区域划分为若干相对独立的供水计量区域，分设营业分公司（或营业所），实行单独计量、单独考核，并在此基础上，形成以分公司为责任主体，各职能处室相互配合的全员绩效考核体系，把漏损考核指标完成情况直接与全体员工收入挂钩，形成全员参与降漏控漏的工作氛围。

12.2.2 绩效考核体系的构建原则及步骤

该供水企业在构建绩效考核体系时，遵循下列 5 点原则：

一是客观性原则。应以客观事实为依据，在构建绩效考核体系以及设定考核指标时，应综合考虑行业特点、企业当前发展阶段、企业经营状况及盈利模式、企业的战略目标等因素。

二是公开性原则。公司在构建绩效考核体系前，应进行公开的信息调查，征询职工的想法和需求，甚至让业务骨干参与绩效考核体系构建。

三是针对性原则。在构建绩效考核体系，设定绩效考核指标时，应考虑不同部门、不同岗位的具体特点，设定具有针对性的考核指标。

四是简单性原则。在构建绩效考核体系时，为确保执行过程的简单高效，应在设定绩效考核指标时，确保指标少而精。

五是动态调整原则。绩效考核体系可以作为构建薪酬体系的重要依据，同时企业还应充分意识到绩效考核体系对于人力资源管理的重要性。绩效考核体系是规范员工行为的重要抓手，是实现公司战略目标的重要制度，因此需结合公司的企业文化、发展阶段、战略目标作出动态调整。同时，还需在绩效考核体系构建后的试行阶段，及时询问员工的看法和感受，鼓励员工在发现问题或有不同意见时，第一时间进行沟通，确保绩效考核体系能够得到大多数员工的认同。

在明确了构建绩效考核体系应遵循的原则后，供水企业在构建绩效考核体系时，还需遵循下述 4 个步骤。

1. 岗位分析

企业内部有多个部门，不同部门、不同岗位间的工作职能、工作内容、工作形式均存在一定差异。如上文所述，绩效考核体系应具备针对性，因此需对各个部门、各个岗位进行调研分析，从而了解被考评者应达到的工作目标及其应具备的工作素养等，初步确定出绩效考核指标。

2. 确定权重

在对不同部门、不同岗位进行调研分析后，需对初步确定的绩效考核指标进行衡量，根据公司战略方向和发展需求，初步确定各个指标的重要性，通过权重进行体现。

3. 试行检验

在绩效考核体系构建完成后，企业可以进行试行，以检验这些指标是否科学合理。在试运行阶段，调查员工在这三个月内对绩效考核的满意度，听取员工的意见和建议。

4. 调整完善

为了使绩效考核体系趋于合理，应在充分了解员工意见的基础上，对绩效考核指标进行调整和完善，以得到尽可能多的员工认同。最终将其制度化，然后正式施行。

12.2.3 绩效考核体系的构建内容和过程

1. 公司经济责任制考核办法的制订

根据企业发展状况，制订经济责任制考核办法，一年一修订。内容包括经济责任制考核办法、经济责任制相关指标、基础管理考核办法等。

经济责任制考核办法规定考核内容、考评方式及考核兑现方式。

经济责任制相关指标包括抄表准确率、水费回收率、水表周检完成率、阀门超关率、管网抢修（修漏）及时率、管网水质、内部结算成本、年漏损水量等指标考核内容。

经济责任制基础管理考核包括专业工作类和专项费用类两部分。其中专业工作类包括表务管理、用户管理、抄收管理、财务资产管理、管网及附属设施动态管理、GIS 管理、管网模型管理、工程管理、计算机网络、系统安全管理等考核内容；专项费用类包括办公费用、日杂用品费用、印刷品费用、电话费用、电耗、车辆修理费、油耗等考核内容。

2. 确定各部门的经营业绩考核指标体系

结合各单位、各部门实际情况，确定各部门的经营业绩考核指标体系。各部门经营业绩考核指标体系规定年度考核时对各部门的年度基本工作（党建、行风、安全、卫生和各部门相关指标等）和重点工作的考核目标及奖惩方法。基本工作通过层层签订责任书的方式实现责任的划分和奖惩的分配。重点工作的考核是通过制订重点工作评价办法，确定重点工作完成情况。

3. 突出漏损率和漏损水量两个重要指标的考核

在经济责任制中制订专门针对管网漏损专项工作的考核办法，从漏损率和漏损水量两个层面对各部门和职工进行考核。

考核各分公司漏损率，按月度和年度考核，考核结果与每位员工月效益工资挂钩，年度考核按分公司重点工作考核。

漏损水量按公司和分公司考核，分公司根据年初制订的漏损水量考核，公司其他部门按照公司总漏损水量考核，每个部门根据与漏损控制关联程度，分成若干层级，并根据年终漏损水量情况，建立不同的奖惩标准。

4. 部门绩效考核的建立

部门绩效考核分为通用和专业两部分。通用部分主要考核具有共性的日常管理和阶段性工作，如行风、安全、综治、卫生、劳动纪律等，根据关联程度不同，奖惩力度也不一样。专业部分主要考核与各部门相关的重点工作、经济技术指标、工作效率与工作质量等。

对职能部门主要针对其管理职责分解落实公司年度工作思路中的重点工作，并通过月度或者季度工作计划对其实施考核。对基层单位实施重点工作和经济技术指标双项考核。由于各部门工作重点、任务量、难易程度不同，对各考核项目的分值分配也应不同。在部门绩效考核建立过程中对关键指标、关键工作完成情况较好的部门可给予一定的奖励，对完成情况不好的部门可给予一定的扣罚。

为保证绩效考核的客观性和公正性，避免人为因素导致绩效考核的片面性和盲目性，应对各考核项目制订详细的考核细则，如安全专项考核细则、行风专项考核细则等。同时，为加强考核力度和考核严肃性，公司可成立考核小组，作为绩效考评的综合管理部门。

5. 个人定量计件考核办法的建立

为了真正体现多劳多得、少劳少得、不劳不得的"按劳分配"原则，应对可以明确定额计件的岗位，逐步实行定量计件考核，打破收入分配"平均主义"的做法，在公司内部树立起"收入向一线和高技能人员倾斜"的计酬体系。

实施量化考核的岗位关键是抓牢"量化点"，按照先易后难，逐步推广的方式在公司内部进行建立。从抄表、收费等工作内容相对容易量化的岗位开始，逐步过渡到工程设计、营业稽查、管道抢修等工作内容较复杂的岗位。例如，检漏工岗位可以根据漏点检测数量或漏点大小进行量化考核；抄表工岗位可以根据抄表数量和难易程度进行量化考核。

6. 管理岗位和非量化岗位绩效考核的建立

为了进一步增强工作的目的性和针对性，提升工作的主动性和创造性，加强工作的计划性和科学性。对非量化岗位进行有效的绩效考核也是非常重要的。

首先是要定标准。编制公司各岗位的工作标准，确立每个岗位日、周、月、年的工作内容和标准。

其次是明工作量。要求职工每日填写工作日志，及时记录每日工作完成情况、一周工作小结、亮点特色工作、下周工作计划、存在问题及建议措施等。

最后是评估业绩。由公司和部门对工作日志进行"每周一评"，推出"每月一星"，考核结果与职工的月效益工资和年终评先评优挂钩。

12.2.4 岗位绩效考核

该供水企业充分认识到人力资源对供水管网漏损控制的重要性，自 2000 年开始，不断建立与完善职工绩效考核体系，以绩效考核为手段，不断修订完善面向管网漏损的人力管理制度，激励公司员工的工作积极性，促进各个部门的高效运转。

该供水企业每年年初制订年度漏损内控目标，并将之分解为年度、季度和月度指标进行全体员工的专项业绩考核。同时，将区域漏损控制指标分解到网格单元，并将每个计量分区都赋予漏损控制的责任，对漏损控制业绩考核合格及以上者，给予不同等级的酬金激励，对不负责任、管理不到位及控漏效果低下的中层干部和业务骨干实行降级或转岗使用。

该供水企业的岗位绩效考核分为量化岗位和定性岗位。公司实施量化考核是采用先易后难的方式，由最早的抄表、收费等相对容易量化的岗位，逐步推广到工程设计、营业监察、检漏、抢修等岗位。由于检漏岗位和抢修岗位与管网运维工作密切相关，因此下文将着重分享检漏、抢修岗位的考核方案制订。

1. 检漏岗位

（1）工作职责

一是开展检漏工作，对已确定的漏点向相关人员下达任务单并跟踪维修进度及维修质量。

二是根据需要，配合抢修人员对明漏点进行定位及查找掩埋阀门等相关工作。

三是根据工单承接用户表后供水设施及其他用户的委托检漏工作。

四是建立和完善管网检漏日志和台账。

五是负责检漏相关设备的维护、保养工作。

六是进行检漏数据分析，为管网管理提供数据支持。

（2）考核办法

1）管道检漏人员的工资由岗位工资和月、年效益工资组成。其中岗位工资按岗效薪级标准核发；月、年效益工资实行定量考核，坚持"上不封顶、下不保底"原则。

2）效益工资报酬计算：

月度考核收入＝检漏报酬±奖扣款（如公司对部门有考核，则需将部门考核的收入计算进去）

年终报酬＝年底留存效益工资＋其他收入（如公司对部门有考核，则需将部门考核的收入计算进去）

检漏报酬＝漏点检测收入＋漏损率挂钩收入＋其他检漏收入

月效益工资＝月考核收入×0.9，结余部分作为年终奖发放。

法定节假日按正常程序申报加班并核发加班工资；从事临时安排的其他工作，按日计酬。

3）暗漏点检测收入：以检漏人员所报的肉眼不可见、地表无水迹象的漏点定额为依据，按月统计当月计酬。

漏水量按漏点现场检测，每一漏点漏水量至少测量3次，取测量平均值作为计算检漏报酬的漏水量。每年11月～次年4月为冬季检漏期，冬季检漏期内定额按照2倍计。

4）漏损率挂钩收入：检漏人员月度检漏收入与所在供水公司月产销差率挂钩。

5）明漏及其他检漏收入：

一是自来水设施井内（除压口、表头）立管、明管、留口、排放阀、消火栓上口及泄水孔皮碗漏水按明漏计，电力、电信等设施井内，若无需抢修开挖修理的，亦按明漏计。

二是消火栓直立栓体至底部弯头处漏水按明漏计，底部弯头以后则按暗漏标准计量。

三是报漏点地表有冒水迹象的（含明漏定位），按明漏计酬；实际漏点距冒水处3m及以上的，按定额标准减半计酬。

四是同一管道上两漏点位置相距在1m内按1个漏点算，超过1m按实际漏点数计算。

五是漏点因建筑物圈压等环境因素影响不能修理，有计量表可计量时以计量表计，其

他按 $5m^3/h$ 计，具体由生产技术部和供水公司共同确定。

六是在尚无人报告的前提下，发现无表及违章用水、水表故障、水表倒装、桥管支架严重变形（经核实确认），市政道路圆井盖缺失、供水设施存在缺陷（如水表井井盖缺失或破损、桥管支架腐蚀等）等现象均可按次奖励。

七是公司安排的表内检漏中检出漏点或由于客观原因没有检出漏点，均可计酬，检出漏点额外奖励。

八是因重大活动保障安排总管集中排查，按每人每日计酬，检出漏点另行计酬。

九是检出在 GIS 系统中无管线标示的 $DN100$ 及以上漏点，另行奖励。

6）惩罚：

一是漏点定位误差超过管线方向前后各 1m、左右各 0.5m 范围，予以罚款。

二是根据公司安排的总管检漏，发现疑点必须在第二天白天进行报漏（特殊原因可适当延迟），未及时报漏的予以罚款。

三是因定点失误造成管线损坏的，予以罚款。管线损坏后隐瞒不报、经事后查实系人为损坏的，取消该漏点报酬，并按该漏点报酬的 2 倍予以扣罚，后果特别严重的报公司处理。

四是对于用户表内漏点及公司安排的检漏点应及时在规定时间内安排检漏，未及时安排的，予以罚款。未经公司同意，不得从事非集团供水区域内的检漏和用户内部检漏，否则每发现一次予以重罚，并按违反公司规定处罚。

五是未按公司计划线路实施检漏或未接受临时性检漏任务的，予以罚款。

六是因检漏未到位而出现爆管、地面冒水等其他问题，经调查核实有责任的，按相应管径的漏点定额进行扣罚，后果严重报集团处理。若检漏线路中未报漏点（不含可疑漏点），该线路自检漏之日起 3 天内发生自然爆管，经调查核实有责任的，对检漏人员予以相应罚款。

七是年漏失水量奖扣与检漏人员平时月检漏收入、全年报漏点业绩、平时工作表现及年终职工评定结果等挂钩。

（3）考核程序

每月根据检漏人员的检漏数量、质量和有关事项进行考核，经检漏人员签字后，由管线技术部核算报酬统一造册，公司综合服务部审核，报公司分管经理审批。

（4）其他规定

1）检漏收入认定与结算：检出的漏水量由修理负责人和检漏负责人及公司管网管理人员共同主持认定并签证，其他供水公司管辖的管网应通知该公司负责人派人到场签证。上述签证须经集团生产技术部人员现场校核审定。漏量较大的，应由供水公司负责人到场，并报集团公司分管副总；由多人参与的检漏，检漏收入应按贡献大小计算分配，一般情况下，主要检测者得 60%，协助人员得 40%。

2）检漏人员应妥善保管、正确使用检漏仪器，不得外借。责任人不妥善保管、操作不当造成仪器故障，恶意损坏或丢失，根据折旧后的价值或修理的费用进行赔偿，并视情提交公司处理。相关仪等公用设备责任人为部门主管。

3）检漏人员每天根据统一安排的线路进行检漏，不得漏检，原则上要求在全部完成所辖计划线路的基础上方可进行线路的二次复检（临时安排或经报批同意的特殊情况除外），未按规定线路检漏，予以罚款（特殊调整除外）。在检漏过程中发现并确认的漏点，需及时上报，重大漏点必须在第一时间报告调度中心、部门领导（报告内容必须说明漏点大小），便于及时抢修。在检漏时发现的疑难漏点，口径大于 $DN100$ 的管道漏点必须在第二天复查核实，$DN100$ 及以下的管道漏点可根据实际工作情况顺延一天复查核实；自行复查无果，必须申请会诊。所报漏点未在最近三天内巡检线路中属"养漏"，报漏点减半计酬。

4）若有管网、流量异常情况出现，当天即由分公司检漏人员排查，排查未果，第二天启动应急方案，即委托公司组织检漏人员协助排查，至有结果（特殊情况除外）。排查方案以所查管线口径从大到小进行巡查，谁查到漏点就由谁受益，其他参与人员按日计酬。

5）在主要道路上、管径在 $DN300$ 以上的报漏点，需由"会诊"确定是否准确后报漏。

6）检漏人员定位打钎必须提前 2～3d 向部门提出申请，部门领导同意后方可实施，未提出申请予以罚款，因擅自打钎导致事故，按照公司制度处理。

7）检漏人员因事、病假参照公司有关规定提前申请，不得无故缺勤、迟到、早退。

8）检漏人员工作期间未穿反光背心、工作服、佩带员工证，对当事人及主管予以罚款。

9）未严格执行《检漏工岗位说明书》要求，酌情扣款。

10）违反承诺服务要求，导致用户投诉，按公司行风有关规定进行处理，情节严重者，直至待岗或解除劳动合同。

11）发生违规违纪现象，按公司有关规定处理，或移交有关部门处理，直至解除劳动合同。

2. 抢修岗位

（1）工作职责

一是做好日常供水排水管道的检漏修理与全天候 24h 应急抢修工作。

二是消除分公司安全运行过程中存在的安全隐患及进行复杂工况下的协助维修工作。

三是做好供水排水阀门、排气阀等对安全运行有关的设施例检、保养、整改。

四是负责故障表的应急处理相关工作。

五是每月根据计划做好供水排水管网的阀门、管线、泵房熟悉度考试工作。

（2）考核办法

1）管道抢修人员的工资由岗位工资和月、年效益工资组成，岗位工资按岗效薪级标准发放，月、年效益工资实行定量考核。

2）效益工资报酬计算：

根据当月完成的管道及附属设施的维修工日和其他各项临时性、突发性工作计发月度、年度效益工资。

月度效益工资＝当月结算定额工日×定额每工金额＋月岗位系数×月效益工资基数×（月度考核分数/100－1）＋其他收入±奖扣款；

年终效益工资＝∑月结算定额工日×年核定每工金额＋年岗位系数×年效益工资基数×（年度考核分数/100－1）±奖扣款；

班组长效益工资：月度效益工资＝当月结算定额工日×月核定每工金额＋班组长补贴＋月岗位系数×月效益工资基数×（月度考核分数/100－1）＋其他收入±各类奖惩额；班组长补贴按照公司相关制度规定标准执行。

从事工作职责以外的其他工作，按日计酬。法定节日加班，按规定程序申报并核发加班工资。

3）惩罚：

一是对所辖区域内的供水管网及附属设施巡检不力，对存在安全隐患的供水管网及附属设施不及时采取措施制止，或提出相应整改措施，或在修理过程中造成供水管网及附属设施缺失或破损，根据造成经济损失的大小，对当事人及班长予以罚款，情节严重者作待岗处理。

二是抢修、维修施工过程中，未统一着装、挂牌上岗、佩戴安全帽、设置警示标志和围栏，擅自私接公、民用电，对当事人及班长予以罚款；完工后没有做到料尽场清，按情节轻重对当事人及班长予以罚款。

三是抢修机具设备不按操作规程使用，致使机具设备损坏，按情节轻重对当事人予以罚款，造成人员伤害或设备重大损坏另行处理。

四是未按时上报各类月、季、年报表，抢修资料缺漏或各类修理记录填写不及时、不完整、不清楚，对班长予以罚款，三次以上另行处理。

五是不按规定时间做好管网及附属设施、新移交工程接收、复查，新增阀门挂牌、例检，破损阀门维修、保养等工作，对当事人予以罚款，三次以上另行处理。

六是接受任务主动性不够，无故相互推诿，对当事人予以罚款，致使工作延误、停滞，造成用户投诉或经济损失，按有关制度规定处理。

七是填报工程量情况弄虚作假，对责任者予以罚款，情节严重者另行处理。

八是在抢修、维修过程中，浪费各类材料、物资，按所浪费材料、物资的价格双倍赔偿。

九是维修后在半年时间内因质量问题出现返工现象，维修责任人必须不计定额进行返修，并对班组予以罚款。

十是因抢修不力造成停水超时，根据抢修实际情况酌情进行扣罚。

十一是违反承诺服务要求，导致用户投诉，按公司行风有关规定进行处理，情节严重者，直至待岗或解除劳动合同。

十二是发生违规违纪现象，按公司有关规定处理，或移交有关部门处理，直至解除劳动合同。

十三是对在急、难、险、重抢修任务中表现突出，对管网优化管理、提高抢修效率、节约抢修成本，及回收报废供水设施有突出贡献者，酌情给予奖励。

（3）考核程序

1）上月的21日至当月的20日为一个考核周期。

2）服务公司抢修班组工时需在完工后3个工作日内报抢修管理进行初审，抢修负责人在3日内审核完毕，抢修部需在每月21日前将当月考核结果报综合部，综合部提交服务公司效益工资考评小组后其进行评审，并负责将评审的意见进行汇总定稿并反馈给抢修部进行公示并报公司办公室。

3）抢修部对维修质量进行自查，并核对每项维修工程数量；供水服务公司分管抢修负责人每月对维修质量和工程量进行督查。

4）抢修部每月根据管道修理人员的修理质量和奖惩事项考核计算其收入，经本人认可后，由部门核算报酬，统一造册，经班组、部门、办公室审核后报公司分管经理审批。

（4）其他规定

1）考核人员应遵守公司的规章制度，并积极完成考核范围以外临时分派的其他工作和任务。

2）所在单位（部门）有权对考核人员的工作任务进行安排、布置、分配和调整，考核人员不得拒绝或挑拣，在工作中若出现拒绝或挑拣现象，对责任者予以罚款。

3）妥善使用和保管好各类工具，不得人为损坏或遗失，如有损坏或遗失按实际维修费用或扣除折旧后的价值赔偿。

4）从事其他临时性工作应按公司加班申请程序提前申请。

5）考核岗位收入增幅超过公司职工收入平均增长幅度 1.5 倍及以上者，年度其他奖励酌情考虑。

在每年调整漏损控制内控目标的同时，该供水企业还针对检出的漏点大小、明漏及暗漏等分布情况，对检漏人员和抢修人员等管网运维相关人员的绩效考核办法进行动态调整，引导职工向漏损控制工作的重点方向努力，达到漏损率平稳可控，甚至实现逐步下降的目标。通过及时调整考核办法，提升职工开展工作的积极性。

12.2.5 职工薪酬体系构建

构建合理的职工薪酬体系可以有效调动职工的工作热情，使职工充分发挥其主观能动性和创造力，为企业带来效益。对于供水企业而言，依靠强制手段驱动职工开展工作是无法形成良性循环的，是不可取的，而应通过薪酬考核制度的激励作用，帮助职工理解和接受，进而认同和追求企业的发展目标，提高职工对企业的向心力。同时，薪酬考核体系也是供水企业实现人才选、用、育、留的重要途径。

职工薪酬体系构建需要明确考核指标，以绩效考核制度作为支撑，与绩效考核有机结合，才能体现评判标准的公开性、透明性、合理性。构建薪酬体系时，应综合考虑企业营收情况、行业平均薪酬水平、当地平均薪酬水平等因素。笔者仍以华东地区某供水企业为案例，阐述一些构建职工薪酬体系的思路、方法，仅供参考。

1. 积分制

该供水企业职工的薪级升降采用积分制，每年年终结合考评工作进行岗位薪级考核。累积分在标准分以上且平时工作表现优异的职工可以申请晋级，而累积分在标准分及以下的职工则予以降级处理。

2. 工资构成与实施办法

岗效薪级工资由岗位工资、效益工资与其他工资等构成。

（1）岗位工资

岗位工资根据岗位工作责任轻重、工作技能要求高低、工作环境优劣与工作强度大小确定，是职工工资收入的主要组成部分。岗位工资实行一岗多薪，岗变薪变，工资标准由相应系数确定。

考虑相同岗位职工技能、工作经验的差异及不同岗位对职工技能熟练程度的要求不同，设立不同薪级。岗位工资薪级根据业绩考核结果浮动，到最高薪级时不再上浮。

（2）效益工资

效益工资根据职工月、年度工作业绩、所在单位（部门）的工作目标完成情况确定，是职工工资收入的主要构成部分。效益工资包括安全、行风、漏损等专项奖励。效益工资核发系数与岗位挂钩，岗位与效益工资核发系数同时变动。

（3）其他工资

其他工资由附加工资、工龄工资、津贴等组成。附加工资包括两个部分，一是加班工资，其按国家相关规定发放。二是取得一定技术（或管理）成果、为公司作出较大贡献的职工，由职工向公司提出奖励申请，经公司考评小组核实、公司党政联席会议审议，并于公示后执行。

3. 日常薪级考核管理

（1）薪级升降原则上采用积分制，每年年终结合考评工作进行岗位薪级考核。累积分在标准分及以上且平时工作表现优异的职工可以申请晋级；累积分在标准分及以下的职工予以降级处理。

定量计件考核岗位的薪级升降情况记入职工工资档案，在岗位变化时套用，薪级升降情况在年终收入中适当予以体现。因客观环境变化引起工作量增减等需要岗位薪级调整，由部门申请、公司办公室核实，经公司党政联席会议审定并公示后执行。

（2）晋级采用职工个人申报制。申报时间一般在次年3月上旬。职工晋级申报经所在单位（部门）考评后上报公司考评小组审核，经公司党政联席会议审定并公示后执行。

（3）公司对下述情况职工予以一定的薪级分奖励：获得市级以上先进奖励；在国家级技术比武中取得一定名次；取得与公司业务相关的课题研究成果；在核心刊物发表文章等奖项或成果。

4. 应用成效

随着企业管理精细化程度的不断提高，绩效考核在企业管理中所起的作用也越来越大。通过精细化、多层次、系统化的绩效考核，干部职工工作态度会从"要我做"变成"我要做"，也极大激发了干部职工的工作积极性和主动性，形成了"你追我赶"的良好竞争氛围。职工的技能水平也将得到极大的提升，人员队伍结构进一步优化，企业的劳动生产率也将明显提高。

思　考　题

1. 供水企业管网管理是一项重要工作，为确保管网管理的项目质量，可采取哪些措施？应设置哪些量化指标对项目质量进行把控？

2. 构建绩效考核体系与实现供水企业组织战略存在何种联系？

3. 绩效考核体系与供水企业人力资源管理体系存在何种联系？

4. 构建绩效考核体系时，应遵循哪些基本原则？

13 管网漏损控制人才队伍建设

做好人才队伍建设工作是供水企业实现漏损管控战略目标的第一选择和最优路径。要推动漏损控制系统工程的高效运转，关键在人，因此加强人才队伍建设、培养大批创新复合型人才是供水企业当下最紧迫的课题之一。供水企业要高度重视人才队伍建设工作，把建设人才队伍作为支撑发展的第一资源，不断完善人才选拔机制、人才培育机制，创新人才教育培养模式，充分培养未来人才的科学精神、创造性思维和创新能力。通过不断深化技术技能人才培养及体制改革，培养和打造更优质的人才队伍。同时，供水企业还应认识到加强人才队伍建设需形成常态化的人才管理机制，对企业内的人力资源实行长效高效管理。

编者希望通过本章的阐述，帮助读者强化对管网漏损人才队伍建设的认识，了解人才队伍建设的方法。

13.1 供水企业人力资源现状分析

13.1.1 供水企业人才梯队现状

对于国内多数供水企业而言，人才队伍年龄分布失衡，应届毕业生和老职工数量过多，而年富力强的青年人才不足，人才队伍断层严重。对于供水企业而言，能独当一面的专业技术人才往往需要较长的培育周期，而新进职工难以在短时间内承担主要工作任务。并且对于管网工作而言，如检漏、抢修等岗位，工作强度较大，作息时间不规律，难以吸引年轻员工入职，这样的人才结构非常不利于漏损控制工作长期稳步推进。

13.1.2 供水企业人才选拔现状

构建合理的人才选拔制度需以完备的人才评价机制为依托，而对于国内多数供水企业而言，人才评价的启动往往源于短期的管理需求和决策，评价周期、评价标准、评价流程、评审专家等未能结合供水企业的发展现状而形成标准化、体系化的人才评价机制。

同时，对于国内多数供水企业而言，人才评价手段较为单一。人才选拔的观念较为陈旧，"论资排辈""平衡照顾"等用人观念仍在部分供水企业有所体现，"唯学历论人才"和"主观印象论人才"往往导致人才评价和人才选拔过于片面，未能有效调动职工工作积极性和上进心。

13.1.3 供水企业人才培育现状

对于供水企业而言，普遍缺乏引进、培育人才的系统化策略。虽然在人才招聘前，部分供水企业可能会采取人才需求缺陷评估的手段，向用人部门征集人才需求和招聘意见，但受限于供水企业自身的环境和条件，引进符合用人部门要求的人才往往存在一定难度，导致用人部门对于新进职工的安排存在困扰。加之，由于缺乏长期的人才培育规划，新进职工对于自身职业发展规划和自我价值的实现存在怀疑情绪，因此可能会导致人才流失，形成恶性循环。

13.2 供水企业人力资源优化方案

13.2.1 开展岗位价值评估

由于人才评价过于主观，"经验论"和"印象论"往往会左右人才的评价结果，因此为达成"人适其岗，各尽其才"的理想人力资源配置效果，可以岗位价值为出发点，评估胜任岗位所需的能力素质，并以此为依据寻找合适的备用人才。常用的方法有行为事件访谈法（Behavioral Event Interview，BEI），通过对在职人员的访谈，分析其对重大事件的描述，挖掘出其所在岗位所必须具备的核心素质，形成胜任力模型。

13.2.2 构建人才评价机制

在明确岗位所需的核心能力要求后，应同步构建人才评价机制，对人才进行评估，通常情况下，可综合采用下列办法。

一是内部评价。根据评价人的不同，内部评价可分为两类，第一类是直线评价，评价人是备用人才的直接领导。第二类是多维度的评价，评价人可涵盖被评人、公司各级领导、被评人的部属、同级部门责任者、客户等。评价人以岗位能力素质要求的整体描述为标准，对被评人进行全面整体的评价。

二是笔试测评。针对标准化程度较高的岗位，可采用这种方式。通过专业知识和技能测验的方式，评估备用人才的能力，内容可包含党政知识、水务行业管理技能、企业文化等相关知识。

三是结构化访谈。在每一个测评维度上，预先设置面试题目，并制订相应的评分标准，通过标准化的面试考察备用人才对岗位的认识。

四是情景模拟。供水企业可根据实际工作情况，设计出工作场景，备用人才在该实战场景中，需进行相关角色的扮演，协调相关人员，模拟处置场景中出现的紧急问题，如爆管、抢修等，通过情景模拟可考察备用人才对实际工作的驾驭能力，但操作成本较高。

13.2.3 设计人才梯队序列

人才梯队建设是指企业为了避免人才断层的局面，有意识地培训或锻炼人才，做好人才储备工作。做好人才梯队建设工作，需要企业管理者从企业内部或市场挖掘优质、高潜力人才，并在实际工作中锤炼人才，为实现企业的发展愿景和战略目标提供坚实的人才保障。

部分企业在开展人才梯队建设工作时，往往会陷入误区，即仅仅选拔若干个年轻有为的人才作为储备，待岗位空缺后，便可升任。这种做法容易导致后备人才一旦确定后，后备人才工作积极性降低，若迟迟没有升任，甚至认为是上级领导刻意打压。对于其他职工而言，也会因为丧失发展机会，而导致工作消极。因此做好人才梯队建设工作，应建立一套动态的人才考察、选拔、培养、淘汰、使用的机制。在建立该机制时，首先应考虑人员结构搭配，主要是年龄分布和工作能力分布，构建科学合理的人才梯队序列。

人员结构应由年富力强的中级人才作为主体，由少部分工作经验丰富的高级人才持续发挥"传帮带"的作用，再加上少部分缺乏工作经验的新员工作为支撑。在人才梯队初步组建后，应逐步完善人才区分机制、人才培养机制、人才选拔机制和人才发展激励机制等相应制度。

13.2.4　建立人才选拔机制

企业应坚持公开、平等、竞争、择优的选人用人原则，不断使优质、高潜力的人才脱颖而出，使人才充分施展才能，做到人事相宜、人岗相配、用当其时、人尽其才。

建立人才选拔机制的关键在于，以人力资源规划为导向，以职能分析为依据，有所凭依，从多个维度对备用人才进行评估任用，以确保人才队伍的健康良性发展。

13.2.5　落实人才素质培养

建立一支高素质的人才队伍，首先要明确企业的人才需求和人才标准，明确人才的基本特征和核心素质需求。人才培养机制的建立，是人才队伍建设中关键的一环。供水企业中，每个岗位对职工的素质要求都有所不同，作为主动性的人才队伍建设，应结合企业生产经营和战略发展需要，定向培养具备相应特长的优质人才。

人才素质培养的方式有很多种，供水企业应紧密结合岗位需求，制订针对性的人才培育方案，并严格促进方案的落地实施。

如检漏岗位，检漏人员要胜任管道检漏工作，应具备较强的主动学习能力，熟知供水排水管网及附属设施，主动学习先进高效的检漏技术和检漏仪器设备操作技能，熟练掌握常用检漏方法，还应有强烈的责任心和吃苦奉献精神。然而，由于供水企业缺乏人才培育机制，导致检漏人员素质较为低下，难以胜任这一艰苦而重要的工作。并且，管道检漏工作对工作经验要求较高，如果没有持续的实践经验及复盘总结，检漏人员的能力水平可能会遇到瓶颈，难以突破。

供水企业可以通过自行设计建造检漏培训实践基地，开展检漏技能培训和检漏技术比武等相关工作，供供水企业检漏人员进行培训学习，也可以让检漏人员以脱产的形式参加国内外检漏分析研修班、供水企业观摩考察、检漏交流实践等活动，加强检漏业务知识和经验沉淀，持续提升检漏人员整体检漏技能水平和疑难漏水点的定位能力，更好服务于供水企业物理漏损管控。

如应届毕业生，由于应届生缺乏实际工作经验，供水企业可通过轮岗培训的方式，制订轮岗岗位、周期和效果评估方案，帮助新进职工与轮岗部门负责人建立"师带徒"关系，由部门负责人进行培养，帮助新进职工快速学习业务知识。

如预备干部，可采用临时代理或模拟任职的模式进行培养。当部门负责人不在岗时，由预备干部代行职责，以此培养预备干部的领导能力和执行能力。也可采用模拟任职的方式，对预备干部的能力进行考察和培养。

除了人才培育方案的制订和实施之外，还应加强对培训效果的评估。通过考试或组织汇报交流的形式，了解参培人员的学习情况和学习成果，在培训实施过程中，供水企业也可以根据实际情况，建立沟通机制和反馈机制，加强对培训过程的把控，及时了解参培人员的动态和需求，响应并优化培训工作。

13.2.6 建立高效的绩效考核制度和薪酬激励体系

薪酬是人才流动的重要因素。在激励方式上，国内多数供水企业往往存在薪酬"大锅饭"，激励"撒芝麻"的现象，一味追求平均，导致一些优秀人才的贡献与待遇不匹配，轻则打压工作积极性，重则造成人才流失。最终便会导致留下来的职工大多因循守旧，缺乏自主学习能力和创新能力，导致企业陷入恶性循环。因此，需建立高效的绩效考核制度，以绩效考核为导向，充分发挥职工的主观能动性，同时以相匹配的薪酬激励体系为支撑，强化"按能力付薪、按业绩奖酬"的理念，加强业绩与薪酬的关联关系，使薪酬向承担重要任务、发挥巨大作用的员工倾斜，实现人才的选、用、育、留。

思 考 题

1. 供水企业人力资源现状存在哪些问题？
2. 构建人才评价机制时，可采用哪些方法？
3. 构建人才梯队序列时，理想的人力资源结构是怎样的？

14 绍兴供水智能化建设与节水智慧化管控实施

近几年，我国供水单位的智慧水务建设进入高速发展阶段，适用于各种应用场景的智慧水务项目不断落地实施，并取得显著成效。其中，节水智慧化管控是一个综合性极强、难度极高的系统工程，同时也是困扰供水行业多年的难题。2020 年 10 月，绍兴市作为城镇供水基础设施升级改造和智能化管理的试点城市，被列为住房和城乡建设部智能化市政基础设施建设 6 个专项试点城市之一。由绍兴市水务产业有限公司承建的"绍兴市区供水智能化建设试点项目——城市供水管网漏损控制专项"项目是以"新城建"对接新型基础设施建设、引领城市转型升级、推进城市现代化的专项试点项目。笔者将以该项目为例，向读者分享关于漏损管控方面的智慧水务建设，希望能为供水单位开展系统控漏工作提供启发。

14.1 项目概述

14.1.1 单位简介

绍兴市水务产业有限公司（以下简称"绍兴水务"）是绍兴市公用事业集团有限公司下属的国有独资企业，主要承担绍兴市越城区的供水排水设施建设、运行和服务等职能。绍兴水务服务面积为 498km²，服务人口数为 98 万，用户数为 46 万，抄表到户率达到 98.6%，水费回收率为 99.8%。

绍兴水务负责辖区管理约 5300km 的供水管网及管网配套基础设施，其中包括 DN100 及以上供水阀门 25000 余只、消防栓 6000 余只、排泥阀 1500 余只、桥管 1200 余处，年售水量、年排水量均为 1 亿 m³ 左右。

近年来，绍兴水务率先开展供水智能化建设探索，并取得多项成果：供水管网漏损控制项目获"中国人居环境范例奖"；成立国内首个管网漏损控制实训基地；"智慧管网"项目已通过住房和城乡建设部示范工程项目鉴定；城市供水现代化样板创建持续保持浙江省领先；分区计量管理经验作为全国典型案例，被《城镇供水管网分区计量管理工作指南——供水管网漏损管控体系构建（试行）》收录。

14.1.2 组织架构

绍兴水务下属有 9 个职能处室和 14 个基层单位，下辖两家二级企业和一家代管企业。组织架构如图 14-1 所示。

14.2 项目建设的基础条件及需求分析

14.2.1 基础条件

绍兴水务自 2001 年成立初期，即实行厂网分离管理制度，管网漏损控制工作一直是绍兴水务的重点工作。经过 20 余年来的探索与实践，绍兴水务的系统控漏工作取得了显著成效，也为供水智能化项目建设奠定了良好的基础，具体如下：

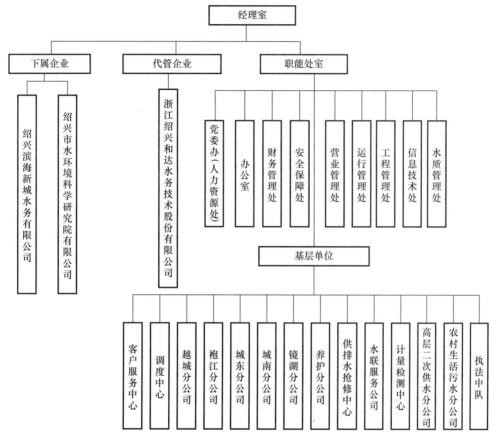

图 14-1　绍兴市水务产业有限公司组织架构图

一是管网建设改造已初步形成工作机制。绍兴水务已建立较为成熟的管网建改选型机制。绍兴水务定期对管道进行"体检"，全面排查管道安全隐患，对使用年份较长、质量差、漏水频繁的管线进行计划性改造。在管材选用上，绍兴水务全面禁用国家禁止使用的管材，目前 DN100 及以上新建管道均采用钢管和球墨铸铁管，DN100 以下新建管道采用不锈钢复合管等优质管材。同时，绍兴水务及时做好了管道标识、竣工资料的收集、整理、归档，以及竣工图 GIS 系统录入，为并网通水运行后的管网漏损分析与控制打下基础。

但由于供水管道的敷设一般随城市建设同步进行，因此不可避免地存在旧管材先天不足，后天失调的问题，进而引发水量水压不足、水质二次污染、渗漏、爆管等管道运行事故，而绍兴水务现负责辖区管理的约 5300km 的供水管网及管网配套基础设施也存在部分上述问题。

二是供水物联感知覆盖已初具规模。绍兴水务已建立较为完善的管网实时监控网络，其中供水管网拓扑网络中建有 600 余个供水压力监测点、150 余个实时流量监测点、50 余个实时水质监测点、30 余个水温监测点、1500 余个大用户水表远传、近 10 万只小区居民户表远传，实现了供水管网运行状况的实时监控，有效确保安全、优质供水。

同时，绍兴水务还完成了对供水主干管、城区 DN400 及以上薄弱易漏管线的噪声监测仪器全覆盖，全区域布设近 2000 个预警仪，实现固定与流动相结合模式，逐步建立并完善分区渗漏预警系统。图 14-2 为绍兴水务分区渗漏预警系统。

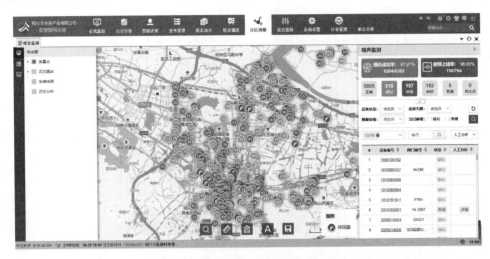

图 14-2 绍兴水务分区渗漏预警系统

此外，绍兴水务还建立了较为完备的分区计量管理体系。绍兴市越城区供水区域内共设置 5 个一级计量大区、38 个二级计量小区，3331 只三级小区和农村总考核以及 15234 只单元考核表，实现了"公司、分公司、区域、小区、单元"点、线、面结合的五层级分区计量管理体系，为划小计量单元格、掌握水量变化、科学控制管网漏损提供了有效技术支撑。图 14-3 为绍兴水务分区计量管理体系图。

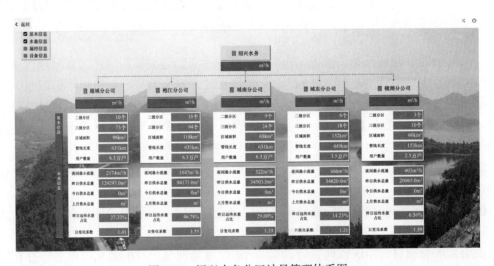

图 14-3 绍兴水务分区计量管理体系图

虽然绍兴水务已基本建成了"源头—龙头"的物联感知体系，但随着城市精细化管理要求的不断提升，高质量的用户服务体验与创新也越来越重要，如北京、上海等多地已陆续实施通过智能物联水表关怀"独居老人"。

在供水智能化项目建设前，绍兴城市供水用户端物联网水表普及率约25%，虽然也建设了不少压力、流量、水质等监测设备，但总体来说覆盖范围广度有限、分布不均、监控用途未分级梳理，形成体系，尚未能较好结合实际业务需求进行智能化应用。

此外，目前绍兴水务建设的50余处实时水质监测点和30余个水温监测点，虽已基本覆盖了城市供水管网，但也存在局部分布不均的现象，未形成"严密立体"的水质监控网络体系。

三是信息化综合系统建设已初步完备。绍兴水务信息化系统建设工作起步于20世纪90年代，已相继建成了管网地理信息系统、管网调度系统、分区计量管理系统、营销管理系统、客服热线系统、管线巡检系统、二次供水系统、渗漏预警系统、水力模型系统等多个子系统，并以此为基础，将以上系统整合为智慧供水排水一体化管控平台，依托数字化信息管理平台，积累大量的生产运营数据，并逐步应用于生产、经营、服务和管控等工作。

然而随着绍兴城市供水感知体系的扩充、供水管网设施的更新，城市供水生产运营将逐步从以往的经验型管理模式向基于数据驱动的供水智能化业务模式转变，因此需要构建更为智能化的管控平台，为业务管理提供坚实有力的支撑。

四是智慧城市建设运营的统筹推进机制有待进一步完善。由于智慧城市的建设运营涉及主体较多，涵盖范围较广，协调难度较大，因此需建立统筹推进机制，整合各个智慧化管控平台，形成合力，以进一步提升智慧城市运营效率。

14.2.2 需求分析

结合上述四个方面的现状，绍兴水务做了相应的需求分析，制订了针对性的工作目标和解决方案，具体如下：

1. 管网改造应提标

供水管网是新型城市基础设施的主要载体，是保障水质、确保城市供水安全的基础条件之一，要确保其能承担安全卫生输配水的功能，必须进行提标改造。

因此，在供水智能化项目建设中，绍兴水务进一步加大对老旧设施及管网薄弱环节的改造力度，扭转"重地上轻地下""重建设轻管理"的传统城市建设观念，并进一步健全管网改造工作机制，实行老旧改造计划逐年评审、逐年改造、逐年优化的长效管理机制，实现动态改造实施计划，确保供水管网安全稳定运行。

2. 物联感知网络待健全

物联感知网络是智慧水务的数据来源，也是智慧城市运行管理的重要支撑。建立水务全流程感知体系，实现管网压力、流量、二次供水、水表的智能监测，并结合GPS和视频监控等手段，感知车辆和人、机、物的位置，可建立较为立体全面的水务运行状态感知网络，统一数据采集。

通过供水智能化项目建设，绍兴水务进一步推广智能物联水表的布设，增加流量、压力、水质、水温等测点布设密度，增加渗漏、井盖等新型监测设备，提升感知设备的智能化水平，进一步完善服务末端感知体系，为供水智能化建设提供坚实的数据基础。

同时，为进一步提升居民的生活满意度和幸福感，实现新型城市建设的最终目标，水质安全同样是城市供水需要重点考虑的指标，不安全的城市饮用水将直接影响人民群众的身体健康，这与人民群众对美好生活的向往需求是背道而驰的。《城镇水务 2035 年行业发展规划纲要》中也提出了引导供水行业从合格供水向优质供水发展，实现全过程保障饮用水安全。

因此，在供水智能化项目建设中，绍兴水务持续优化、完善、布局用户龙头水质监控，实现三层级监控网络，增设水质监测设施，实现全区域监控网络全覆盖。在水质安全保障建设的同时，同步进行水压安全、管网结构安全、工程安全建设，形成整个城市的供水安全监测体系。

3. 智能管控需升级

当前，智能化信息技术已对传统行业的生产经营方式产生较大革新，未来，智能化信息技术将持续深刻影响并冲击传统行业的发展。而另一方面，城镇供水行业的发展更需要智慧化的"翅膀"——精准感知、在线处理、智能决策和科学管理等供水业务逻辑需要以智能化信息技术作为依托，为城镇供水企业优化资源配置提供新平台，突破产业发展的瓶颈制约。

因此，在供水智能化项目中，绍兴水务不断探索先进控制技术、智能技术与水务业务的深度融合，构建复杂系统的模型和场景算法，打造智慧管理工具和平台，形成供水业务控制智能化管理体系，实现更为精准化的水务管理服务。

4. 智慧城市建设需要

智慧城市建设离不开各行各业的通力合作，在城市大脑的建设过程中，需要接入各种场景的海量实时数据，尤其是大量城市基础设施运行的物联网数据，通过挖掘分析这些数据，打通跨部门、跨业务、跨系统的信息通道，并最终辅助城市大脑进行决策。

因此，智慧城市的建设不可能一蹴而就，需要对不同行业进行"自下而上"的整合。供水管网作为城市重要的基础设施，其生产运行和服务数据是城市大数据的重要组成部分。

在供水智能化项目建设中，绍兴水务充分考虑了供水管理平台与绍兴市智慧城市运行管理系统的对接。一方面需要使用城市大数据库中已有的信息基础设施和数据资源，另一方面在确保安全可靠的前提下，充分整合供水智能化管理平台的信息与功能，开发相应的数据和应用功能接口，打通智慧城市与城市运行管理系统的信息通道，实现数据和管理资源效益的最大化。

14.3 项目建设方案

绍兴市供水智能化建设项目总体架构包括基础设施层（物联感知）、数据层（物联传输）、平台层（数据分析）、应用层（业务应用）和用户层五个层次，同时，包括标准规范管理体系和网络安全保障体系，如图 14-4 所示。

项目建设主要包括物联网设施普及应用、供水智能化体系建设和智慧城市信息共享三大子项目，如图 14-5 所示。

绍兴水务通过该项目的建设，进一步推进了智能设备的应用水平，健全了信息化管理体系，实现供水智能化业务管理水平和漏损控制管理能力的全方位提升，并通过对行业先进控制技术、信息技术与水务业务的深度融合，实现供水业务的智能化管理。

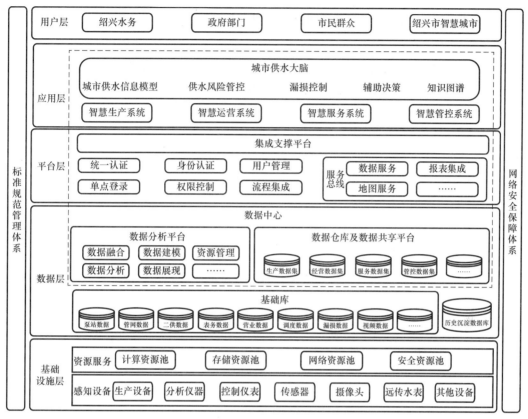

图 14-4　供水智能化项目总体结构图

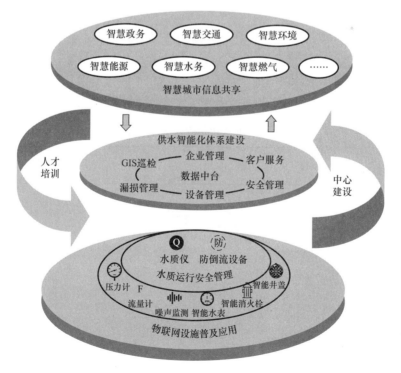

图 14-5　供水智能化项目建设内容

14.3.1 老旧管网更新改造——解决管网提标改造需求

供水管线是城市赖以生存和发展的"血管"和"生命线",是城市基础设施建设中的重要组成部分。绍兴水务的供水管网历经多年建设与运维,受水土、生物等自然因素,外界人文、道路运输等负荷因素,材质老化、维修等运维因素的多重影响,已不能满足发展的需要,在城市发展、民生保障、水质安全等方面存在较大的安全隐患,如不及时加以改造、更新,安全风险等级会逐年增加。

而老旧管网更新改造需对重要疑难、薄弱管道分计划实施改造,对供水管网和减压阀等设施实施智能化的更新、改造和管理,利用供水管网风险评估模型和智能感知设备构建供水管道智能评估体系,结合供水管网地理信息系统或城市 CIM 平台主动发现城市供水设施安全风险,提升管网运行安全性,降低舆情风险,具体措施如下。

1. 供水管网设施智能评估

(1)供水管网风险评估

绍兴水务借助科研单位、院所高校和行业专家等外部资源和力量,对供水管网设施的健康度进行系统的研究,根据管网环境、材质、建设年代、水质投诉、防腐情况、维修数据、漏水发生数等情况建立评估模型,构建供水管网风险评估体系,对管网进行评分并根据评分情况对管网进行分级。

供水管网风险评估体系能够根据管线检测评估、分级情况,制订管网更换、维修、改造计划;依据分级调整管线检漏、巡查周期,对高风险管线(段)制订相应的专项预案或处置方案,提供管网隐患管理和隐患趋势分析。表 14-1 为绍兴水务供水大口径管道风险分级。

(2)供水管网智能评估

在供水智能化项目中,绍兴水务引入管道内置预警检测、形变监测、位移监测、光纤、视频以及供水在线流量、压力、水质等智能监测设备,构建供水管道智能评估体系,结合供水管网风险评估体系、管网地理信息系统或 CIM 平台实现管道健康度在线实时评估,能够有效、主动地实现供水管网安全预警和智能评估。

绍兴水务供水大口径管道风险分级   表 14-1

管道类别	风险级别	管段范围	影响	处理要求	处理目标
特级	一级红色	1. 阮家湾阀门站至越东路 DN1400 钢管双管;2. 越东路钢管;3. 平水大道流量计房至涂山路 DN1200 球墨管;4. 曹娥江水厂 DN1000~DN1600 球墨管	50%以上市属供水区域发生大面积低压供水或 3 万户以上居民连续 48h 以上停止供水,全市性产生"黄水"现象	启动本预案,公司总经理为现场指挥,指挥部负责指挥抢修、调度	48h 内
I 级	二级橙色	1. 人民东路、人民中路、涂山东路 DN1000 球墨管;2. 104 国道北复线 DN800~DN1000 球墨管;3. 绍三线 DN800 球墨管;4. 越秀路 DN800 球墨管;5. 绍大线 DN1000 球墨管;6. 31 省道 DN800 球墨管	30%以上市属供水区域发生大面积低压供水或 1 万户以上居民连续 36h 以上停止供水并产生"黄水"现象		36h 内

管道类别	风险级别	管段范围	影响	处理要求	处理目标
Ⅱ级	三级黄色	1. 云东路 DN600～DN1000 球墨管；2. 环城东路 DN600 铸铁管；3. 解放南路（城南）DN400～DN600 铸铁管；4. 人民中路 DN600 铸铁管；5. 胜利路 DN600 铸铁管；6. 中兴北路 DN600 铸铁管；7. 城南大道 DN500～DN600 铸铁管；8. 袍江越英路、汤公路 DN400 球墨管；9. 生态银兴路 DN400～DN500 球墨管	造成 1 万户以上居民连续 24h 以上停止供水	分管抢修的副总经理为现场指挥，应急处理办公室负责指挥抢修、调度	24h 内
Ⅲ级	四级蓝色	市区 DN500 以下供水管网	造成 1 万户以上居民连续 16h 以上停止供水		16h 内

2. 供水管网设施更新改造

绍兴水务结合现有的研究成果，根据管道布局位置（明露管、埋地管）、建设年份、目视直观影响、改造工程量大小等综合因素排序，供水管网设施的更新改造对象：一是市政管网给水管道；二是市政管网重要设施设备（减压阀、调流阀、控制阀门等）。

3. 供水管网设施智能管理

供水智能化项目中更新改造的供水管网和设施设备均利用智能化技术进行管理。在供水管网改造时，通过预设薄膜状管道芯片或光纤的方式，对供水设施设备进行精细化管理。同时，将供水管网和设施设备的空间信息和属性信息纳入管网地理信息系统，实现供水管网设施的资产管理和风险管控。

14.3.2 建立健全物联感知网络——解决监测管理需求

绍兴水务通过应用推广物联网感知设备，建立健全供水全流程感知体系，实现管网压力、流量、二次供水设施、水表等供水系统全要素的智能监测，并结合 GPS、视频等技术手段，感知车辆和人、机、物的位置，建立供水系统运行状态的感知网络和统一的数据采集系统，构建多层级立体化的城市供水物联感知网络。

同时，绍兴水务加强 5G、NB-IoT 等新一代物联通信技术应用，进一步提升了物联感知网络在复杂环境下的供水感知能力，加强噪声监测，管道内置检测，以及温感、风感、位移等新型智能化监测设备的广泛应用，持续提升供水系统运行管理的动态感知能力。

1. 供水管网压力监测

通过供水智能化项目，绍兴水务结合原有供水管网压力监测布点情况持续加强供水管网压力监测密度，供水片区按照入口、中心点、末梢原则对压力点进行增补，同时，联合水质监测点对用户末梢压力进行供水管网压力监测设备增补，具体措施如下。

一是增补供水管网压力监测设备。绍兴水务配合水质监测点安装新增压力监测点，主要对象选取重要主干管、末梢支线及具有代表性的小区用户。

二是扩大供水管网压力监测覆盖范围。绍兴水务通过供水智能化项目，对未安装压力监测的二环东路以北片、许家埭片、东线临江路片、育贤路以南片 4 个片区进行压力监测点的增设，进一步减少管网压力监测盲区。图 14-6 为绍兴水务压力监测点分布情况。

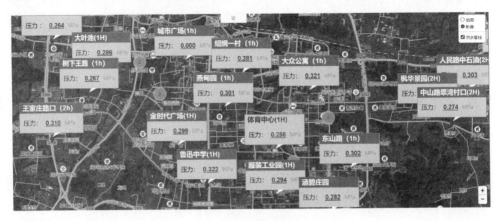

图 14-6　绍兴水务压力监测点分布情况

2. 供水管网流量监测

通过供水智能化项目，绍兴水务在原有流量监控网络和水量传递体系的基础上，增设和改造了流量监测设备及终端，具体措施如下。

一是增设供水管网流量监测设备。绍兴水务对夜间流量大于 400m³ 的片区进行细化监测，增补管段式流量计，对外夹式超声波流量计和插入式超声波流量计进行整体更换。

二是供水管网流量监测设备改造。绍兴水务对原有老旧管网监测点进行流量计房监控柜一体化改造，以提升数据稳定性，保障核心数据的反馈。

3. 二次供水设施技术改造

二次供水设施是保障居民用水需求的重要基础设施，通过对二次供水设施的技术改造和运营管理，可以有效减少设施跑、冒、滴、漏现象，规范供水服务，降低水质污染风险，消除治安隐患，提高居民用水的获得感和幸福感。

在供水智能化项目中，绍兴水务对二次供水设施进行技术改造，主要包括：二供设施供电及用电计量系统；合理配置消毒、水质在线检测、安防预警和调度管理设备，满足信息化管理要求；改造或改（重）建泵房建筑物（构筑物），满足设施设备安全运行要求；改造二次供水设施至用户水表间供水管线，满足管网漏失率控制要求。

通过二次供水设施的技术改造工作，绍兴水务解决了二次供水泵房的核心设备冗余问题，升级了泵房在线监测系统，实现了无人值守情况下泵房的安全运行和高效管理，如图 14-7 所示。

4. 智能水表应用

智能水表是供水智能化建设的核心组成部分之一。绍兴水务通过智能水表的部署，实现水表读数的实时上传，再通过系统平台将水表上传的数据进行处理和分析，让数据发挥更大的作用，具体措施如下。

一是智能水表的远传升级。绍兴水务对于已建但功能不完整的远传水表进行升级，包括远传户表中未完全实现数据自动采集、自动上传的红外远传水表，以及简化版的远传大口径水表（DN40 度以上）。

图 14-7　无人值守泵房

二是智能水表的增补安装。绍兴水务不断推进智能水表的增补安装，实现智能水表的扩面和全覆盖，其中主要包括远传户表和远传大口径水表的安装。图 14-8 为智能远传户表。

5. 供水管网水质监测及水质安全管理

为保障安全优质供水，提升居民用水满意度。绍兴水务通过供水智能化项目，持续加强管网水质在线监测仪表的布局，建立在线水质监测系统，其中重点加强对用户龙头水质量的智能化监控建设，特别是居民饮用水末梢水的智能监测，提升水样监测风险评估和研判的能力。另外，安装防倒流设施，以持续确保水质安全。

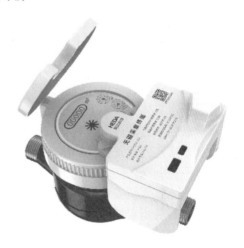

图 14-8　智能远传户表

同时，绍兴水务借助水力模型科学合理地辅助增设布点，以确保监测点的数量和位置具有代表性及全面性，其中包括管网末梢点水质在线监测升级和增补，重点用户止回阀安装及倒流报警设备等，持续优化布局水质监测设施，提升管网水质安全管理水平，具体措施如下。图 14-9 为绍兴水务水质监测点分布情况。

一是供水管网水质监测设备升级。绍兴水务完成了对原有监测点的基建及机柜改造更换，将人工采样点与在线点进行整合统一，使水质监测点的建设更规范合理。同时，绍兴水务结合原有供水管网水质监测点设备的实际运行状况，将原有监测点中部分老旧且无法确保水质稳定监控的设备进行替换升级。

二是供水管网水质监测设备增设。绍兴水务依照供水主管、支线干管、末梢管线及用户端四个层级的布点原则，提高在线水质监测设备的布设密度，同时，依据水力模型计算水体流向、流速，提出对该区域进行全面而有效的布点规划，并完成项目区域新增在线水质监测设施的安装，完成将所有新增及优化在线水质监测设备的数据上传系统与调试比对。

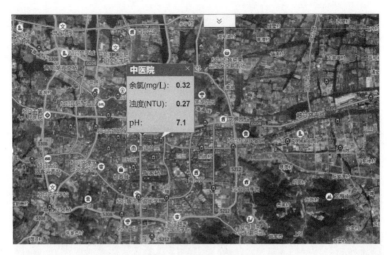

图 14-9　绍兴水务水质监测点分布情况

三是供水管网防倒流设备增设。用户防倒流控制是关系管网水质安全的重要环节，需针对普通工业用户增补倒流止回阀，针对污染企业增设倒流报警设备，同时对于小区居民用户，也应同步开展防倒流专项建设工作。

在供水智能化项目中，绍兴水务除了水质监测之外，还做了大量的水质安全管理工作，优化了建、管、用、析的管理模式，提升了管网水质安全管理水平，推进末梢水水质信息公开。具体措施如下。

一是强化监测点响应联动机制。绍兴水务在管网末梢端、老旧住宅区等水质不利点设置在线水质监测设备后，如出现水质异常状况时，通过在线监测设备第一时间的反馈，及时用远程控制阀门实现冲洗排放自动控制，可最短时间内控制水质污染、降低影响。

二是制订水质安全管理预案。绍兴水务围绕城市供水水质监测体系，加强水质安全及应急管理，针对水质污染事件，快速定位污染源头，快速确认污染范围，制订科学的排空方案，保障城市供水水质安全。

三是完善水质信息公开体系。绍兴水务通过部署水质监测点，完善城市末梢水水质监测和信息公开制度，并结合公众服务平台，通过网厅、微信、短信、供水服务 APP 等渠道对末梢水水质信息进行主动、及时、规范地公开和发布。

6. 供水管网噪声监测

噪声监测是供水管网漏损检测的重要技术手段。此前，绍兴水务已部署 2000 余处固定噪声预警点位，但其中有近 400 处点位未配置远传设备，每周需要人工接收漏水信号 2 次，极大提高了检漏的人力成本。

因此，绍兴水务通过供水智能化项目，在原有噪声监测设备应用成果的基础上，持续加强供水管网噪声监测的密度和智能化程度。同时，引入新型管网噪声监测设备和漏点检测新技术，以补充漏损检测手段，具体措施如下。

一是供水管网噪声监测软件升级。一方面，在硬件终端上，绍兴水务对原有未安装远传的噪声监测设备进行升级和补装远传设施，另一方面，在软件平台上，绍兴水务对原有噪声预警设备的支撑软件进行升级，以进一步提升噪声监测体系的灵敏度和准确度。图 14-10 为供水管网噪声监测分析。

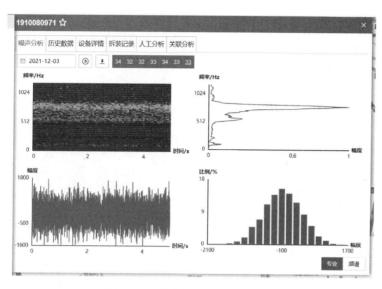

图 14-10　供水管网噪声监测分析

二是供水管网噪声监测设备增补。绍兴水务结合原有供水管网噪声监测设备安装情况，增补噪声监测设备。同时，为实现噪声监测体系的集约化管理，增补的设备均支持NB远传模块，此外，针对部分较为恶劣的探测环境，绍兴水务还为设备配置了远传延长天线，以进一步加强供水管网噪声监测设备的通信信号。

三是新型管网噪声监测设备增补。绍兴水务通过调研、试用、对比，引进了一批新型管网噪声监测设备，增补了多功能相关仪（用于输水管道二次保障）和新型预警设备。同时与欧美厂家建立联系，共同打造新型管道内置预警检测设备的中国绍兴试验区，并与高校以及国内设备制造企业共同开发国产设备。

7. 供水管网探漏检测

为进一步提升供水管网漏损检测的技术水平和智能化程度，绍兴水务除了噪声监测设备之外，还做了一系列探漏检测设备的探索，具体措施如下。

一是采用卫星探漏检测技术。卫星探漏检测技术是一种利用饮用水特征提取算法，从而计算出卫星影像中的疑似漏水点的技术。通过卫星探漏检测技术，可以有效缩小探测漏水的范围，后续再结合普查结果，使用传统的探漏检测技术，如听音杆、相关仪等，即可在小范围内继续核查漏水点位置。

二是采用管道内置检测技术。绍兴水务引进国际前沿的管道内置检测技术，利用基于集成声学、测距传感器和存储设备的水密性装置，或是通过在带压管道内插入系光缆的传感器和摄像头装置，实现供水管网内部的检测，发现定位漏水点和缺陷位置。在供水智能化项目中，绍兴水务对小舜江一二期供水总管进行了管道内置检测，将该技术进行了合理的本土化运用。

8. 供水管网水温监测

在冬天，受到环境温度的影响，供水设施极易发生冻裂或结冰断水的情况，影响居民正常用水。因此，为缓解冬季供水压力，减少管道冻破事故的发生，供水单位可在供水管网中部署水温监测点。在供水智能化项目中，绍兴水务首先根据总管、用户管等情况确定不同的预警标准，然后针对性地增补水温监测终端，进一步扩大了物联感知网络的覆盖面，而其中又以冰冻高层小区为主要对象。图 14-11 为绍兴水务水温监测点分布情况。

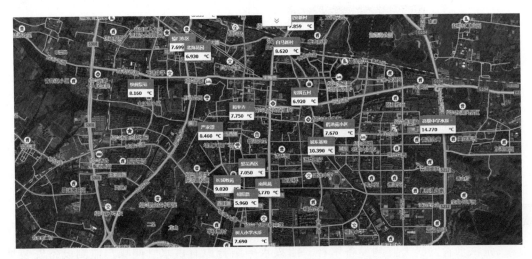

图 14-11　绍兴水务水温监测点分布情况

9. 供水管网风力监测

除了水温监测之外，为更加准确地进行供水管网抗冰冻预警与分析，绍兴水务还结合供水管网水温监测的关键节点，科学布设了风力监测设备，以辅助管网冰冻状态及趋势研判，为智慧决策提供更坚实的技术支撑。

10. 薄弱桥管预警监测

绍兴是一座极具江南特色的城市，河道密集，桥管数量众多，然而相较于一般管线，桥管受外力干扰影响较大，极易产生爆管事故。为减少此类管道事故的发生，绍兴水务对区域内 DN1000 及以上供水桥管，特别是 DN1200 及以上的桥管，以及供水生命线上的桥管与部分穿河流、重要道路的倒虹管道两端安装光纤等预警监测设备与材料，用于形变监测和位移监测，具体措施如下。

一是形变监测。绍兴水务在薄弱桥管或特殊倒虹管道两端按周长设置光纤，确保一旦出现管道受外力等影响将会出现数据变化，并在光纤端口设置远传设施保障每日的监测数据可以上传到系统平台。

二是位移监测。绍兴水务在薄弱桥管或特殊倒虹管道两端按管长沿着管壁设置多条光纤，确保一旦由于管道沉降等原因将会出现数据变化，同样在光纤端口处设置远传装置，将数据集中有效地运用起来。

11. 智能井盖应用

智能井盖的数字化管理是城市供水智能化应用的重要组成部分，是智慧城市的重要内容，也是城市管理和公众安全保障的重要环节。

在供水智能化项目中，绍兴水务结合区域内危险事件发生的数据情况，在车流量、人流量较多的区域进行安装布点，监测内容包括井盖状态和井盖智能终端状态。图 14-12 为绍兴水务智能井盖监测系统。

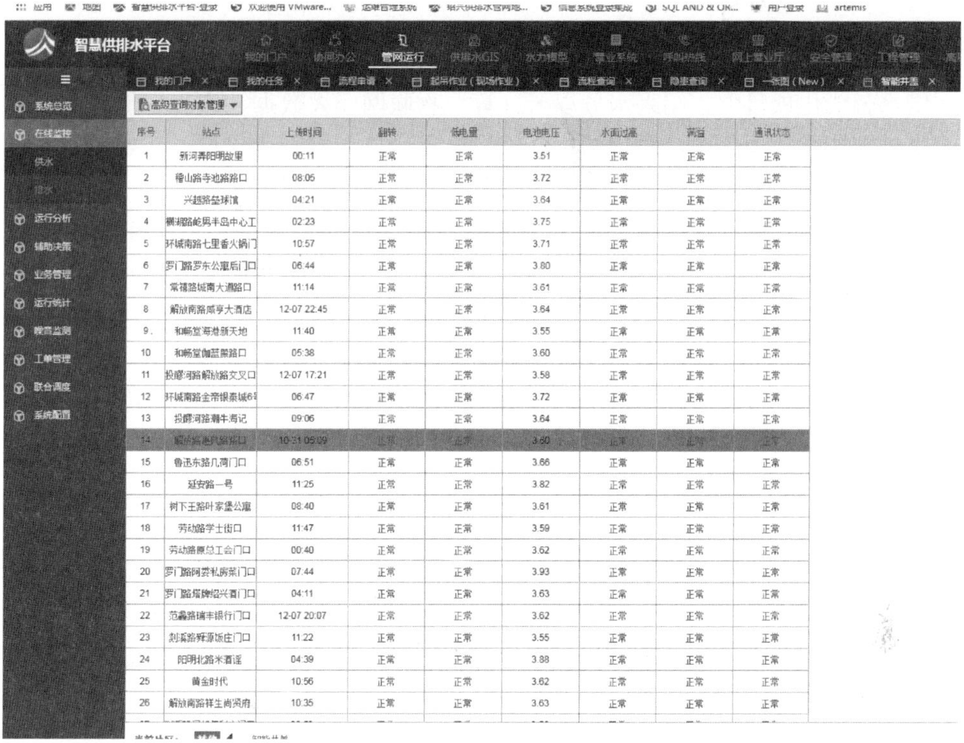

图 14-12 绍兴水务智能井盖监测系统

12. 远程控制阀门应用

为进一步提升供水管网的响应能力和灵敏度，应在管网的关键节点处设置远程控制阀门。在供水智能化项目中，绍兴水务结合供水管网水温、风力监测，同步构建抗冰冻智能化管控体系，按需布设远程控制阀门设备，实现远程控制电动阀门的开启、关闭和停止，远程控制电动阀门的开度，以及实时监测电动阀门的开到位、关到位状态和阀门的开度，阀门工作操作记录。图 14-13 为远程控制电动阀。

图 14-13 远程控制电动阀

14.3.3 供水智能化体系建设——强化智能管控平台

在供水智能化项目中，绍兴水务以云计算、物联网、大数据、人工智能等高新技术为依托，推进智能化装备应用，强化网络基础设施和信息支撑平台建设，实现供水智能化业务管理水平和漏损控制管理能力的全方位提升。

同时，绍兴水务深度挖掘水务业务的底层逻辑，融合行业先进的控制技术和信息技术，构建城市供水智能化应用体系，强化智能管控平台，为精准化的水务管理服务提供支撑。

整个城市供水智能应用体系根据面向的业务不同，划分为智慧生产系统、智慧运营系统、智慧服务系统和智慧管控系统，同时还包括通信网络、物联网、智能算法、数据仓库和数据中心机房等应用基础支撑平台。

1. 应用基础支撑

（1）通信网络

供水智能化项目建成"横向到边，纵向到底"，覆盖各个供水区域、各个压力梯度监测体系的物联感知通信网络，主要建设内容涉及硬件产品的改造或新增，做好压力、流量、水质、高频压力等供水管网监测点设备的通信技术升级迭代，同步完善基础感知通信网络安全和数据采集安全。

绍兴水务在采购新的在线监测设备时，全面采用4G、5G、NB-IoT通信方式，并采用4G、5G通信替换现状2G、GPRS网络设备，涉及压力、流量、水质、高频压力等供水管网监测点设备的通信技术升级迭代。同时，在供水智能化项目中，绍兴水务还尝试拓展5G在智能水务的应用，开展高清视频、无人机巡检的应用。

项目以绍兴水务整体网络建设为重点，提升总体网络安全防御能力，建设覆盖公司及所有下属单位的办公网、生产网、无线网、备用网及GIS涉密网等通信网络，实现信息传输高效、稳定、安全，支撑公司应用系统正常运行，实现整体网络统一建设与集中运维管理。

（2）物联网

物联网建立通信服务平台完成物联感知数据的接入，从现场设备、智能网关等下位设备接收数据报文，进行数据初始解析，将解析数据标准化并存入实时数据总线的服务，支持标准化协议、支持历史协议兼容，同时为保证这个过程的可靠性，数据采集服务本身只做报文数据解析，并不对数据做任何分析处理，进一步构建科学的安全体系框架、创立主动可信防护架构以及筑牢关键信息基础设施防线。

同时，项目面向物联网应用的在线监测接口标准，建立统一通信协议、统一组网技术、统一通信接口，为不同应用环境下的远传设备动态配置提供快速、高效、可靠的技术基础。

（3）智能算法

智能算法通过业务规则、机理模型模拟业务处理过程、系统内部机制，探索利用人工智能、自学习等先进技术解决问题、优化决策。

一是智能派单算法。智能派单算法将绍兴水务的工单派发业务建模成一个序列决策问题，将工单的种类信息、工单的相关条目信息、工单的紧急度信息、工单的影响度信息、工单的详细描述信息以及工作人员、工单的时空信息等按照模型计算资源值，结合了强化学习和组合优化，以达到批量匹配和全局最佳的效果，能在即时完成派单决策的条件下，对历史工单信息进行归纳，对未来工单信息进行预测，实现智能自动优化派单。

二是水力模型智能算法。水力模型承载着供水管网拓扑结构、水力等数学模型，智能算法将探索在线水力模型在漏损分析和精确定位方面的应用，将漏损定位转化为与节点流量校核相似的优化问题，以最小化监测值与管网水力模型计算值的差构建目标函数，通过逐个校核节点流量及比较目标函数残差，实现供水管网漏损定位。

三是数据挖掘算法。数据挖掘算法能够实现新旧数据、新旧信息系统、新旧软硬件资源等数据的智能处理，对大数据高度自动化地分析，做出归纳性的推理，从中挖掘出潜在的应用模式，实现大数据有效的深度分析和新知识的发现。

（4）数据仓库

供水智能化项目对原有数据仓库进行升级建设。此前，绍兴水务已经建设数据仓库，完成了与客服热线系统、管网地理信息系统、管网巡检系统等对接，通过 ETL 工具建立数据字典，将指标数据统一分类存储，并借助 BI 工具实现热线驾驶舱、管网驾驶舱展示功能，实现了管网、营业主题分析对应填报和报表。

升级后数据仓库一方面对接新建的漏损控制管理系统、应急指挥系统、客户管理系统、设备管理系统、安全管理系统、舆情监测系统等，进一步完善数据仓库的数据种类，并形成数据编码体系，提供统一的数据来源；另一方面，持续拓展大数据库分析和展示的维度，覆盖整体运营、漏损控制、人力资源、绩效考核、设备运营、工程建设等，实现多层次的数据分析能力，为全方位的辅助决策提供依据。

（5）数据中心机房

数据中心机房为绍兴水务供水智能化项目中各类应用系统提供基础的硬件平台和安全、稳定、可靠的工作环境，发挥着保障网络信息和计算机信息系统安全的作用。

数据中心机房按区域可划分为服务器机房、网络机房、运营商接入间、工作间、监控间、设备维护间等几个部分，主要包括服务器及配套设施、机房装修、电气系统、消防系统、综合布线系统和无人值守系统等内容建设，数据中心机房和配置应满足未来 3～5 年系统数据处理的需要。

2. 智慧运营系统

（1）二次供水系统

供水智能化项目对原有二次供水系统进行升级建设。此前，绍兴水务的二次供水系统能够实现对城市高层住宅二次加压泵房的中央集中监控，覆盖每个泵房的进出口压力、进出口流量、进出口水质、水箱液位、变频器状态、泵机启停控制、视频、门禁等，系统提供每个泵房的实时数据监控、预警管理和无人值守远程控制，借助 APP 系统也实现了泵房的流程化巡检、保养、维修。

升级后的二次供水系统可对二次供水设施进行精准分析能耗和节能降耗，对各类设备能耗实行精细计量、实时监测，对设备的能耗波动情况做跟踪监测、分析，结合不同季节和时段的供水压力变化，获得供水参数与设备低能耗参数的对应规律，优化设备运行时间、运行参数。

（2）管网调度系统

供水智能化项目对原有管网调度系统进行升级建设。此前，绍兴水务的管网调度系统可实现对整个供水管网运行情况的实时监控，主要包括实时数据的监测与采集、显示与报警、历史数据的统计分析及报表的打印功能。其能够提供报警和预警功能，提供调度分析和调度计划制订功能，指导生产调度，远程控制水泵、阀门等供水设备。

升级后的管网调度系统在原来的基础上，还可实现压力、流量、水质等感知数据的多因素关联分析，可应用于供水管网漏损预警、供水管网状态评估、供水优化调度；同时实现对综合运管平台新建或升级应用的数据支撑，提供统一的实时管网监测数据服务。

（3）管网地理信息系统

供水智能化项目对原有管网地理信息系统进行升级建设。此前，绍兴水务的管网地理信息系统已结合供水管网设施属性数据、地理信息数据和空间数据，并开发地图浏览、管网查询、定位查询、设施展示、管网编辑、导入导出等功能，实现管网设施的数字化、可视化、动态化管理，支持管网数据与图形数据管理、数据快速查询与统计、服务发布与管理和设施全生命周期台账管理等功能。

升级后的管网地理信息系统在原来的基础上，还可实现对部分高层小区的立管信息的三维展示功能，提升对小区管网和末梢供水的精细化管理，同时，还可实现对设备管理系统、工程管理系统等新建或升级应用的数据支撑，提供统一的管网地理信息数据服务。

（4）管网巡检系统

供水智能化项目对原有管网巡检系统进行升级建设。此前，绍兴水务的管网巡检系统基于 GIS 数据，结合 GPS、北斗定位，能够全面准确掌握管网分布，能够实现巡检监控、事件管理、工单管理、统计分析、考勤管理等，可以定时定量地对供水管网进行高效巡检。借助配套移动 APP 系统，能够及时发现并解决各类水务设施故障和缺陷，通过拍照、录像等方式，结合坐标点位置将发现的问题上报至管理中心，能够及时、准确地进行信息交互。

项目升级后的管网巡检系统在巩固现有应用功能的基础上，扩大业务管理范围，同时还可以实现对阀门、消防栓、二次供水设施、流量计以及水质水压点巡检的管理。

同时，升级后的管网巡检系统还可接入无人机设备，实现对城市供水系统智能巡检，完成巡检现场的定点排查、现场监控及隐患分析等工作；利用无人机定制巡检路线、精准定位悬停、自动返航降落和热点环绕、全方位无死角等特点，实现对巡检过程中人员难以到达或是相对危险区域的定点、定时自动化巡检。

（5）水力模型系统

供水智能化项目对原有水力模型系统进行升级建设。此前，绍兴水务的水力模型系统能够全面仿真管网运行情况，能够合理化分析停水范围，制订科学的处理方案，保证运行中管道的安全性，为管网系统的改造扩建、安全运行、效率提高、节能降耗等方面提供决策支持。

升级后的水力模型系统在原有的基础上，可进一步探索在水力模型基础上的深度应用，逐步实现管网科学调度功能，结合在线水力模型的丰富样本数据、历史调度方案和水量预测数据，结合模型算法，基于流量压力和管网控制的关系，得出优化的调度方案，使调度工作从传统的经验调度向科学调度和智能调度转换。图 14-14 为绍兴水务水力模型系统。

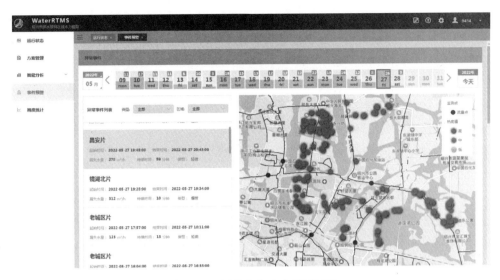

图 14-14　绍兴水务水力模型系统

（6）漏损控制管理系统

项目新建的漏损控制管理系统通过搭建底层漏损监测的感知层，含压力、流量、渗漏监测等，建立一个基于分区监控、小区考核表监控、渗漏声音监控和营业数据监控的多维度漏损控制分析。其具备预警控漏、分区控漏、计量控漏和业务管理功能，支持不同厂商NB表、流量计、小无线远传表、机械表等数据接入，并支持移动、电信、联通 IoT 平台对接能力，集户表集抄、大表监控、小区 DMA 漏损管理、APP 抄表和移动应用为一体，并深化数据监测预警、挖掘分析，为生产调度、运行管理、营业管理提供信息共享与辅助决策。

（7）应急指挥系统

项目新建的应急指挥系统针对供水相关的冰冻、爆管、大管道维修、重大集会的人员、车辆、物资、备品备件等，实现应急预案流程化。应急指挥时通过大屏、移动端等多种途径对现场状况即时监控，对人、车、物信息全面掌控，从而达到精准预警，敏捷响应。

场景包括生产、调度、安全生产、爆漏抢修、缺水缺压、水质、客户服务、大规模群体事件等方面，为日常应急监控、应急指挥、应急预案、应急演练、应急资源管理等提供支持，辅助针对应急事件进行协调调度，实现应急时第一时间找到所要使用的人员、车辆、物资、设备。图 14-15 为绍兴水务应急指挥系统。

3. 智慧服务系统

（1）营销管理系统

营销管理系统紧密围绕供水营销业务的售前、售中和售后三个阶段，主要包括用户档案、水表信息、抄表管理、账务处理、银行划账、票据管理、报表管理、业务工单、报税处理、智能查询等功能，是涵盖安全维护和外部数据接口等日常业务一体化的供水营业管理信息系统。

系统共有全方位服务、统一工单管理、表务管理、收缴管理、对接客服系统和基础平台六大模块，形成一张营销服务的大网，覆盖整个供水企业对外服务的各个环节。

项目升级后的营销管理系统在巩固现有应用功能的基础上，完善对外共享数据和流程的梳理，持续为公共服务平台、客户管理系统等新建或升级应用提供数据支撑，提供统一的供水营销数据服务。

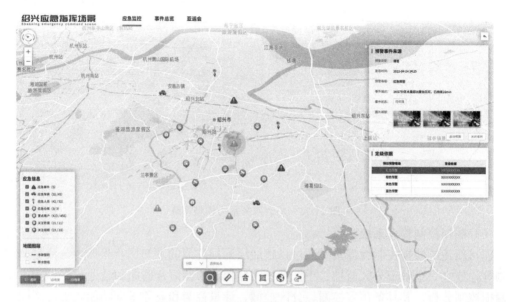

图 14-15　绍兴水务应急指挥系统

（2）公共服务平台

供水智能化项目对原有公共服务平台进行升级建设。此前，绍兴水务的公共服务平台借助微信或网厅平台，能够实现费用缴纳、客户信息查询、水费清单、电子发票、业务查询、户号查询、通知、网上抄表、办事指南、业务常识、业务办理；建立水管家服务，涵盖故障报修、投诉建议、表后设施检漏申请、水质检测申请、网上抄表、水质公告、停水减压公告、工程施工进度通知等。

升级后的公共服务平台能够结合用户的投诉、报修等问题实现智能工单管理，用户在微信或网厅平台上报问题后，可以看到接单执行人员的接单地点、行进轨迹、预计抵达时间、姓名、联系方式、历史评价等，支持针对此次工单服务进行评价；调度中心人员或热线服中心人员同时可以选择散单方式，让不同执行人员通过手机 APP 进行抢单，变被动为主动，提高服务的时效性。

升级后的公共服务平台试点公众供水服务 APP 应用，完善对外服务窗口和渠道；同时结合智能水表的监测信息，可为特殊群体提供关怀服务，一是可以针对独居老人建立主动服务机制，二是能够结合社区居委建立定期巡访机制。

（3）客服热线系统

供水智能化项目对原有客服热线系统进行升级建设。此前，绍兴水务的客服热线系统已具备热线话务和外业工单功能，热线中心座席的人员借助系统负责处理业务咨询、资费查询、缴费咨询、报修处理、客户投诉。系统能够实现热线受理、责任部门处理、热线回访、服务统计一条龙管理，能够利用 IVR 语音识别技术，提供办公时间服务流程与非办公时间服务流程，借助 IVR 流程编辑器，系统会根据预设机制启用不同的应答流程。

升级后的客服热线系统可结合智能算法应用，实现客服热线工单的自动优化派单，对于供水企业，能够提升工单派单和处理的整体效率；对于用水用户，能够获取实时工单信息，了解工单处理流程、处理进度和处理人员的实时信息，得到准时、快捷的供水服务。

升级后的客服热线系统建设智能语音交互平台，为客户提供自助业务咨询、业务办理等服务，可通过智能语音交互实现客户服务工作。来电人通过呼叫中心平台转入智能语音交互平台，大部分业务可由机器人交互完成，特殊或人工业务转回呼叫中心平台由人工客服完成。

升级后的客服热线系统还可对接微信公众号功能，智能机器人接入微信公众号提供智能客服在线服务，能够根据用户要求、用户情绪、问题分类等多种场景，自动转接给在线的人工客服。图14-16为绍兴水务客服热线系统。

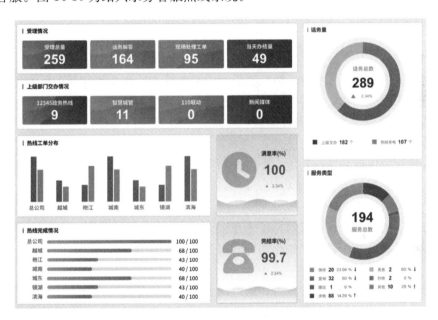

图 14-16　绍兴水务客服热线系统

（4）客户管理系统

项目新建的客户管理系统将分散于各分公司的供水用户相关资料和数据集成统一，对用户进行从立户、装表、维修、销户的全生命周期管理，可以为分公司、热线等不同岗位提供实时共享查询，并通过分析这些数据，挖掘用户的用水规律。在技术层面，客户管理系统可打通营销管理系统、客服热线系统等独立的业务系统，以客户为中心，能获取客户在报装、营收、热线的售前、售中、售后三个阶段的各项信息。在管理层面，客户管理系统导入流程管理概念，让每一类用户的需求都触发规范的内部流程，使其得到快速妥善的处理，并通过规范的流程，让服务于同一用户的分公司人员、热线人员与管理人员能够紧密协作，从而大幅度增加用户满意度。

客户管理系统能够支持个人画像管理，系统将记录每一次用水、缴费、投诉及工单，发现客户的诉求偏好、关注的重点、日用水习惯、家庭用水曲线，以及缴费及时性和缴费手段。同时建立客户服务标签，实现重点用户、敏感用户、高投诉用户、用水异常用户、候鸟人群、疑似抄表错误用户等，为主动服务、个性化服务打下基础。

4. 智慧管控系统

（1）业务流程管理系统

业务流程管理系统基于标准化的流程引擎，在统一平台内，将流程设计器和表单设计器与流程引擎进行结合，支持将平台中流程流转的状态随时通知到集成的业务系统中，把各业务环节中的业务流程有效地整合起来，形成一个统一的业务流程核心平台，并在Web端和APP端联动使用，同时提供通用的外部接口支持，可以在任意的业务系统中进行流程集成、查询、处理和统计等操作。业务流程管理系统能够完成流程与业务的整合，将记录流程执行和流转的全过程，形成相应的流程历史记录，为后续流程的考核、评估、优化等提供数据支撑。

项目升级后的业务流程管理系统在巩固现有应用功能的基础上，完善新建或升级应用相关流程的梳理和集成，完善新增制度、新增流程的标准化设计，持续提供统一的业务流程服务。

（2）物资管理系统

物资管理系统覆盖招标管理、供应商管理、采购管理，包括供应基础数据维护、计划管理、采购合同管理和物资信息综合查询等功能。系统中所有业务操作和采购过程均实现透明化，实现采管分离，方便审计监管，实现供水物资采购线上申请、批准、合并、调整、发布等。

系统提供统一供应商管理功能，整合采购资源，实现采购业务集中管理，降低采购成本。同时，系统还提供合同管理功能，包括采购、录入、审核、生效、变更、冻结、中止、废止、查询统计等功能。

项目升级后的物资管理系统将持续整理、完善物资管理要素和对象，完善物资管理的多维分析应用，提升物资管理精细化与综合服务一体化能力。

（3）仓储管理系统

仓储管理系统能够提供库存管理，通过对仓库、货位等管理及出入库业务的管理可及时反映各种物料的仓储和流向情况，为企业其他的日常业务活动和财务核算提供依据，并通过必要的库存分析，为企业管理人员提供日常出入库业务处理、库存调整、库存量查询、账簿查询、储备分析等功能应用。

项目升级后的仓储管理系统在内部试点应用的基础上，将"无人仓储"管理模式在公司内全面推广应用，以破解账实不符、物资供应滞后、财务成本增加等公司物资管理难题。图14-17为绍兴水务仓储管理系统。

（4）掌上运管平台

供水智能化项目对原有掌上运管平台进行升级建设。此前，绍兴水务的掌上运管平台可支持地图展示、管网监测、大用户监测、二次供水设施监测、工艺图等实时数据查看和报警，支持工单处理、调度作业管理、消息管理和供水KPI报表查看等工作处理，能够随时掌握重要监测点压力，流量数据、报警等相关紧急事件。平台支持Android、IOS手机操作系统，以一个APP方式集成其他系统模块，掌握整个供水管网运行和公司管理的基本状况。

升级后的掌上运管平台可持续完善共享数据和业务流程的梳理，集成管网巡检系统、应急指挥系统等新建或升级应用的移动端功能或服务，为供水系统运行和公司业务管理提供一体化、移动化的服务支撑。图 14-18 为绍兴水务掌上运管平台。

图 14-17　绍兴水务仓储管理系统

（5）综合运管平台

供水智能化项目对原有综合运管平台进行升级建设。此前，绍兴水务的综合运管平台是一个集日常生产管理、管网运行管理、安全防范为一体的综合动态运行管理平台，借助管网地理信息系统直观展示，可实现公司管网、供水设施、泵房等运行状况全信息、分区域的实时监控，对异常事件的预警诊断，以及外勤作业人员的调度和跟进，主要包括视频集中监视、供水运营总览、业务分析、专题分析、智能分析报告、报表中心和绩效考核等功能模块。

升级后的综合运营平台能够借助大屏可视化技术同步引入大数据计算引擎，自定义报表和填报等核心模块，全面解决数据计算、综合展示、数据填报以及报表生成等关键性问题；平台将持续整合各新建或升级系统的运行数据，持续完善供水综合运管的全要素、全流程覆盖。

（6）工单管理平台

项目新建的工单管理平台能够形成公司管理部门与外业巡检、维修、养护等服务人员的数据联系通道，打造公司内部统一的电子化派单、电子化销单工作流程，解决业务部门与现场服务人员数据交互的瓶颈，为各类型外业作业提供方便、实时的信息和工具支撑。

图 14-18　绍兴水务掌上运管平台

工单管理平台整合现有管网巡检系统、客服热线系统等涉及工单流程的业务系统，实现供水全业务工单流程的综合管理，业务范围涵盖抄表业务、巡检业务、维修业务、二次供水业务、探漏业务、应急指挥业务等。图14-19为绍兴水务工单管理平台。

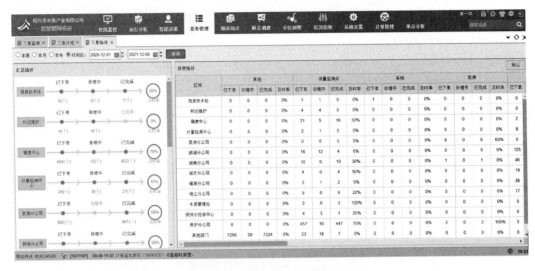

图 14-19 绍兴水务工单管理平台

（7）设备管理系统

项目新建的设备管理系统基于管网地理信息和完整设备台账信息，与设备维修保养业务进行关联管理，实现设备资产的存量、分布及变化的GIS可视化展示，管理设备在其全生命周期的使用过程，全面追踪设备的使用状况、跟踪监管设备故障健康度，主要设备包括流量计、压力计、水质等管网监测设备，以及消防栓、阀门、二次供水设施、泵机等设备。

设备管理系统能够建立设备的预防性维修保养管理，可根据维修间隔自动生成预防性维修工单。系统支持标准的设备管理指南和KPI分析，包括设备运转率、设备完好率、设备故障发生次数、设备可修复率、设备所需备件消耗量、设备维修总费用等，可对设备的相关信息进行查询、统计和分析。图14-20为绍兴水务设备管理系统。

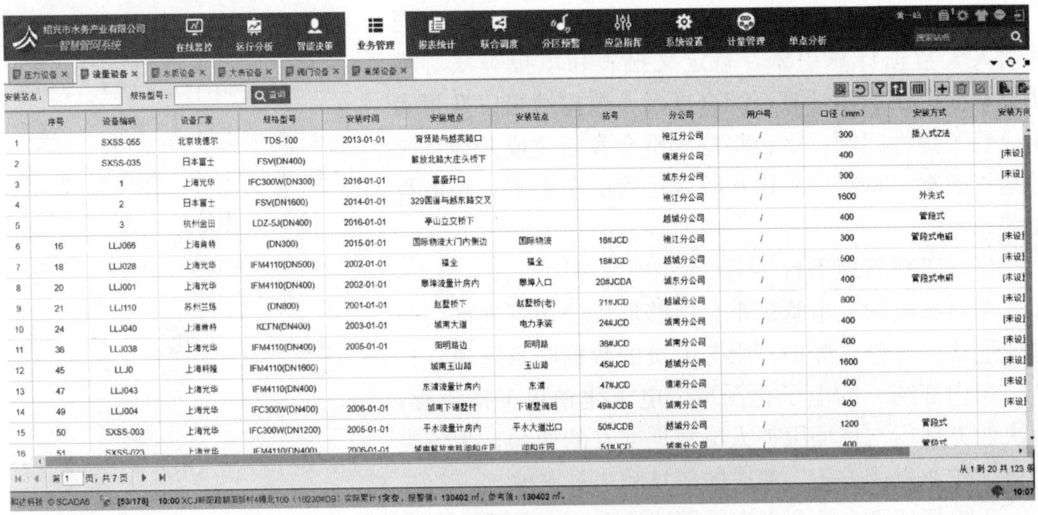

图 14-20 绍兴水务设备管理系统

（8）工程管理系统

项目新建的工程管理系统以工程管理为核心，对工程过程信息实现电子化管理，实现工程项目从计划、建设、督查监管到验收的全生命周期管理，实现项目每个阶段的跟踪，实现工程项目全流程化管理，并对施工过程进行严格的安全和质量监管，及时发现工程推进流程中存在的问题，实现对工程项目重要数据的规范和集中管理，并支持相关数据的采集、分类、汇总、查询和统计。

同时，工程管理系统也将与城管、电力、燃气等工程管理平台进行数据对接，避免管道的开挖工作在信息不共享情况下导致的电缆破坏或燃气管道爆炸。图14-21为绍兴水务工程管理系统。

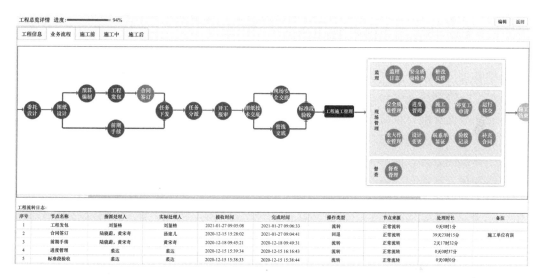

图 14-21　绍兴水务工程管理系统

（9）安全管理系统

项目新建的安全管理系统依据国家安全生产法律、法规、标准，借鉴国际国内先进的安全生产管理理念，建设一个安全标准统一、业务模式统一、管控效果好、具有科学性、预防性、主动性的系统，实现安全健康管理系统化、岗位操作行为规范化、设备设施本质安全化、作业环境定置化，保障员工身体健康、企业安全生产。

安全管理系统以安全生产和隐患管理为目标，以风险管控为重点，以标准化为核心，从规范体系各要素的基本台账、记录、定期例行工作入手，以任务管理为主线，以管控平台为载体，规范体系运行程序和作业行为，实现对安全风险管控的动态管控。系统支持以看板形式展示安全工单概况，通过信息看板，可直接查看各单位安全工单关键信息和数据，及时了解工单分类的最新状况、分布及安全达标情况。

（10）舆情监测系统

项目新建的舆情监测系统基于大数据和深度学习，通过对微博、新闻媒体、微信公众号等主流平台数据的采集，对互联网海量信息自动获取、提取、分类、聚类、话题发现，形成舆情专报、舆情简报等分析结果，使客户全面掌握关键舆情动态，为做出正确决策提供分析依据。系统可实现对舆情的趋势分析，社会舆论的实时监控预警，形成事件概要图谱、事件分析简报，进而起到优化供水服务流程的作用。

通过建设舆情监测系统，可为调度中心或热线中心人员规划舆情工作标准、建立高效的信息收集机制，细化信息处理流程，提供多样化的舆情服务，促进舆情工作良性循环。

14.3.4 智慧城市信息共享——助力智慧城市建设

智慧城市信息共享旨在打通供水智能化管理平台与智慧城市平台的信息壁垒，通过整合利用政府已有信息基础设施和数据资源，推动技术、业务、数据融合，实现信息资源的最大化，进而提高供水智能化项目建设的信息准确度和工作效率。同时，通过打通信息壁垒，可实现跨层级、跨地域、跨系统、跨部门、跨业务的协同管理和服务，实现资源效益的最大化。按照发展和改革委员会、住房和城乡建设部等部委工作部署，在本例供水智能化项目中，智慧城市信息共享作为专用于绍兴水务对接智慧城市的中枢平台，主要内容包括城市信息模型共建和城市供水信息共享。

1. 城市信息模型共建

通过供水、排水、燃气、交通、公安等行业信息模型的搭建，城市人民政府可同步建立和完善综合管理服务平台，共同建设城市信息模型（CIM），推动城市综合管理信息平台采用统一数据标准，将城市地下市政基础设施日常管理工作逐步纳入平台，建立平台信息动态更新机制，提高信息完整性、真实性和准确性，消除信息孤岛，促进城市"生命线"的高效协同管理，能够扩展完善实时监控、模拟仿真、事故预警等功能，逐步实现城市管理精细化、智能化、科学化。

绍兴水务结合实际，探索建设城市供水信息模型，预留与城市信息模型的模型接口，建立与城市信息模型基础平台对接的工作机制，具体内容如下。

（1）梳理与城市信息模型的对接机制

从城市供水信息模型与绍兴市 CIM 平台的共享内容、共享方式、共享时态、更新模式等方面进行梳理，建立与绍兴市 CIM 平台对接的工作机制。

（2）预留城市信息模型的模型接口

结合《城市信息模型基础平台技术导则》要求，绍兴水务做好绍兴市 CIM 平台下供水数据标准化工作，提供资源访问类、地图类、三维模型类、感知类、事件类等数据或操作，预留网络应用程序接口（Web API）或软件开发工具包（SDK）等形式的模型接口。

（3）建设城市供水信息模型

绍兴水务配合绍兴市 CIM 平台建设，探索建设城市供水信息模型。作为绍兴市 CIM 平台在供水行业的二级子平台，城市供水信息模型继承绍兴市 CIM 平台的架构和功能，基于管网地理信息系统的基础地理信息或 BIM 数据搭建二维模型和三维模型，包含供水系统中供水管网设施、构筑物、地址库等 CIM 平台基础数据库，同步接入物联感知数据、动态业务数据，为绍兴市 CIM 平台提供基础的供水数字底座，为绍兴市其他行业信息模型搭建提供示范参考。

（4）探索基于城市信息模型的供水服务场景

基于城市信息模型的应用场景需聚焦数据汇聚、系统集成和智能化场景开发应用，实现源头管控、过程监测、预报预警、应急处置和综合治理。供水服务场景可以探索"天地"一体化漏损监测、供水抗冻安全管理、供水"一站式"服务、特殊人群关怀服务等应用场景的数字化解决方案，形成可复制、可推广的建设模式，为供水行业提供智能化应用借鉴。

2. 城市供水信息共享

通过绍兴水务数据中心与绍兴市大数据发展管理局智慧城市平台进行数据交互，按照公共数据资源目录要求和相关标准进行供水行业信息资源的采集、存储、交换和共享工作。

（1）数据资源目录管理

绍兴市大数据发展管理局负责组织协调智慧城市公共数据资源整合、归集、应用、共享、开放，制订公共数据资源补充目录和开放补充目录等相关工作。

（2）数据采集存储汇聚

绍兴水务负责以数字化方式采集、记录和存储供水数据资源，非数字化信息按照相关技术标准，开展数字化改造。数据资源经过数据标准化和数据质量稽核，按照"一数一源"原则，构建涵盖各类供水数据的综合数据库，主要包括应用数据库、基础库、监测库、专题库和元数据库等。

（3）数据共享和交换

结合实际以业务需求为导向，通过对接智慧城市平台，绍兴水务可共享供水业务水情数据、工情数据、水质数据、视频数据等业务数据，可实现视频监控、综合执法问题事件、市政管网数据、气象数据的交互，以及和城市应急指挥中心的联动，促进不同部门、不同层级的数据共享，共同推动城市服务提质增效，最终达成"智能供水"与"智慧城市"的双向支撑。

14.4 项目取得成效

通过供水智能化项目的建设，绍兴水务推广应用了一批智能化设备，优化了一套业务流程，结合业务实际，固化了一系列方案成果和解决方案，同时，提炼出可复制推广的经验，在行业内推广。

1. 产品成果

在供水智能化项目中，绍兴水务通过推广应用新型的管道漏损检测预警设备，与国外先进设备技术研发商建立联系，共同打造试验区，并与国内高校以及国内设备商合作共创，共同推动先进技术的"国有化"。

2. 方案成果

一是供水抗冻安全体系方案。绍兴水务创新性地打造了供水抗冻应用示范，结合居民小区易冻区域布设水温、风力、风向监测和远程控制阀门等智能化设备，建设抗冰冻智能化管控应用，实现夜间间歇性冲放水自动控制，避免寒冷天气下大面积无水或冰破现象发生，保障市民群众的供水安全。

二是供水管网噪声监测方案。通过供水智能化项目，绍兴水务实现对供水管网泄漏状态的智能跟踪、分析、报警、定位等远程管控功能，通过 PC 机或移动终端快速、准确、及时地查询管网的泄漏信息，掌握管网的泄漏状态，及时做出处置措施、消除管网隐患，保证管网安全运行。绍兴水务调度中心可以做到每日漏水信号及各系统联动的大数据分析，实现管网漏损的持续性监控与预警。

三是薄弱桥管预警监测方案。绍兴水务在薄弱桥管或特殊倒虹管道两端按周长设置光纤，两端按管长沿着管壁设置多条光纤，一旦管道出现沉降时，系统会及时出现数据变化，通过长期积累进行记录与分析，可以判断管道沉降或外力影响带来的影响程度数据，从而可以更为有效地进行提前干预，消除安全隐患。

3. 经验成果

（1）紧跟国家及地方政策导向，立足顶层设计

绍兴水务提前谋划、统筹安排，紧随国家科技发展政策和浙江省智慧水务整体推进步伐，按照住房和城乡建设部《关于加快推进新型城市基础设施建设的指导意见》（建改发〔2020〕73号）的整体工作部署，突出抓好本项目顶层设计工作，落实工作责任制，确保项目工作进度，提高关键节点成果的质量。

（2）引进专家咨询团队，强化组织落实规划任务

本例供水智能化项目是一项综合性系统工程，涉及绍兴市供水管理工作的方方面面，要加强组织领导，引进行业内的专家咨询团队，分项落实工作责任。在市政府统一领导下，形成由绍兴水务产业有限公司牵头，专家咨询团队支撑，各业务部门协调配合的工作机制，制订具体落实方案，确保规划各项供水智能化建设任务落到实处。

（3）应用先进技术，促进供水智能化发展

项目建设过程中，通过顶层设计构建总体框架，通过业务和技术的融合创新分层迭代自我进化。在供水智能化的先行先试应用中，加强新一代信息技术与供水专业技术融合，勇于创新探索，扩展供水智能化建设水平与城市治理能力。

参 考 文 献

[1] 中华人民共和国住房和城乡建设部. 中国城乡建设统计年鉴 [R]. 北京：中国统计出版社，2019.

[2] 大卫·皮尔逊. IWA 管网漏损术语的标准定义 [M]. 国际水协会中国漏损控制专家委员，译. 伦敦：国际水协会出版社，2020.

[3] 中华人民共和国住房和城乡建设部. 城镇供水管网漏损控制及评定标准：CJJ 92—2016 [S]. 北京：中国建筑工业出版社，2017.

[4] 法利. 无收益水量管理手册 [M]. 侯煜堃等，译. 上海：同济大学出版社，2011.

[5] 陈国扬，陶涛，沈建鑫. 供水管网漏损控制 [M]，北京：中国建筑工业出版社，2017.

[6] 陶涛，李飞，信昆仑. 供水管网漏损率估算方法分析 [J]. 给水排水，2014，50（08）：116-119.

[7] 许月霞，张冰心，娄宁. IWA 水量平衡应用于我国供水系统水量平衡分析 [J]. 给水排水，2016，52（03）：112-115.

[8] 中华人民共和国住房和城乡建设部. 城镇供水管网分区计量管理工作指南——供水管网漏损管控体系构建（建办城 [2017] 64 号）[EB/OL]. （2017-10-11）. http：//www. gov. cn/xinwen/2017-10/24/content_5233965. htm.

[9] 李晓华，魏占锋. 利用 DMA 分区技术降低管网漏损率 [J]. 给水排水，2016，52（S1）：270-272.

[10] 刘遂庆. 给水排水管网系统 [M]. 北京：中国建筑工业出版社，2008.

[11] 中华人民共和国住房和城乡建设部. 给水排水管道工程施工及验收规范：GB 50268—2008 [S]. 北京：中国建筑工业出版社，2009.

[12] 深圳水务（集团）有限公司. 供水管道检漏工 [M]. 北京：中国建筑工业出版社，2006.

[13] 中华人民共和国住房和城乡建设部. 城市地下管线探测技术规程：CJJ 61—2017 [S]. 北京：中国建筑工业出版社，2017.

[14] 李学军，洪立波. 城市地下管线探测与管理技术的发展及应用 [J]. 城市勘测，2010（04）：5-11.

[15] 刘春明. 非金属管线探测的方法概述 [J]. 城市勘测，2018（S1）：90-95.

[16] 中华人民共和国住房和城乡建设部. 城市基础地理信息系统技术标准：CJJ/T 100—2017 [S]. 北京：中国建筑工业出版社，2018.

[17] 中华人民共和国国家质量监督检验检疫总局，中国国家标准化管理委员会. 城市地理信息系统设计规范：GB/T 18578—2008 [S]. 北京：中国标准出版社，2008.

[18] 中华人民共和国住房和城乡建设部. 城镇供水管网漏水探测技术规程：CJJ 159—2011 [S]. 北京：中国建筑工业出版社，2011.

[19] 中华人民共和国住房和城乡建设部. 供水管网漏水检测听漏仪：CJ/T 525—2018 [S]. 北京：中国建筑工业出版社，2018.

[20] 中华人民共和国住房和城乡建设部. 室外给水设计标准：GB 50013—2018 [S]. 北京：中国计划出版社，2019.

[21] 国家市场监督管理总局，国家标准化管理委员会. 饮用冷水水表和热水水表 第 1 部分：计量要求和技术要求：GB/T 778.1—2018 [S]. 北京：中国标准出版社，2018.

[22] 中华人民共和国工业和信息化部. 电磁流量计：JB/T 9248—2015 [S]. 北京：机械工业出版社，2016.

[23] 中华人民共和国住房和城乡建设部. 超声波水表：CJ/T 434—2013 [S]. 北京：中国标准出版社，2013.

[24] 国家质量监督检验检疫总局，超声流量计检定规程：JJG 1030—2007 [S]. 北京：中国质检出版社，2007.

[25] 中华人民共和国住房和城乡建设部. 城镇供水管网运行、维护及安全技术规程：CJJ 207—2013 [S]. 北京：中国建筑工业出版社，2014.

[26] 中华人民共和国住房和城乡建设部. 城镇供水管网抢修技术规程：CJJ/T 266—2014 [S]. 北京：中国建筑工业出版社，2015.

[27] 中华人民共和国住房和城乡建设部. 城镇给水管道非开挖修复更新工程技术规程：CJJ/T 244—2016 [S]. 北京：中国建筑工业出版社，2016.

[28] 中华人民共和国住房和城乡建设部. 城镇供水水量计量仪表的配备和管理通则：CJ/T 454—2014 [S]. 北京：中国标准出版社，2014.

[29] 詹姆斯·W·沃克. 人力资源战略 [M]. 吴雯芳，译. 北京：中国人民大学出版社，2001.